图 2-7 改进后生产的
生物柴油产品

图 2-23 ……储罐及

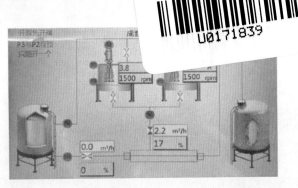

图 2-23 调合油品在线混合系统

图 2-24 采样及留存的 B5/B10

a) 45号钢   b) 铝   c) 纯铜   d) 黄铜

图 3-1 金属材料试件

a) 聚甲醛

b) 聚乙烯

c) 聚四氟乙烯

图 3-3　塑料材料试件

a) 超声波清洁器

b) 分析天平

c) 邵氏硬度计

d) 电子万能试验机

e) 恒温箱

f) 恒温水浴锅

g) 金相显微镜

图 3-4　主要试验设备

纯铜 -

黄铜

a) B0   b) B5   c) B10   d) B20   e) BD100

图 3-5   不同比例餐废油脂制生物柴油对纯铜和黄铜的腐蚀性对比

铝

45钢

a) B0   b) B5   c) B10   d) B20   e) BD100

图 3-6   不同比例餐废油脂制生物柴油对铝和钢的腐蚀性对比

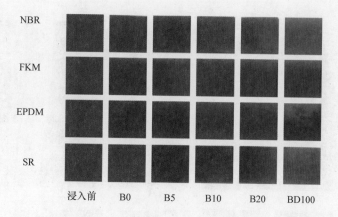

浸入前　　B0　　B5　　B10　　B20　　BD100

图 3-9　不同餐废油脂制生物柴油混合比例对 NBR、FKM、EPDM、SR 的影响

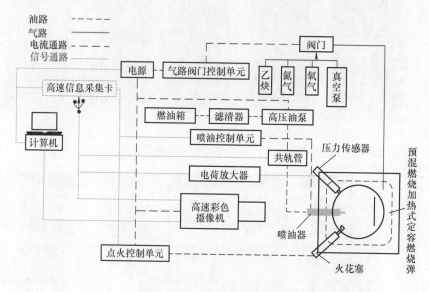

图 4-1　定容弹试验系统框架图

图 4-2　定容弹装置

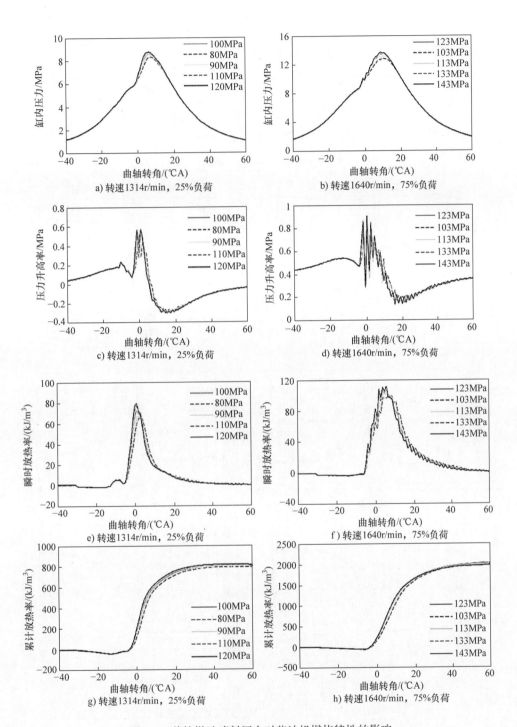

图 6-2　共轨燃油喷射压力对柴油机燃烧特性的影响

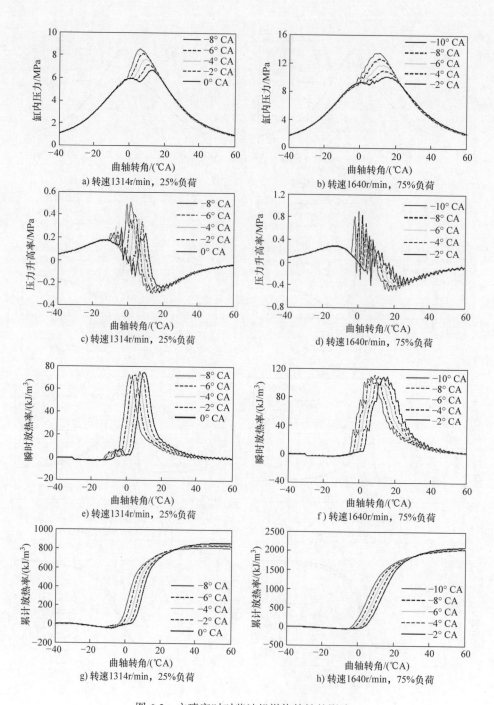

图 6-3　主喷定时对柴油机燃烧特性的影响

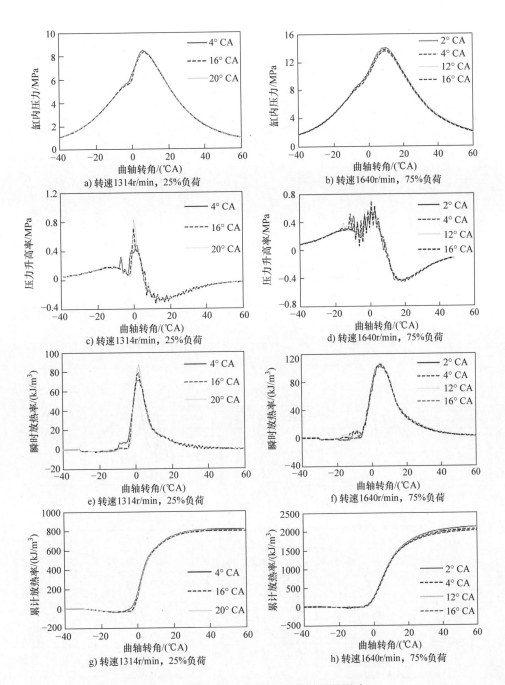

图 6-4　预喷定时对柴油机燃烧特性的影响

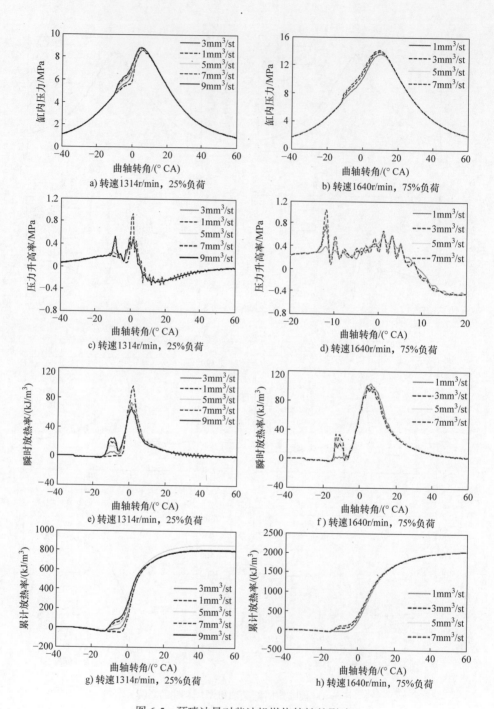

图 6-5　预喷油量对柴油机燃烧特性的影响

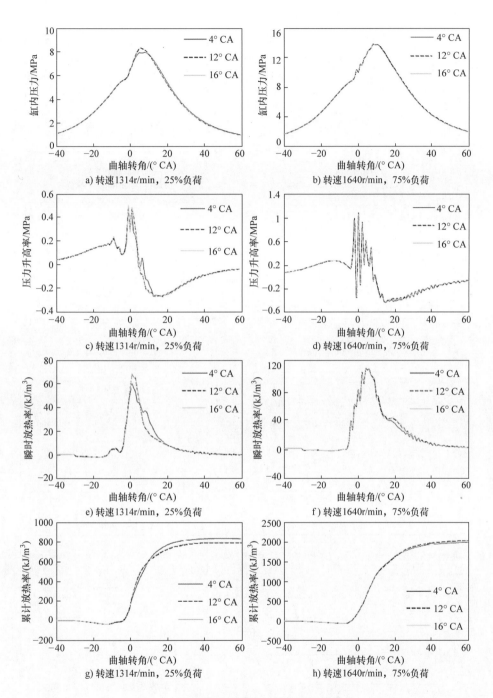

a) 转速1314r/min, 25%负荷

b) 转速1640r/min, 75%负荷

c) 转速1314r/min, 25%负荷

d) 转速1640r/min, 75%负荷

e) 转速1314r/min, 25%负荷

f) 转速1640r/min, 75%负荷

g) 转速1314r/min, 25%负荷

h) 转速1640r/min, 75%负荷

图 6-6　后喷定时对柴油机燃烧特性的影响

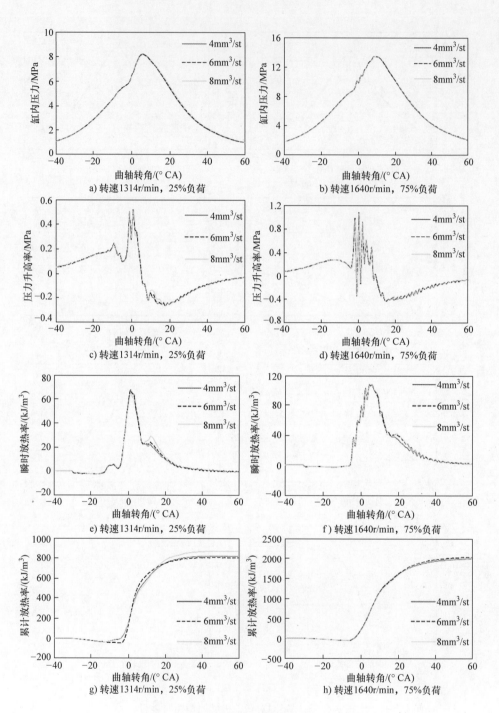

图 6-7 后喷油量对柴油机燃烧特性的影响

汽车技术
创新与研究
系列丛书

餐厨废弃油脂制
车用生物柴油及应用

楼狄明　胡志远　谭丕强　房　亮　张允华　著

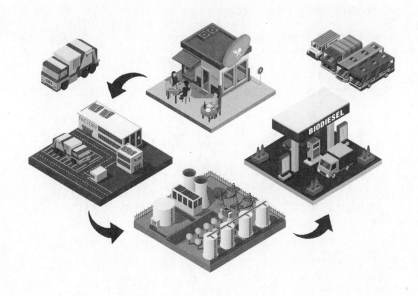

机械工业出版社
CHINA MACHINE PRESS

本书对餐厨废弃油脂制生物柴油的原料、理化指标、制备工艺、材料兼容性和喷雾及燃烧特性等进行了全面分析研究。本书作者在柴油机上开展过大量的试验研究，分析了柴油机燃用餐厨废弃油脂制生物柴油后，柴油机的动力性、经济性、缸内燃烧特性和污染物排放特性等；进行了柴油机燃用餐厨废弃油脂制生物柴油的性能优化研究和不同后处理系统的匹配研究；进行了餐厨废弃油脂制生物柴油的整车转鼓实验和实际道路应用与示范，揭示了其整车性能和排放特性；从柴油机燃油系统、关键零部件、发动机和整车性能等角度，阐述了商用柴油车燃用餐厨废弃油脂制生物柴油的可靠性，提出了相应的政策建议。

　　本书可供汽车与发动机、石油与化工、餐饮废弃物与食品安全管理等行业相关人员学习参考，也可作为大专院校车辆工程、动力机械及工程、能源与环保、交通运输工程等相关专业师生的参考书。

图书在版编目（CIP）数据

餐厨废弃油脂制车用生物柴油及应用/楼狄明等著. —北京：机械工业出版社，2021.5

（汽车技术创新与研究系列丛书）

ISBN 978-7-111-68184-7

Ⅰ.①餐…　Ⅱ.①楼…　Ⅲ.①生物燃料－柴油－研究　Ⅳ.①TK6

中国版本图书馆 CIP 数据核字（2021）第 087846 号

机械工业出版社（北京市百万庄大街22号　邮政编码100037）
策划编辑：何士娟　责任编辑：何士娟
责任校对：郑　婕　责任印制：常天培
固安县铭成印刷有限公司印刷
2021 年 7 月第 1 版第 1 次印刷
184mm×260mm・18 印张・14 插页・446 千字
0 001—1 000 册
标准书号：ISBN 978-7-111-68184-7
定价：159.00 元

电话服务　　　　　　　网络服务
客服电话：010-88361066　机　工　官　网：www.cmpbook.com
　　　　　010-88379833　机　工　官　博：weibo.com/cmp1952
　　　　　010-68326294　金　书　　网：www.golden-book.com
封底无防伪标均为盗版　机工教育服务网：www.cmpedu.com

生物柴油作为世界广泛使用的生物质燃料，其绿色、环保、可再生的优点目前已经得到了广泛的认可。餐厨废弃油脂作为生物柴油的主要原料之一，其有效的管控、收集和再利用可以防止"地沟油"重回餐桌，满足了国家一贯提倡的变废为宝、化害为利及节能减排的重大战略需求，推动了资源化利用，对保障食品安全、促进"2030碳达峰"和"2060碳中和"具有重大战略意义。

本书内容得益于"十一五"和"十二五"期间国家高技术研究发展计划"生物柴油组分及汽车匹配技术研发"（编号：2006AA11A1A2）和"国Ⅴ排放生物柴油专用发动机关键技术研究"（编号：2012AA111720）两个国家项目的支持，以及2013年至今的上海市科技攻关项目"餐厨废弃油脂制生物柴油混合燃料在柴油公交车的示范应用"（编号：13DZ1205600）、"B20餐厨废弃油脂制生物柴油车用技术研究与应用"（编号：16DZ1203000）和"餐厨废弃油脂制生物柴油在船舶及货运车上的应用研究"（编号：18DZ1202900）的支持。

本书对餐厨废弃油脂制生物柴油的原料、理化指标、制备工艺、材料兼容性和喷雾及燃烧特性等进行了全面分析研究。本书作者在柴油机上进行了大量的试验研究，分析了燃用餐厨废弃油脂制生物柴油后，柴油机的动力性、经济性、缸内燃烧特性和污染物排放特性等；进行了柴油机优化研究和不同后处理系统的匹配研究；进行了餐厨废弃油脂制生物柴油的整车转鼓实验和实际道路应用与示范，揭示了其整车性能和排放特性；从柴油机燃油系统、关键零部件、发动机和整车性能等角度，阐述了柴油车燃用餐厨废弃油脂制生物柴油的可靠性，提出了相应的政策建议。

本书凝结了作者及其团队多年的研究成果，相关数据和结论经过反复多次的试验验证，具有较高的学术价值和应用价值。本书涉及的研究成果在上海进行了万余辆商用车的实车验证，实现了餐厨废弃油脂的"收、运、处、调、用"闭环管理，已经在上海市内的中国石化、中国石油300余座加油站推广使用B5生物柴油。本书为广大汽车与发动机、石油与化工、废弃物与食品安全管理等行业的工作人员，提供了较全面的研究体系架构和翔实的实验数据支撑，凝聚了十余年的学术研究精华，相关内容属首次公开出版。

本书编写分工如下：楼狄明教授编写了第5章～第8章；谭丕强教授编写了第4章；胡志远副教授编写了第3章；房亮博士编写了第1章和第9章；张允华博士编写了第2章。此外，感谢任叶迪、唐远贽、楼国康、王童、赵瀛华、王亚馨等博士及罗军等硕士给予本书的帮助和贡献。

承蒙上海交通大学黄震院士、苏州大学袁银男教授、江苏大学王忠教授等审阅了书稿，提出了许多宝贵建议，在此表示衷心感谢。

感谢科技部高技术中心和上海市科委的大力支持！感谢上海市食品安全委员会办公室、上海中器环保科技有限公司、上海柴油机股份有限公司、上海久事（集团）有限公司、中石化上海分公司、中石油上海分公司、上海市环境科学研究院等单位的大力支持！

由于书中难免存在疏漏和不当之处，恳请读者提出意见和建议，以便本书再版修订时参考。

著 者

主要英文缩写列表

ABS	丙烯腈丁二烯苯乙烯共聚物	OC	有机碳
ACM	聚丙烯酸酯橡胶	PAHs	多环芳烃
AEM	乙烯丙烯酸酯橡胶	PEMS	车载测试法
B0	纯石化柴油	PFIN	共轨压力
B5	5%生物柴油-柴油混合燃料	PM	颗粒物质量
B10	10%生物柴油-柴油混合燃料	PN	颗粒物数量
B20	20%生物柴油-柴油混合燃料	PP	聚丙烯
B50	50%生物柴油-柴油混合燃料	PTSA	对甲苯磺胺
BD100	纯生物柴油	PTFE	聚氟乙烯
BET	比表面积	PVC	聚氯乙烯
C_3H_6O	丙醛	QAFTER	后喷油量
CCBC	中国典型城市公交车循环	QFIN	总喷油量
CDPF	催化颗粒捕集器	QMAIN	主喷油量
CO	一氧化碳	QPRE	预喷油量
CO_2	二氧化碳	SR	硅橡胶
CR	氯丁橡胶	SCR	选择性催化还原装置
DOC	柴油机氧化催化器	SO_2	二氧化硫
DPF	颗粒物捕集器	SOF	可溶性有机物
EC	元素碳	TFIN	主喷定时
EGR	排气再循环系统	TINTA	后喷间隔
EPDM	三元乙丙橡胶	TINT	预喷间隔
FFA	游离脂肪酸	VSP	车辆比功率
FKM	氟橡胶	XRF	X射线荧光光谱分析
FVMQ	氟硅橡胶	XRD	X射线衍射方法
HBNR	氢化丁腈橡胶		
HC	碳氢化合物		
HCHO	甲醛		
MECHO	乙醛		
NBR	丁腈橡胶		
NO_X	氮氧化物		
NR	天然橡胶		

目　录

第1章

绪　论

　　20 世纪 80 年代以来，中国汽车工业迅猛发展。据中国汽车工业协会发布的数据显示[1]，2019 年中国汽车产销量分别为 2572.1 万辆和 2576.9 万辆，连续 11 年稳居世界第一。2019 年全国机动车保有量达到 3.48 亿辆，其中汽车保有量达到 2.6 亿辆[2]，即将超越美国成为世界第一汽车大国[3]，如图 1-1 所示。尽管新能源汽车发展迅速，但现阶段中国乃至世界汽车仍主要以来源于石油化工能源的汽油车和柴油车为主[4]。

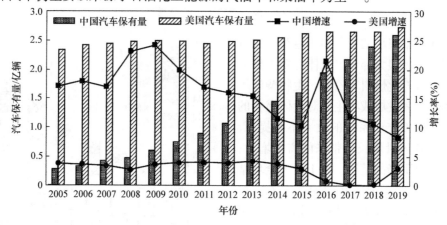

图 1-1　2005—2019 年中国和美国汽车保有量统计[3]

　　英国石油公司（BP）在 2020 年发布的《BP 世界能源展望 2020》[5]中的统计数据表明，目前交通行业消费的一次能源占全球能源消费的 21%，其中石油占据了交通能源需求的 94%。交通能源消费情况与预测如图 1-2 所示，即使在未来 20 年内大力推广与发展电动汽车和燃料电池汽车，但直到 2040 年石油仍是交通行业的主要动力来源，占交通能源需求的 85% 左右。

　　中国已探明的石油储量很少，仅占全球储量的 1.5%，而石油消费却占全球消耗量的 13.5%。因此能源储量与能源需求极不

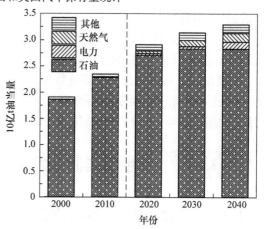

图 1-2　交通能源消费情况与预测[5]

平衡，导致中国的石油进口量逐年增加。2018 年中国原油产量为 1.89 亿 t，进口量为 4.62 亿 t，石油对外依存度高达 71%，为近 50 年最高[6]。2019 年国内原油产量为 1.91 亿 t，原油进口量为 5.06 亿 t，石油对外依存度达 72%。

图 1-3 为世界范围内液体燃料需求的预测，交通领域的需求超过总需求的一半，其中占

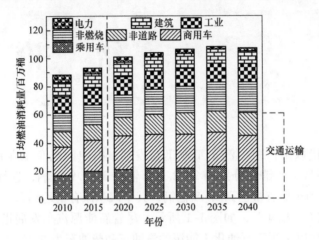

图 1-3　液体燃料需求的预测[7]

世界汽车保有量很小的货车和非道路机械对燃料的需求量占很大部分。液体燃料主要为汽油、柴油等石化燃料和乙醇、生物柴油等可再生燃料，其发展或将主导对液体燃料的总体需求，随着交通系统的效率不断提高，才足以抵消其体量增长所带来的需求增大，进而出现需求下降的情况。图 1-4 为全球基础能源消耗[8]。从全球基础能耗上看，可再生能源在未来会迎来高速增长期，其增速将明显高于氢能、核能等新兴能源，以减小石油能源的消耗。

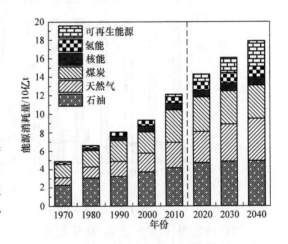

图 1-4　全球基础能源消耗[8]

纯石化柴油（B0）是由 10～22 个碳链的烃类组成，动植物油脂的分子一般由 14～22 个碳链组成，与柴油分子中碳链数相近[9]。生物柴油是典型的可再生能源，其理化特性与石化柴油极其相似，可以较好地替代传统化石能源，降低对于石油的依赖度，同时合理地使用生物柴油也可以起到节能减排的关键作用。

1.1　生物柴油的发展概况

1.1.1　生物柴油的发明和演变历史

1892 年，德国工程师 Dr. Rudolf Diesel 开发出的第一款压燃式内燃机，所采用的燃料就

包含有生物质燃料，诸如花生油等。在此之后经众多学者、工程师的研究，于1893年提出了生物柴油这一概念，将动植物油脂作为原料，与醇类化合物进行酯化反应，形成可供内燃机使用的近似于柴油的生物质燃料。

1983年，美国科学家Craham Quick首先将从亚麻籽油中提取的甲酯用于发动机，运行了1000h，并将脂肪酸甲酯定义为生物柴油（Biodiesel），这就是狭义上的生物柴油。1984年美国和德国等国的科学家研究采用脂肪酸甲酯或乙酯代替柴油作燃料，这就是广义上的生物柴油：即以油料作物、野生油料植物和工程微藻等水生植物油脂以及动物油脂、废弃油脂等为原料油通过酯交换工艺制成的甲酯类或乙酯类燃料[10]。1990年的巴黎博览会上便展出了以花生油作为燃料的发动机，此后柴油机用生物柴油开始逐步得到关注并被进一步开发[11]。

生物柴油大体可以分为三代[12]。第一代生物柴油的主要原料为可食用的动植物油脂，其主要成分为脂肪酸甲酯。成分单一，不含有或含有含量极低的芳香族化合物及硫化物，含氧量高，从本质上决定了第一代生物柴油具有十六烷值高、硫含量低、润滑性好和可再生性好等特点。但是，第一代生物柴油原料主要来源于大规模种植生产的农作物，如玉米、甘蔗、大豆、土豆、棕榈油、向日葵、椰子、甜菜、柳枝稷、木薯和亚麻荠等。此类作物需要占用较多的农业用地从而影响食物的生产供应，并会导致土地的退化，因此第一代生物柴油的发展受到一定的限制。

由此科学家们发明了第二代生物柴油。第二代生物柴油主要采用不可食用的原料，比如纤维素类生物质、植物不能吃的部分、稻草、有机肥、餐厨废弃油脂、木材和木屑等垃圾。第二代生物柴油相对于第一代，其原料在本质上基本相同且更具环保意义，但由于回收、生产技术上的问题导致其在工业生产中利润较低[13]。

因此，研究者又提出了基于非油脂类的微藻作为原料的第三代生物柴油。微藻类的生长速度是传统生物质原料的20倍，且其不需要占用耕地，单位面积的产油量每年为10000L/公顷，远高于传统的大豆、麻疯树等作物，不受气候、季节等环境因素变化的影响，且其所产生的生物质状态更接近于最终生产的生物柴油[14]。因此第三代生物柴油避免了与食物生产的竞争，且降低了生产成本，较好地解决了第一代、第二代生物柴油的问题，被认为是最有前景的生物质燃料之一[15]。目前在大量的农作物中使用了转基因技术以提高其产量，如木瓜、大豆、玉米、菜籽油、棉花和甜菜等。研究表明，转基因技术也可以应用于微藻类，从而提高其生物柴油的产量[16]。

目前，第三代生物柴油生产技术及其工业化技术等仍在开发中，因此现阶段大部分生产和使用的生物柴油都属于第一代和第二代生物柴油。

1.1.2 全球生物柴油应用情况

生物柴油作为世界上广泛使用的生物质燃料，目前已经被世界广泛认可，并直接或与柴油等其他化石燃料掺混在柴油机中使用[17-18]。近年来全球生物柴油的产量和消费量增速逐步放缓，2017年达到2700万t，如图1-5和图1-6所示。从全球生物柴油的产量分布来看，欧盟接近1000万t，占36%；中南美洲、北美洲、亚洲及大洋洲基本一致，产量500万~600万t，占20%左右。从全球生物柴油的消费量分布来看，欧盟占据了半壁江山，达到1200万t，占48%；中南美洲、北美洲、亚洲及大洋洲基本一致，400万~450万t，占18%左右[19]。近年来生物柴油产量增长迅速，2018 年全球生物柴油产量达到 3800 万 t，2019 年达到 4500 万 t。

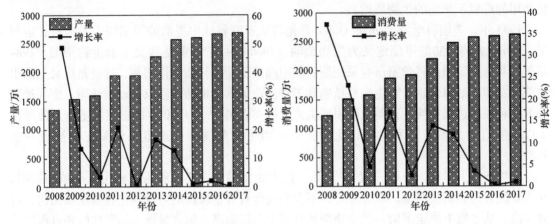

图 1-5　历年全球生物柴油产量变化[19]　　　　　图 1-6　历年全球生物柴油消费量变化[19]

全球生产生物柴油的主要国家和地区有美国、阿根廷、印度尼西亚、巴西和欧盟。从 2018 年的统计数据上可以看出，美洲、欧盟和亚洲是主要的生物柴油生产地区。如图 1-7 所示，2018 年美国生产了 69 亿 L 生物柴油，紧随其后的是巴西 54 亿 L。在欧洲，德国是最大的生产国，2018 年生产了 35 亿 L。美国仍是生物柴油的消费大国，而德国以 4.9 万桶/日跃居世界第二位[20]，如图 1-8 所示。

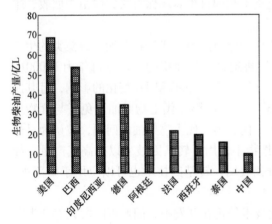

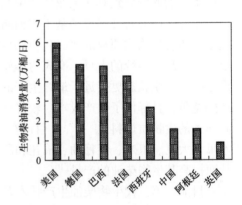

图 1-7　2018 年全球生物柴油产量[21]　　　　　图 1-8　2018 年全球生物柴油消费量[22]

1. 美洲

美国、巴西、阿根廷是美洲主要的生物柴油生产国。得益于美国政府在税收、补贴等方面的大力扶持，美国的生物柴油行业发展迅猛。美国从 20 世纪 80 年代初开始对生物柴油进行研究；以大豆油为生产生物柴油的主要原料，90 年代美国对生物柴油的工业生产、燃烧特点及应用实验进行了调查。近年来，美国生物柴油除用于交通运输业外，还调配入城市的采暖用油（约占 2%），以改善空气质量。巴西 2019 年生物柴油产量达到创纪录的 59 亿 L，比 2018 年的 53.5 亿 L，增长 10.3%。巴西约 77% 的生物柴油产量来自大豆，17% 来自动物脂肪，剩余的来自棉花和再生食用油等原料。巴西国家石油局（ANP）从 2020 年 3 月 1 日起，巴西加油站将生物柴油强制掺混率从 11% 上调到 12%（体积分数），从而进一步降低巴西对进口石油的依赖。阿根廷 2018 年生物柴油产量为 30.5 亿 L，与 2016 年和 2017 年类似，目前在阿根廷生物柴油的掺混率达到 9.7%（体积分数）。

2. 欧盟

欧盟是世界上生物柴油产量最大的地区之一，占成品油市场的 5%。为鼓励生物柴油的生产，欧洲议会免除生物柴油 90% 的税收，并对替代燃料立法进行支持、差别税收以及补贴油籽生产。2009 年 4 月 6 日欧洲理事会通过了欧盟能源与气候变化一揽子计划。2009 年 6 月 25 日《可再生能源指令》正式生效。欧盟设定的目标是，到 2020 年生物能源在运输部门的使用量达到 10%，更远期的目标是清洁能源的使用量占交通、发电站、供热站和冷却站所需燃料的 20%。

欧盟生物柴油的原料主要为菜籽油、棕榈油和餐厨废弃油脂。2017 年菜籽油使用量占比为 45.4%，棕榈油使用量占比为 19.2%，餐饮回收油使用量占比为 18.5%。随着餐厨废弃油脂及其他油脂使用量的增加，菜籽油使用量的占比将持续减少。2016 年 11 月 30 日，欧洲委员会公布了一项在 2021—2030 年间执行的第二个可再生能源指令，基于粮食作物的第一代生物燃料的掺混上限要从 2021 年的 7%（体积分数，后同）下降到 2030 年的 3.8%。该指令要求 2021—2025 年第一代生物燃料的掺混上限要逐年减少 0.3 个百分点，2026—2030 年要逐年减少 0.4 个百分点。同时，将第二代生物燃料的掺混下限从 2021 年的 1.5% 上调到 2030 年的 6.8%。

2019 年欧盟柴油的总消费量为 2 亿 t。其中生物柴油的总用量估计为 1700 万 ~ 1800 万 t，相当于柴油总产量的 8.4%。欧盟生物柴油产量为 1500 万 t，生物柴油净进口量为 250 万 t。

3. 东南亚地区

东南亚地区的生物柴油主要以棕榈油为原料，其产业发展起步较晚，但发展迅速。其中，盛产棕榈油的马来西亚和印度尼西亚是东南亚地区发展最快的生物柴油生产国。印度尼西亚生产的生物柴油主要以低廉的棕榈油为原料，于 2013 年扩大了棕榈树种植面积，随着生物柴油制造技术的成熟，生物柴油在该国生产前景较好。

1.1.3 中国生物柴油应用情况

在国家政策的鼓励和引导下，中国生物柴油产业于 21 世纪初才开始兴起，但至今发展程度仍然不足。2008 年国家发改委能源局核准中国海油在海南建成一套年产 6 万 t 生物柴油示范项目。2019 年中国食用油的消费量已达到 3490 万 t，剩余食用油制生物柴油的潜力不高，不能满足生物柴油的推广使用要求。如果选择食用油作为纯柴油的替代燃料，势必会影响正常的餐饮食用油消费，形成"与人争食"的不利局面。考虑到所消费的食用油中有 20% ~ 30% 成为餐废油脂，回收处理后能够作为生物柴油的理想原材料。目前，中国地沟油收集利用量约为 240 万 ~ 300 万 t/年，均有可能用于生产生物柴油。

为了鼓励生物柴油产业的健康发展，中国先后出台了相应的法律、规划、产业政策、财税政策及产品标准，特别是 2009 年《可再生能源法》和 2014 年《生物柴油产业发展政策》的颁布，对引导和推动生物柴油产业发展发挥了重要作用。财政部和国家税务总局多次发文，明确生物柴油税收优惠政策，并对符合国家标准的生物柴油产品执行免征消费税和

70%增值税退税政策，相比纯柴油 1t 折合减免税费约 1900 元。上海市从 2013 年 9 月起在部分公交线路开展生物柴油试运行，效果良好；昆明市等地在公交系统开展的生物柴油示范应用也取得了一定的示范效果和社会效益。

中国生物柴油已初步形成了产业规模，产业政策法规比较健全，目前生物柴油生产厂家主要分布于华北和华东地区[22]，但是产业发展主要存在原料价格成本较高且供给量不足，成品油品质较差、销售渠道匮乏和激励力度不足等问题。图 1-9 为 2011—2018 年中国生物柴油产量变化情况。由图 1-9 可知，生物柴油产量与国际油价密切相关，2013—2016 年中国生物柴油产量有所下降，这与同期国际原油价格下跌有关。随着 2016 年下半年国际原油价格有所回升，中国生物柴油产量亦有所回暖，2018 年生物柴油产量增幅较大，较 2017 年增加了 41.1%，但产量仍不到美国产量的 20%。

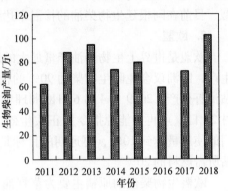

图 1-9 2011—2018 中国生物柴油产量

1.1.4 生物柴油标准

1. 国外标准

随着生物柴油在全球的推广应用，生物柴油标准也在逐步完善。国际上主要的生物柴油标准制定组织有美国材料试验协会（American Society for Testing and Materials）及其 ASTM 系列标准、德国标准化学会（German Institute for Standardization）及其 DIN 系列标准、欧洲标准化委员会（European Committee for Standardization）及其 EN 系列标准、澳大利亚标准学会（Standard Australian）及其 SA 系列标准。

奥地利 1991 年颁布了世界上第一个菜籽油甲酯生物柴油标准，德国和捷克在 1994 年、瑞典在 1996 年、意大利和法国在 1997 年、美国在 1999 年分别颁布了生物柴油标准。目前已制定生物柴油标准的国家有澳大利亚、奥地利、捷克、德国、法国、意大利、瑞典、美国等。

美国 2008 年修订的柴油标准 ASTM D975 – 08a 中增加 B5 标准，美国生物柴油标准为 ASTM D6751 – 2018《馏分燃料调合用生物柴油（BD100）标准》，与之对应的调合燃料是标准号为 ASTM D7467 – 2018a 的 B6 – B20 调合燃料，目前最新的版本是 ASTM D975 – 2020a，ASTM D7467 – 2020a。

欧盟车用柴油标准 EN 590：2013 规定，只要满足欧盟标准 EN 14214 要求的生物柴油就可在车用柴油中加入，但生物柴油的体积比不能超过 7%。欧盟生物柴油现行的标准为 EN14214 – 2014《柴油发动机和加热系统用脂肪酸甲酯（FAME）要求和测试方法》，与该生物柴油对应的调合燃料标准号为 EN590 – 2017 的生物柴油体积分数为 7%（B7）的调合燃料。

2007 年 3 月实施的日本生物柴油调合燃料 B5 规格，相对于柴油标准，增加了脂肪酸甲酯含量/甘油三酸酯含量/甲醇含量/甲酸、乙酸、丙酸含量等指标。

表 1-1 为不同国家生物柴油指标值。从表 1-1 中可以看出，各国生物柴油标准指标及其

限值不同，欧盟较为严格，美国较为宽松。这主要是因为欧盟各国的生物柴油多以 B5～B10 调合燃料的形式作为乘用车的动力燃料，而美国多以 B20 调合燃料的形式作为重型工业设备的动力燃料[23]。

表1-1 不同国家生物柴油指标值[24]

指标		欧盟	美国				日本	中国	
生物柴油标准号		EN14214—2014	ASTM D6751—2018				JISK2390—2016	GB 25199—2017	
硫/(mg/kg)	不大于	10	15	500	15	500	10	50	10
冷浸泡液过滤性/s	不大于	—	200	200	360	360	—	—	
甘油一酯(质量分数)(%)	不大于	0.70	0.40	0.40	—	—	0.6 或 0.7	0.8	
甘油二酯(质量分数)(%)	不大于	0.20	—				0.20		
甘油三酯(质量分数)(%)	不大于	0.20	—				0.20	1	
游离甘油(质量分数)(%)	不大于	0.02	0.02	0.02	0.02	0.02	0.02	0.02	
总甘油(质量分数)(%)	不大于	0.25	0.24	0.24	0.24	0.24	0.25	0.24	
甲酯(质量分数)(%)	不小于	96.5	—				96.5	96.5	
密度(15℃)/(kg/m³)		860～900	—				860～900	820～900(20℃)	
黏度(40℃)/(mm²/s)		3.5～5.0	1.9～6.0				2.0～5.0	1.9～6.0	
闪点/℃	不低于	101	93				100	130	
十六烷值	不低于	51	47				51	49	51
铜片腐蚀(3h,50℃)/级	不大于	1	3				1	1	
氧化安定性(110℃)/h	不小于	8	3				10	6	
酸值/(mgKOH/g)	不大于	0.5	0.5				0.5	0.5	
碘值/(gI/100g)	不大于	120	—				—	—	
亚麻酸甲酯(质量分数)(%)	不大于	12.0	—				12.0	—	
多元不饱和脂肪酸甲酯(≥4 个双键)(质量分数)(%)	不大于	1.0	—				—	—	
甲醇(质量分数)(%)	不大于	0.2	0.2				0.2	—	
水(质量分数)(%)	不大于	500	—				500	500	
水和沉淀物(体积分数)(%)	不大于	—	0.05				—	—	
总污染物(质量分数)(%)	不大于	24	—				24	—	
硫酸盐灰分(质量分数)(%)	不大于	0.02	0.02				0.02	0.02	
一价金属(Na+K)/(mg/kg)	不大于	5.0	5				5.0	5	
二价金属(Ca+Mg)/(mg/kg)	不大于	5.0	5				5.0	5	
磷/(mg/kg)	不大于	4.0	10				4.0	10	
残炭(质量分数)(%)	不大于	—	0.05				—	0.05	
10%蒸余物残炭(质量分数)(%)	不大于	—	—				0.3	—	

2. 国内标准

中国首次发布的生物柴油标准是 GB/T 20828—2007《柴油机燃料调合用生物柴油

（BD100）》，参考了美国的 BD100 标准，个别指标也适当参照了欧洲标准中的指标及其限值。2011 年 2 月 1 日中国颁布实施了 GB/T 25199—2010《生物柴油调合燃料（B5）》，根据用途分为 B5 轻柴油和 B5 车用柴油两类。2014 年，生物柴油标准变更为 GB /T 20828—2014《柴油机燃料调合用生物柴油（BD100）》，增加了甲醇、酯含量和一价金属（Na + K）含量的控制指标和要求；修改了闪点和酸值指标，并将 10% 蒸余物残炭修改为残炭指标。2015 年第二次修订生物柴油标准，增加了单甘酯、磷、二价金属（Ca + Mg）含量。目前实施的是 GB 25199—2017《B5 柴油》，最大的变化是从推荐性标准提升为强制性标准，并逐步上升到国六排放技术要求。

为推动生物柴油的市场化使用，除国家标准外，上海市、云南省、安徽省、河北省等省市制定了地方标准或团体标准。2016 年上海市基于国五车用柴油，制定了团体标准 T/310104004 – C001[25]《餐厨废弃油脂制车用生物柴油调合燃料（B10）》；2020 年上海市基于国六车用柴油，修订了 T/310104004 – C001 团体标准，标准名称由《餐厨废弃油脂制车用生物柴油调合燃料（B10）》修改为《餐厨废弃油脂制 B10 柴油》[26]。

1.2　生物柴油的原料来源

生物柴油的主要原料包括草本油料作物、木本油料植物、餐厨废弃油脂及其他废弃油脂、微生物油脂与工程微藻以及昆虫油脂等。

1.2.1　草本油料作物

草本油料作物种类繁多，包括油菜、大豆、花生、棉籽、玉米、向日葵、芝麻、胡麻等。

1. 菜籽油

油菜属十字花科芸薹属，包括甘蓝型油菜、芥菜型油菜和白菜型油菜三个栽培品种，是世界四大主要油料作物之一[27]。油菜籽的含油率一般为 35% ~ 42%（质量分数，后同），加工可得到 35% ~ 40% 的菜籽油和 65% 左右饼粕。

全球菜籽油产量保持平稳发展。2019 年全球菜籽油产量 2769 万吨，全球菜籽油消费量 2781 万吨。近年来，受进口菜籽油低价格冲击，国产油菜种植与加工均出现明显减种和减产，而菜籽油进口总量逐年递增，形成目前国内油企以进口油菜籽或进口菜籽油加工为主，以国产菜籽油制炼为辅的局面。

2. 大豆油

大豆属豆科大豆属，别名黄豆。大豆是最主要的油料作物之一，也是我国重要的粮食作物，兼食用、油料和工业原料等多种用途。2019 年全球大豆总产量约为 5700 万 t，美国主要以大豆油为原料生产生物柴油。

3. 棉籽油

棉花属于锦葵科棉属，包括亚洲棉、非洲棉、大陆棉（又称细绒棉）和海岛棉（又称长绒棉）四个栽培棉种。中国主要有长江流域、黄河流域和西北内陆三大产棉区，棉花种植面积约 567 万 hm²，棉籽年产量约为 850 万 t（世界年产量约为 3260 万 t），是世界上最大的棉花生产国，同时也是世界上最大的棉籽生产国。

棉籽是一种很好的油料资源，棉籽含油率约为 14% ~ 25%（质量分数，后同）。棉籽油所含的脂肪酸与大豆油类似，主要是 C16 ~ C18 脂肪酸。但棉籽油毛油含棉酚等有害成分，在食用前必须脱除，而且棉籽油品质不如大豆油和菜籽油，作为食用油消费的比例不断下降，将富余更多的棉籽油，所以棉籽油是我国生物柴油的主要原料之一。

1.2.2 木本油料植物

木本油料植物是指可生产油料的木本植物，适于山地和丘陵地区生长，可在荒山、荒地栽培。以木本油料植物为原料生产生物柴油作为内燃机代用燃料，具有不与民争油、不与油争地的特点，是近年来受到大众关注的生物柴油原料之一，重点研究的有麻疯树、黄连木、光皮树、文冠果、棕榈树等。

1. 麻疯树（小桐籽油）

麻疯树也称黑皂树，俗称小桐子（云南）、假花生（广西）、黄肿树（广东）、臭油桐（贵州），为大戟科落叶灌木或小乔木。高 2 ~ 7m，分枝多；皮层灰绿色，枝、干、根近肉质，组织松软，含水分、浆汁多、有毒性而又不易燃烧，抗病虫害。单叶互生，掌状形，全缘有角或 3 ~ 5 裂，基部心形，柄长，具乳汁。聚伞花序腋生或顶生，花单性同株。肉质蒴果卵圆形，成熟时黄色，每果一般具种子 3 枚，少 2 枚；种子长椭圆形，黑色。麻疯树为喜光阳性植物，喜暖热气候，根系粗壮发达，具有较强的耐干旱瘠薄能力，在石砾土、粗骨土、石灰岩裸地均能生长，在土层深厚疏松的冲击土、坡积土（石砾含量高达 60%）上生长健旺，结实多。而在土壤黏性大、板结、土层薄的土地上生长不良，结实少。

麻疯树原产美洲，现广泛分布于亚热带及干热河谷地区。我国引种有 300 多年的历史，主要分布于四川、云南、贵州山区，广东、广西、福建亦有生长。种子含油率为 33.9%，核仁含油率高达 52.4%。

2. 黄连木

黄连木为落叶乔木，漆树科黄连木属。别名：楷木、楷树、黄楝树等。小枝有柔毛，偶数羽状复叶，互生，新叶红色，秋叶变为深红或橙黄色，核果熟时红色。喜光，耐寒，耐干旱瘠薄。

黄连木原产中国，分布很广，北自河北、山东，南至广东、广西，东到台湾，西南至四川、云南，都有野生和栽培，其中以河北、河南、山西、陕西等省最多。黄连木的核果小，压扁的卵球形，直径 6mm，全果含油 40% ~ 50%（质量分数，后同），脂肪酸组成和菜籽油非常相似，可用为作食用油，是一种很好的生物柴油生产原料。

3. 光皮树

光皮树是山茱萸科梾木属落叶灌木或乔木。树皮白色带绿，斑块状剥落后形成明显斑纹。叶对生，椭圆形至卵状椭圆形，基部楔形，背面密被乳头状小突起及平贴的灰白色短柔毛。圆锥状聚伞花序顶生。花小，白色。核果球形，紫黑色。花期 5 月，果期 10 月—11 月，核果球形，紫黑色。

光皮树广泛分布于中国黄河以南地区，集中分布于长江流域至西南各地的石灰岩区，垂直分布在海拔 1000m 以下。光皮树喜光，耐寒，喜深厚、肥沃而湿润的土壤，在酸性土及石灰岩土生长良好。光皮树树干挺拔、清秀，树皮斑驳，枝叶繁茂，深根性，萌芽力强，抗病虫害能力强，寿命长达 200 年。

光皮树果肉和果核均含油脂，干全果含油率为33%～36%，出油率为25%～30%。油脂主要含C16～C18系脂肪酸，其中亚油酸含量近50%，是一种很好的生物柴油生产原料。

4. 文冠果

文冠果是无患子科文冠果属，落叶小乔木或灌木，高可达8m。树皮灰褐色，粗糙条裂；小枝幼时紫褐色，有毛，后脱落。奇数羽状复叶互生。花杂性，整齐，白色，基部有由黄变红之斑晕；蒴果椭圆形，径4～6cm，具有木质厚壁。花期4月—5月，果熟期8月—9月。

文冠果是中国特有的树种，原产我国北部干旱寒冷地区，喜光，也耐半阴，耐严寒和干旱，不耐涝，对土壤要求不严，在沙荒、石砾地、黏土及轻盐碱土上均能生长。

文冠果种仁含油率35.9%，出油率30%，无异味，是一种很好的生物柴油生产原料。

5. 棕榈油

棕榈树又叫油棕树，棕榈科棕榈属常绿乔木，树干圆柱形，常残存有老叶柄及其下部的叶鞘，叶簇竖干顶，形如扇，掌状裂深达中下部。雌雄异株，圆锥状肉穗花序腋生，花小而黄色。核果肾状球形，蓝褐色，被白粉。花期4月—5月，10月—11月果熟。

棕榈树主要产于亚热带地区，棕榈油由棕榈果压榨、精制而成。马来西亚是世界最大的棕榈油生产国，年产约70万t，占世界总产量的60%左右，其出口额占世界总出口额的70%。中国是马来西亚棕榈油最大的进口国，每年进口约10万t。

6. 乌桕籽油

乌桕籽盛产于中国长江流域及其以南地区。乌桕籽由桕白、梓壳和梓仁组成。桕白和梓仁中都含有大量油脂，是一种常用的植物油源。从梓仁中榨出的油是棕红色的液体，称为乌桕籽油。主要成分为亚油酸、亚麻酸和油酸的甘油酯。乌桕籽油含有毒素，不宜食用，可以代替桐油和亚麻籽油用于制造油漆，也可用来制造润滑油、涂料、油墨等。

7. 橡胶籽油

从橡胶树的种子中提取的一种木本植物油。它是全世界橡胶种植区的传统食用油，在中国海南岛、云南西双版纳等地有长期食用的历史。橡胶树种子油营养丰富，主要成分为软脂酸、硬脂酸、油酸、亚油酸、亚麻酸。

1.2.3 餐厨废弃油脂

餐厨废弃油脂（以下简称"餐废油脂"）主要指家庭烹饪、餐饮服务业和食品加工业产生的不符合食用标准的动植物油脂。随着城市餐饮业的发展，各种废弃食用油脂产量巨大，一些不法商人从下水道和泔水中提取垃圾油并当作食用油销售。这种垃圾油极不卫生，过氧化值、酸价、水分严重超标，一旦食用，将破坏白细胞和消化道黏膜，引起食物中毒，甚至致癌，对生命安全造成极大隐患。以废弃食用油脂为原料生产生物柴油，有利于对其进行充分合理利用，避免重回餐桌，有利于保障人民身体健康。

1. 废弃食用油脂

废弃食用油脂由于受热、时间放置过长等原因引起油脂发生化学降解（氧化作用、氢化作用），破坏了食用油脂原有的脂肪酸和维生素或由于污染物（如苯类、丙烯醛、已醛、酮等）的累积，不再适合于食品加工的油脂。

2. 地沟油

地沟油是指酒店、餐馆、家庭清洗锅碗时流到地下隔油池或沉淀池的剩饭、剩菜中收集到的不符合食用标准的动植物油脂。

3. 泔水油

泔水油是餐饮业剩饭、剩菜倒到泔水桶中，经沉淀、分离、提炼处理得到的不符合食用标准的动植物油脂，亦称潲水油。

4. 煎炸老油

煎炸老油是酒店、餐馆、食品加工企业用来煎炸食品用的油脂，经多次重复使用后不符合食用标准的动植物油脂。

5. 抽油烟机凝析油

抽油烟机凝析油是指从酒店、餐馆或家庭抽油烟机回收的油脂。

1.2.4 其他废弃油脂

其他废弃油脂是指食品加工业、油脂精炼、油脂储存及其他过程产生的不符合使用标准的动植物油脂，是很好的生物柴油生产原料。

1. 酸化油

酸化油是指油脂碱炼后的皂角经无机酸处理得到油水两相，再将其分离后所得到的油相，其中含有脂肪酸及油脂。

2. 废弃动物油脂

废弃动物油脂是指从动物的屠宰分割、病害动物及动物产品无害化处理、动物烤制、动物皮革加工修削、皮毛处理过程中产生的不符合食用标准的油脂，如牛油、羊油、猪油、鱼油、鸡油、鸭油等。

3. 白土油

从油脂精炼脱色使用过的废白土中提炼出的油脂。在油脂精炼工艺中，通常使用占油重2%~3%的活性白土，脱色以后的白土失去了活性即成为废白土。废白土主要成分为白土、胶质、沥青质、稠环芳烃和约30%的油脂等，若不能得到较好地回收再利用，将会造成环境污染和资源浪费。为了加强对脱色废白土的再利用，可采用压榨法、溶剂法和水剂法对其中的油脂提取回收。

1.2.5 微生物油脂与工程微藻

1. 微生物油脂

微生物油脂又称单细胞油脂，是由酵母、霉菌、细菌、藻类等微生物在条件下利用碳水化合物、碳氢化合物和普通油脂为碳源，在菌体内产生的大量油脂，这种油脂经过分离提取获得的产品称为微生物油脂。

大部分微生物油脂的脂肪酸组成和一般植物油相近，以油酸、棕榈酸、亚油酸和硬脂酸等 C16~C18 系脂肪酸为主。微生物油脂的主要优势表现在：①发酵周期短，不受场地、季节、气候变化等的影响，一年四季除设备维修外，都可连续生产；②生产的原料广泛，主要包括淀粉类、糖类资源，还可利用秸秆等农林业废弃物等。微生物油脂是生物柴油原料研发的方向之一。

2. 工程微藻

工程微藻是一种分布广、蛋白质含量高的微型光合水生生物。工程微藻不仅含油高，而且直接从微藻提取得到的油脂成分与植物油脂相似，可以替代植物油，是生物柴油原料研发另一个方向。

1.2.6 昆虫油脂

昆虫油脂是以昆虫为原料提取的油脂。昆虫脂肪含量丰富，种类众多，繁殖极快，昆虫油脂以合理的脂肪酸组成为基础，是优质的油脂资源。昆虫油脂的开发有利于保护环境，很多昆虫可以利用非食用资源和废弃物为原料进行饲养，将有机废弃物资源制作成腐食性昆虫饲料，起到净化环境的作用的同时，满足成本低廉、大量生产、可持续供应的条件，为生物柴油的产业化提供有效保障[28]。

1.3 生物柴油性能指标

评价一种物质是否可以作为纯柴油的替代燃料，应当看其是否具有与纯柴油相近的性质。主要有以下6个方面的性质和考察指标[29-30]。

1）良好的发火性——十六烷值。
2）良好的蒸发性能——馏程及馏出温度。
3）良好的黏度和良好的低温流动性能——黏度及冷滤点。
4）良好的安全性能——闪点。
5）对柴油机没有腐蚀——酸度及酸值。
6）良好的可燃性——热值。

各种不同来源生物柴油的理化指标略有差别，见表1-2。

1.3.1 影响雾化和蒸发性能的指标

1. 密度

油品密度的大小对燃料从喷油器喷出的射程和油品的雾化质量影响很大。0号柴油密度约为0.83g/mL，生物柴油的密度比柴油略高2%~7%，一般在0.86~0.90g/mL之间。

2. 运动黏度

运动黏度是衡量燃料流动性能及雾化性能的重要指标。运动黏度太高时，流动性就差，使喷出的油滴直径过大，油流射程过长，油滴有效蒸发面积减少，蒸发速度减慢，从而引起混合气组成不均匀，燃烧不完全，燃料消耗量大。而运动黏度过低时，流动性就好，会使燃料从油泵柱塞和泵筒之间的空隙流出，致使喷入气缸的燃料减少，柴油机效率下降。同时雾化后油滴直径过小，喷雾贯穿距离短，不能与空气均匀混合，燃烧不完全。一般认为，运动黏度在1.9~6.0mm²/s之间适合做柴油机燃料使用。生物柴油的碳链长度一般为C14~C22，而柴油为C10~C22[31]，因此生物柴油的运动黏度要比柴油稍高一些。调合2%~20%（质量分数）的生物柴油到纯柴油中后，柴油的黏度会增加，但也能满足标准对柴油运动黏度的要求。美国标准要求生物柴油40℃时的运动黏度为1.9~6.0mm²/s，欧洲标准要求40℃

表1-2　各类生物柴油组成成分对比分析

脂肪酸（xx:y）	A	B	C	D	E	F	G	H	I	J	K	L	M	N	O	P	Q	R	S
丁酸（C4:0）	—	—	—	—	—	—	—	—	—	—	—	—	—	—	3.6	—	—	—	—
己酸（C6:0）	—	—	—	—	—	—	—	—	—	0.5	0.2	—	—	—	2.2	—	—	—	—
辛酸（C8:0）	—	—	—	—	—	—	—	—	—	7.8	3.3	—	—	—	1.2	—	—	—	—
癸酸（C10:0）	—	—	—	—	—	—	—	—	—	6.7	3.4	—	—	—	2.5	—	—	—	—
游离脂肪酸（C12:0）	—	—	—	—	—	—	—	—	0.1	47.5	48.2	—	0.1	0.1	2.9	—	—	—	0.1
肉豆蔻酸（C14:0）	0.1	0.7	0.2	0.1	0.1	0.1	—	0.6	1.1	18.2	16.2	0.3	1.5	3.2	10.8	0.7	0.1	1.4	1.1
肉豆蔻烯酸（C14:1）	—	—	—	—	—	—	0.1	—	—	—	—	—	—	0.9	0.8	0.1	—	—	—
十五烷酸（C15:0）	0.1	—	—	—	—	—	—	—	—	—	—	—	0.1	0.5	2.1	—	—	—	—
十六烷酸（C16:0）	10.9	21.6	11.1	10.9	7.0	6.8	4.1	9.0	44.0	8.8	8.4	2.8	26.0	24.3	26.9	20.9	6.4	14.2	44.0
软脂酸（C16:1）	0.1	0.6	0.2	0.2	0.1	0.1	0.3	0.6	0.1	—	—	0.3	3.3	3.7	2.0	5.4	0.1	1.4	0.1
十七烷酸（C17:0）	0.1	—	—	0.1	—	—	—	—	—	—	—	—	0.4	1.5	0.7	—	—	—	—
十七烷烯酸（C17:1）	—	—	—	—	—	—	—	—	—	—	—	—	0.2	0.8	0.1	—	—	—	—
硬脂酸（C18:0）	4.2	2.6	2.4	2.0	4.5	2.3	1.8	2.7	4.5	2.6	2.5	1.3	13.5	18.6	12.1	5.6	4.5	6.9	4.5
油酸（C18:1）	25.0	18.6	46.7	25.4	18.7	12.0	61.0	80.3	39.2	6.2	15.3	64.4	43.9	42.6	28.5	40.9	21.7	43.1	39.2
亚油酸（C18:2）	52.7	54.7	32.0	59.6	67.5	77.7	21.0	6.3	10.1	1.6	2.3	22.3	9.5	2.6	3.2	20.5	13.5	34.4	10.1
亚麻油酸（C18:3）	6.2	0.7	—	1.2	0.8	0.4	8.8	0.7	0.4	—	—	7.3	0.4	0.7	0.4	—	52.7	—	0.4
花生酸（C20:0）	0.3	0.3	1.3	0.4	0.4	0.3	0.7	0.4	0.4	0.1	0.1	0.6	0.2	0.2	—	—	0.2	—	0.4
鳕肝油酸（C20:1）	0.1	—	1.6	—	0.1	0.1	1.0	—	—	—	—	1.0	0.7	0.3	0.1	—	—	—	—
二十碳二烯酸（C20:2）	—	—	—	—	—	—	—	—	—	—	0.1	—	0.1	—	—	—	—	—	—
二十二烷酸（C22:0）	0.3	0.2	2.9	—	0.7	0.2	0.3	—	—	—	—	—	—	—	—	—	0.2	—	—
芥子酸（C22:1）	—	—	0.1	—	—	—	0.7	—	—	—	—	—	—	—	—	—	—	—	—
二十四烷酸（C24:0）	—	—	1.5	—	0.1	—	0.2	—	—	—	—	—	—	—	—	—	—	—	—
总量（%）	100	100	100	100	100	100	100	100	99.9	100	100	100	100	100	100	94.1	99.4	100	99.9
总饱和烃（%）	15.9	25.4	19.4	13.6	12.8	9.7	7.2	12.1	50.2	92.2	82.3	4.7	41.9	48.4	65.0	27.2	11.4	21.1	50.2
总不饱和烃s（%）	84.1	74.6	80.6	86.4	87.2	90.3	92.8	87.9	49.8	7.8	17.7	95.3	58.1	51.6	35.0	72.2	88.0	78.9	49.8
倾点/℃	-3.2	-12.5	11.5	-3	-2	NA	-8	-2	14	-4	NA	-11	7	51	NA	-7	-9.6	-3	NA
浊点/℃	-2	1.7	12.6	-4	1.33	NA	-4	-6	14	1	NA	-3.5	NA	NA	NA	NA	2.43	2	NA
冷滤点/℃	-2	3	NA	-7	-2	NA	-4	-9	12	-1	NA	NA	NA	NA	NA	NA	-7	10	-9
氧化安定性	4.08	NA	NA	NA	NA	NA	7.08	NA	23.6	8.01	NA	NA	NA	NA	NA	NA	NA	4.84	5.8

注：A～S为不同原料生物柴油，A–大豆油；B–棉花籽油；C–花生油；D–玉米油；E–葵花籽油；F–红花籽油；G–菜籽油；H–橄榄油；I–棕榈籽油；J–棕榈油；K–棕桐仁油，L–油菜籽油；M–猪油；N–牛油；O–奶油；P–鸡油；Q–亚麻籽油；R–麻疯树油；S–煎炸老油。

时的运动黏度为 3.5 ~ 5.0mm²/s。

3. 闪点

油品在规定条件下加热到它的蒸气与火焰接触发生闪火时的最低温度，称为闪点。测定油品闪点的意义是：①从油品的闪点可以判断其馏分组成的轻重，一般来说，油品蒸气压越高，馏分组成越轻，其闪点越低；②闪点是油品（汽油除外）的爆炸下限温度，即在此温度下油品遇到明火会立即发生爆炸燃烧。闪点可以鉴定油品发生火灾的危险性。生物柴油的闪点一般高于 110℃，远超过纯柴油的 70℃，所以生物柴油储运比柴油安全。甲醇的含量是影响生物柴油闪点高低的重要因素。即使在生物柴油中含有少量的甲醇，其闪点也会降低。除此之外，较多的甲醇会对燃料泵、橡塑配件等产生影响，并且会降低生物柴油的燃烧性能。美国生物柴油标准要求闭口闪点不低于 130℃，欧洲生物柴油标准要求闭口闪点不低于 120℃。

1.3.2 影响腐蚀和磨损的主要指标

1. 硫含量

柴油中的含硫化合物对柴油机的寿命影响很大，其中的活性含硫化合物（如硫醇等）对金属有直接腐蚀作用，并且硫燃烧后形成二氧化硫（SO_2）、三氧化硫（SO_3）等硫氧化物会腐蚀高温区的零部件。同时，油品的硫含量对柴油机尾气排放有很大影响，低硫燃料油对排放控制主要有两方面作用：①直接减少颗粒和硫化物排放；②确保各类柴油车的颗粒物和氮氧化物排放控制的工作效能。生物柴油的一个主要优点就是硫含量低。美国标准要求生物柴油硫含量不超过 0.05%（质量分数），欧洲标准要求低于 0.001%（质量分数）。

2. 残炭质量分数

油脂在隔绝空气的情况下加热时会蒸发、裂解和缩合，生成一种呈光泽鳞片形状的焦炭状残留物，即为残炭。它主要由油品中的胶质、沥青质、多环芳烃和灰分形成。残炭量用来评测燃料中炭沉积的趋势。残炭量的高低直接影响油品的稳定性、柴油机积炭等。残炭值越大，在柴油机气缸内生成积炭的倾向越大，但由于与柴油机没有直接的关联性，这项性能指标被认为是一个粗略估计。美国生物柴油标准用 100% 的样品来替代 10% 蒸余物，并按照 10% 蒸余物来计算，其值要求小于 0.05%（质量分数）。欧洲生物柴油标准是直接测试，要求 100% 蒸余物残炭不大于 0.3%（质量分数）。

3. 硫酸盐灰分质量分数

生物柴油中的灰分主要为残留的催化剂（碱催化）和其他原料中的金属元素及其盐类，限制灰分可以限制生物柴油中无机物例如残留催化剂的含量等。在生物柴油中，灰分以三种形式存在：固体磨料、可溶性金属皂和未除去的催化剂。固体磨料和未除去的催化剂能导致喷油器、燃油泵、活塞和活塞环磨损以及柴油机沉积。可溶性金属皂对磨损影响很小，但会导致滤网堵塞和柴油机沉积。美国和欧洲标准都要求生物柴油硫酸盐灰分不超过 0.02%（质量分数）。

4. 水含量

水分的存在对柴油的燃烧性能有很大影响，还会对柴油机产生腐蚀作用。水分还会提高生物柴油的化学活性，使其容易变质，降低存储稳定性。游离水会导致生物柴油氧化并与游离脂肪酸生成酸性溶液，水本身对金属就有腐蚀。美国生物柴油标准要求生物柴油水分和沉渣不超过 0.05%（质量分数），欧洲标准要求水含量不超过 500mg/kg。

5. 机械杂质

机械杂质是指存在于油品中所有不溶于规定溶剂的杂质。机械杂质对柴油机零部件的磨损以及运转是否正常都有严重影响。生物柴油中不允许有机械杂质。欧洲生物柴油标准要求总杂质含量不超过 24mg/kg。

6. 铜片腐蚀

铜片腐蚀是在规定条件下测试油品对铜的腐蚀倾向。由于酸或含硫化合物的存在能使铜片褪色，此试验可用来评测燃料系统中纯铜、黄铜、青铜部件产生腐蚀的可能性。按照目前的标准，生物柴油的铜片腐蚀一般都能达到要求，但长期与铜接触，可能会导致生物柴油发生降解，产生游离脂肪酸和固体物质。美国标准要求生物柴油铜片腐蚀不高于 3 级，欧洲标准为不高于 1 级。

7. 酸度及酸值

酸值是指中和 1g 油品中的酸性物质所需要的氢氧化钾质量（单位为 mg）。生物柴油的酸值测定的对象是生产过程中残余的游离脂肪酸和储存过程中降解产生的脂肪酸。高酸值的生物柴油能加剧燃料系统的沉积并增加腐蚀的可能性，同时还会使喷油泵柱塞副的磨损加剧，喷油器头部和燃烧室积炭增多，从而导致喷雾恶化、柴油机功率降低和气缸活塞组件磨损增加。美国生物柴油标准要求酸值不大于 0.80mgKOH/g，欧洲标准为不大于 0.50mgKOH/g。

8. 90%回收温度

90%回收温度是指在恩氏蒸馏设备里，当油品加热蒸馏出 90%时所对应的温度。该温度越低，说明柴油中重质组分越少，可以提高柴油的燃烧性能和柴油机的动力性能，降低油耗，减少机械磨损。

1.3.3 燃烧性能指标

十六烷值是衡量燃油在压燃式发动机中燃烧性能好坏的重要指标。十六烷值是指在规定条件下的发动机试验中，采用和被测定燃料具有相同发火滞后期的标准燃料中正十六烷的体积百分数。十六烷值可以评价燃料油的点火性能、白烟影响及燃烧强度。十六烷值低，则燃油发火困难，滞燃期长，发动机工作时容易发生工作粗暴；而当十六烷值过高时，反而会因滞燃期太短而导致燃烧不完全、发动机功率降低、耗油增加和冒黑烟等。一般认为，适宜的柴油十六烷值应为 45～60，可以保证柴油均匀燃烧，热功率高，耗油量低，柴油机工作平稳，排放正常。与纯柴油相比，生物柴油的一个优点就是十六烷值较高。美国标准要求生物柴油十六烷值不低于 47，欧洲标准要求不低于 51。

1.3.4 氧化安定性指标

氧化安定性是生物柴油质量的一个重要指标，生物柴油的氧化安定性与原料性质、化学组成以及抗氧剂有关。氧化安定性差的生物柴油易生成以下老化产物：

1）不溶性聚合物（胶质和油泥），会造成柴油机滤网堵塞和喷油泵结焦，并导致排烟增多、起动困难。

2）可溶性聚合物，会在柴油机中形成树脂状物质，将导致熄火和起动困难。

3）老化酸，会造成柴油机金属部件腐蚀。

4）过氧化物，会造成橡胶部件的老化变脆而导致燃料泄漏等。

由于生物柴油很难通过纤维素滤膜，用于评价柴油氧化安定性的方法不能评价生物柴油。目前已经发展了很多方法可评定生物柴油的氧化安定性，普遍得到认可的标准方法是 ISO 6886——动植物油脂氧化安定性测定法（加速氧化法）和基于此的 EN 14112：2004——脂肪酸甲酯氧化安定性测定法（加速氧化法）。欧洲标准规定生物柴油在 110℃ 下的诱导期不低于 6h，美国标准还没有规定这一指标。

1.3.5　低温流动性指标

冷滤点用来评价柴油的低温流动性。冷滤点是指生物柴油试样在规定条件下冷却，在 1961Pa 压力下抽吸，使冷却的生物柴油试样通过一个 363 目过滤器，测定过滤器被堵塞至不能通过或流量小于 20mL/min 时的最低温度。生物柴油在低温下的流动性能不仅影响柴油机燃料供给系统能否正常供油，而且与柴油在低温下的储存、运输等有着密切的关系。冷滤点的温度越低，生物柴油在低温下使用流动性越好，越不易堵塞过滤器。100% 的生物柴油的低温流动性普遍较差，冷滤点高于纯柴油。纯柴油与生物柴油调和后，低温流动性与纯柴油的性质、生物柴油的性质、掺入量以及是否使用流动性改进剂等密切相关。

1.3.6　动力性能指标

热值是生物柴油应用于柴油机的基本衡量指标，关系到柴油机的动力性能。生物柴油的单位质量热值比纯柴油低 14% 左右，但由于生物柴油密度高于纯柴油，其体积热值仅比纯柴油低约 8%。进入柴油机缸内的能量是以燃油系统每个循环所供给的燃油体积热值来计算的。所以，生物柴油直接应用于柴油机，在每个循环供油量不变的情况下，功率只比燃用纯柴油略低。

1.3.7　生物柴油其他指标

1. 单甘酯含量和总甘油

总甘油方法是用来评测油品中甘油的含量，包括游离甘油和未反应或部分反应的油脂。较低的总甘油含量能够确保油脂在转变成脂肪酸甲酯的高转化率。单甘酯为油脂或脂肪酸发生部分反应生成的甘油骨架上只有一个长侧链烷基的甘油酯。甘油单酯和二酯是甘油三酯未转化完全的副产物，如果它们的浓度太大，可能导致喷油器发生沉积，并且影响低温操作性能，造成过滤器阻塞。美国标准只规定了总甘油含量不超过 0.24%（质量分数，后同），没规定甘油单酯、二酯和三酯的含量；欧洲标准规定甘油单酯、二酯和三酯含量分别为不超过 0.80%、0.20% 和 0.20%，总甘油含量不超过 0.25%。

2. 游离甘油

高含量的游离甘油可产生喷油器沉积，也会阻塞供油系统、腐蚀柴油机以及生成黑烟，同时还能导致储存和供油系统底部游离甘油的形成。美国和欧洲生物柴油标准都要求游离甘油的含量不超过 0.02%（质量分数）。

3. 一价、二价金属含量

在制备生物柴油的过程中，需加入氢氧化钠、氢氧化钾或硫酸等作为催化剂，酯交换反应的催化剂可向生物柴油中引入钠（Na）、钾（K）、钙（Ca）、镁（Mg）等金属。原料油成分中的各种离子和催化剂带入的离子，致使生物柴油内含有一定量的离子。生物柴油在内燃机中燃烧，所含阳离子会形成固体沉积物，造成生物柴油摩擦力增大，对柴油机会造成一定的损害，缩短使用寿命，并造成泵和喷油器失效，使柴油车排烟增大，起动困难。中国2015年发布的生物柴油（BD100）标准规定，一价阳离子（钠离子、钾离子）与二价阳离子（镁离子、钙离子）含量均不得超过5mg/kg，与欧洲、美国、巴西等国家生物柴油标准中对一价和二价阳离子含量的规定一致[32]。

4. 酯含量

生物柴油是由各种油脂经酯交换反应制备的脂肪酸甲酯，因而测定其甲酯含量及结构就可以确定生物柴油的纯度，这对于生物柴油的质量控制具有重要意义。酯含量的测定可采用仪器分析的方法，如气相色谱等。

5. 磷含量

磷能够破坏用于排放控制系统的催化转化器，一定要保持它的低含量。随着排放标准的日益严格，催化转化器在柴油动力设备上的应用越来越普遍，因此磷含量低的重要性将逐渐升高。美国和欧洲生物柴油标准都要求磷含量不大于10mg/kg。

6. 90%回收温度

由于生成生物柴油的动植物油脂主要是由C14～C22的脂肪酸甘油酯组成的，因此所生成的生物柴油的馏程范围一般为330～360℃。这一指标的作用是防止生物柴油中混入其他高沸点污染物。美国标准规定90%回收温度不超过360℃，欧洲标准没有此项规定。

1.4　生物柴油性能改进

生物柴油作为压燃式发动机燃料的新型环保可再生替代品已得到大力发展，是一种典型的"绿色可再生能源"。从化学结构上来看，生物柴油为脂肪酸甲酯类物质。由于合成生物柴油的原料主要来源于天然油脂类物质，其含有饱和脂肪酸和不饱和脂肪酸。在从原料油脂合成生物柴油的过程中，脂肪酸的组成和不饱和程度不会发生变化，因此生物柴油也会和原料油脂一样，在储运过程中存在氧化变质的趋势，造成生物柴油品质下降，直接影响其作为车用燃料的使用价值。生物柴油燃料氧化生成的不溶性及可溶性聚合物、酸化物和过氧化物等老化产物，会造成柴油机滤网堵塞和喷油泵结焦，导致排烟增多、起动困难、易熄火；造成柴油机金属部件腐蚀、橡胶部件的老化变脆而导致燃料泄漏等使用问题，严重影响生物柴油在柴油机内的正常使用和热值。生物柴油的低温流动性能较差，其凝固点一般在0℃左右，生物柴油的低温结晶和凝胶化限制了生物柴油在低温环境条件下的应用。

因此，氧化安定性和低温流动性是生物柴油实际应用过程中两个十分重要的理化指标，对车用生物柴油的正常使用具有重要的现实意义，也是生物柴油在储存和使用过程中存在的主要问题之一。

生物柴油的理化特性与其脂肪酸成分组成和特性直接相关。来源于食用作物的生物柴油还有高饱和脂肪酸，通常具有较差的低温流动性，且较高的饱和度会带来更高的融点和结晶温度。相较而言，不饱和脂肪酸更难以在较低温度下发生结晶，因此理想状态下生物柴油应更多由不饱和脂肪酸和锻炼多分支的脂肪酸甲酯组成，但不饱和脂肪酸比例的增加也会带来氧化安定性变差的问题。

添加剂能够改变生物柴油的氧化安定性、低温流动性、润滑性、热值、排放和十六烷值等。生物柴油氧化安定性主要通过改变原料组成（如氢化等）和添加抗氧剂的方法来进行改善，其中添加抗氧剂具有简便有效和成本低等优点，受到广泛重视。目前，各国针对不同原料制备的生物柴油进行了大量抗氧剂研究工作，对添加抗氧剂的种类、添加剂量以及不同抗氧剂复配等进行了研究，取得了一定成果，并有一系列抗氧剂产品问世，如德国朗盛公司（Lanxess）的 Baynox 系列、德国德固赛公司（Degussa）的 IONOLBF 系列、瑞士汽巴公司（Ciba）的 IRGASTAB 系列、美国雅宝公司（Albemarle）的 ETHANOX 系列等生物柴油抗氧剂。

改善生物柴油低温流动性的方法包括加入低温流动性改进剂（降凝剂）、加入纯柴油进行降凝和通过改变生物柴油的结构等。

1.4.1　生物柴油抗氧剂

生物柴油中所含的脂肪酸主要为软脂酸（C16:0）、硬脂酸（C18:0）、油酸（C18:1）、亚油酸（C18:2）和亚麻酸（C18:3），其中软脂酸和硬脂酸为饱和脂肪酸，而后三者为不饱和脂肪酸。生物柴油含有较多的不饱和脂肪酸酯，其在储存和使用过程中，较纯柴油易受光、热、金属离子等影响而发生氧化变质，直接影响生物柴油储存寿命和正常使用。生产生物柴油所用原料、生产工艺、储存及使用条件以及是否添加抗氧剂等对生物柴油产品的氧化安定性有很大的影响。

抗氧剂是抑制或延缓高聚物受大气中氧气的作用而降解的添加剂。从抗氧剂产品化学类型上来分，主要有胺类抗氧剂、受阻酚类抗氧剂、亚磷酸酯类抗氧剂、金属离子钝化剂、硫代酯类抗氧剂以及天然抗氧剂等。它的应用领域主要包括橡胶、塑料、石油燃料及食品与饲料工业等。

生物柴油的氧化安定性通常是通过测定其氧化诱导期来进行评价，诱导期越长，生物柴油的氧化安定性就越好。生物柴油的氧化机理与油脂类似，均为自由基的链式反应，包括链引发、链增长和链终止三个反应过程。抗氧剂的作用是消除刚刚产生的自由基，或者促使氢过氧化物的分解，阻止链式反应的进行。从延缓氧化变质的作用机理来分，抗氧剂可以分为主抗氧剂和辅助抗氧剂两类。能消除自由基的抗氧剂有芳香胺和受阻酚等化合物及其衍生物，称为主抗氧剂；能分解氢过氧化物的抗氧剂有含磷和含硫的有机化合物，称为辅助抗氧剂。

1. 主抗氧剂

主抗氧剂又称自由基抑制剂，可以直接消除自由基，使反应体系中的自由基数量迅速减少，自由基链式反应终止，从而保护生物柴油分子免受氧化破坏，提高生物柴油的氧化安定性，主要有芳香胺类和受阻酚类等化合物及其衍生物。

重要的芳香胺类抗氧剂有：二苯胺、对苯二胺和二氢喹啉等化合物及其衍生物或聚合物，可用在天然橡胶、丁苯橡胶、氯丁橡胶和异戊橡胶等制品中。

受阻酚类抗氧剂有：2，6 - 二叔丁基 - 4 - 甲基苯酚、双（3，5 - 二叔丁基 - 4 - 羟基苯基）硫醚、四［β - （3，5 - 二叔丁基 - 4 - 羟基苯基）丙酸］季戊四醇酯等。这类抗氧剂的抗热氧化效果显著，不会污染制品，主要用在塑料、合成纤维、乳胶、石油制品、食品、药物和化妆品中。

2. 辅助抗氧剂

辅助抗氧剂又称过氧化物分解剂，其主要作用是将自由基链式反应中生成的高活性氢过氧化物分解为低活性物质，防止氢过氧化物对生物柴油分子的破坏，使链式自由基反应不能继续发展，从而增强生物柴油的氧化安定性。

辅助抗氧剂主要分为硫代二丙酸酯（如 DLTP、DSTP）等硫代酯和亚磷酸酯（如 TPP、TNP、ODP）两大类。它们与酚类抗氧剂并用，以产生协同抗氧化作用。硫代二丙酸酯的主要产品有：双十二碳醇酯、双十四碳醇酯和双十八碳醇酯。亚磷酸酯也是辅助抗氧剂，主要产品有：三辛酯、三癸酯、三（十二碳醇）酯和三（十六碳醇）酯等。

3. 复合抗氧剂

抗氧剂之间复配使用常发生两种效应：协同效应和反协同效应。合并使用 2 种或 2 种以上的抗氧剂，若比单独使用一种的效果好，称为协同效应；若比单独使用一种的效果差，称为反协同效应。协同作用包括分子间的协同和分子内的协同作用，其中分子间的协同又分为以下两种：①均协同作用，是指抗氧化机理相同的抗氧剂之间的协同作用；②非均协同作用，是指抗氧化机理不同的抗氧剂之间的协同作用。分子内的协同又称为自协同作用，它是指一种抗氧剂，含有多个官能团，彼此有协同作用。

（1）受阻酚类抗氧剂之间的协同作用

当两种位阻不同（羟基的邻位取代基不同）的酚类抗氧剂并用，或抗氧化活性不同的胺类和酚类抗氧剂复合使用时均具有协同作用。AH 为高位阻或低活性抗氧剂，BH 为较小位阻或高活性抗氧剂，在与过氧化自由基反应时，BH 更容易反应，其协同作用机理如下：

$$BH + ROO\cdot \rightarrow B\cdot + ROOH \tag{1-1}$$

$$AH + B\cdot \rightarrow A\cdot + BH \tag{1-2}$$

高活性的抗氧剂可以有效地捕获氧化自由基或过氧化自由基，这时低活性抗氧剂能够供给氢原子，使高活性的抗氧剂再生，使之保持长久的抗氧化效能，所以这两种抗氧剂复合使用后能产生协同作用。

（2）主、辅抗氧剂之间的协同作用

辅助抗氧剂与主抗氧剂并用，是非均匀性协同效应的例子。实验表明，酚类抗氧剂与亚磷酸酯之间复配时存在协同效应。作为主抗氧剂的酚类抗氧剂，分子中都存在着活泼的氢原子（O—H），这种氢原子比聚合物碳链上的氢原子（包括碳链上双键的氢）活泼，它能被脱离出来与大分子链自由基 R· 或 ROO· 结合，生成过氧化氢和稳定的酚氧自由基（ArO·）。由于酚氧自由基邻位取代基数量的增多或其分枝的增多，即增大其空间阻碍效应，这样就可以使其受到相邻较大体积基团的保护，提高了酚氧自由基的稳定性。此外，由于酚氧自由基与苯环同处于大共轭体系中，因而结构比较稳定，活性较低，不能引发链式反应，只能与另一个活性自由基结合，再次终止一个自由基，生成较稳定的化合物，从而终止链式反应。酚氧自由基的这种稳定性可以防止抗氧剂因直接氧化而消耗过快，并且也能减少链转移反应，从而提高其抗氧化性能。其抑制反应如下：

$$AOH + ROO\cdot \rightarrow ROOH + AO\cdot \tag{1-3}$$

$$ArO\cdot + ROO\cdot \rightarrow ROOArO \tag{1-4}$$

为了更好地阻止链式反应，并截断链增长反应，还需配合使用一种能分解大分子过氧化氢 ROOH 的抗氧化剂，使它生成稳定的化合物，以阻止链式反应的发展，这类分解过氧化氢的抗氧化剂称为辅助抗氧剂，因此利用主抗氧化剂、辅助抗氧化剂之间的协同效应，可配成各种有效的复合稳定剂。

1.4.2　生物柴油低温流动性能改进方法

饱和脂肪酸具有更高的氧化安定性、更高的十六烷值、更好的润滑性和更低的 NO_X 排放，但同时也有更高的熔点、更高的结晶温度。因此，生物柴油的低温流动性能主要与生物柴油中的饱和脂肪酸甲酯的含量和分布有关。饱和脂肪酸甲酯的含量越高，饱和脂肪酸甲酯中的长链脂肪酸甲酯含量越多，说明该生物柴油的低温流动性能越差。此外，生物柴油的低温流动性还与脂肪酸酯的支链程度有关。较差的低温流动性会影响柴油机低温工况下的正常工作。低温下产生的结晶物质会阻塞燃油滤清器和喷油器，从而无法实现有效泵油，结果会导致燃油系统故障，柴油机输出功率和转矩降低，油耗增大，起动性能变差，甚至出现柴油机的不可逆损坏。

改善生物柴油低温流动性能的方法主要有以下 3 种。

1. 加入降凝剂

该方法是在纯柴油中加入少量降凝剂来提高低温下柴油流动性能的一种常用方法。传统的柴油降凝剂按其原料可分为：乙烯 – 醋酸乙烯酯类共聚物、烯基二酰胺酸盐类、醋酸乙烯酯 – 富马酸酯类共聚物、马来酸酐类共聚物、丙烯酸酯类共聚物、烷基芳烃类以及极性含氮类化合物等。研究表明，纯柴油降凝剂可以改善生物柴油的凝点，但对冷滤点的影响不大。目前在改进生物柴油低温流动性方面使用的是柴油的降凝剂，生物柴油专用降凝剂国外尚未见公开发表。

2. 混合降凝法

该方法是在生物柴油中加入一定量的精制柴油，使生物柴油冷滤点降低的一种方法。在这方面的研究较多，但该方法对生物柴油凝点降低的幅度不大。大量的研究是集中在将生物柴油和纯柴油进行混配来降低生物柴油的凝点。通常情况下，是将体积分数为 2% ~ 20% 的生物柴油加入到纯柴油中来提高其低温流动性能。研究表明，将大豆油生物柴油与中间馏分柴油混合可以使大豆油生物柴油的冷滤点降低到 – 16℃。一般是将体积分数为 2% ~ 20% 的生物柴油与纯柴油进行混合，而生物柴油体积分数为 80% ~ 90% 的混合油，其低温流动性能的改善在国内外的研究中还较少。

3. 改变生物柴油的结构

该方法是通过物理或化学的方法来改变生物柴油中脂肪酸酯的组成分布或化学结构来改善生物柴油的低温流动性能。物理法主要是采用冬化分提的方法，将生物柴油在低温环境下不断处理，将高凝点的饱和脂肪酸甲酯从生物柴油体系中分出，降低饱和脂肪酸甲酯的含量，从而改善生物柴油的低温流动性能。该方法的缺点是对生物柴油的氧化安定性指标可能存在负面影响。化学法是通过改变生物柴油中的酯基，合成生物柴油是用不同的醇类做原料制备不同结构的酯，利用空间结构不同来改变生物柴油的冷滤点。研究表明，含支链的醇类合成的生物柴油的结晶温度明显降低，异丙基和 2 – 丁基大豆油脂与大豆油甲酯相比，其结晶温度分别降低了 7 ~ 11℃ 和 12 ~ 14℃。

参 考 文 献

[1] 中国汽车工业协会. 2019 年汽车工业经济运行情况 [EB/OL]. (2020 - 01 - 13) [2021 - 03 - 01]. http：//www. caam. org. cn/chn/4/cate_39/con_5228367. html.

[2] 国家统计局. 中华人民共和国 2019 年国民经济和社会发展统计公报 [EB/OL]. (2020 - 02 - 28) [2021 - 03 - 01]. http：//www. xinhuanet. com/finance/2020 - 02/28/c_ 1125637788. htm.

[3] 国际汽车制造商协会汽车保有量统计 [EB/OL]. http：//www. oica. net/category/vehicles - inuse/.

[4] 生态环境部. 2019 中国移动源环境管理年报 [EB/OL]. (2019 - 09 - 04) [2021 - 03 - 01]. http：//www. mee. gov. cn/xxgk2018/xxgk/xxgk15/201909/t20190904_ 732374. html.

[5] BP 公司. BP 世界能源展望 2019 [EB/OL]. (2019 - 04 - 09) [2021 - 03 - 01]. https：//www. bp. com/zh_ cn/china/home/ news/reports/bpenergy - outlook - 2019. html.

[6] BP 公司. BP 世界能源统计年鉴 2019 [EB/OL]. (2019 - 07 - 30) [2021 - 03 - 01]. https：//www. bp. com/zh_ cn/china/home/news/ reports/statistical - review - 2019. html.

[7] BP 公司. BP 对液体燃料的需求的统计及预测 [EB/OL]. (2019 - 02 - 15) [2021 - 03 - 01]. https：//www. bp. com/en/global/ corporate/energy - economics/energy - outlook/demand - by - fuel/oil. html.

[8] BP 公司. BP 对全球基础能源消耗的统计及预测 [EB/OL]. (2019 - 09 - 28) [2021 - 03 - 01]. https：//www. bp. com/en/ global/corporate/energy - economics/energy - outlook/demand - by - fuel. html.

[9] MONIRUL I M, MASJUKI H M, KALAM M A., ZULKIFLI N W M, RASHEDUL H K, RASHED M M, IMDADUL H K, MOSAROF M H. A comprehensive review on biodiesel cold flow properties and oxidation stability along with their improvement processes [J]. RSCAdv, 2015, 5 (105)：86631 - 86655.

[10] 孙龙江, 徐世民, 丁辉, 等. 大豆生物柴油动力黏度试验研究 [J]. 化学工业与工程, 2007, (6)：521 - 524.

[11] 孟令虎, 苏海燕, 斯庆苏都, 等. 浅谈我国现有生物柴油生产工艺及发展趋势 [J]. 化学工程与装备. 2019 (7)：274 - 276.

[12] CHOWDHURY H, LOGANATHAN B. Third - generation biofuels from microalgae：a review [J]. Current Opinion in Green and Sustainable Chemistry. 2019 (20)：39 - 44.

[13] 亓荣彬, 朴香兰, 王玉军, 等. 第二代生物柴油及其制备技术研究进展 [J]. 现代化工, 2008, 28 (3)：81 - 84.

[14] ZHANG L, LOH K C, KUROKI A, DAI Y, TONG Y W. Microbial biodiesel production from industrial organic wastes by oleaginous microorganisms：Current status and prospects [J]. Journal of Hazardous Materials. 2020 (402)：123543.

[15] 刘军锋. 第三代生物柴油的开发研究 [D]：北京：北京化工大学, 2013.

[16] LÜ J, SHEAHAN C, FU P. Metabolic engineering of algae for fourth generation biofuels production [J]. Energy Environ Sci, 2011 (4)：2451 - 2466.

[17] HUANG H Z., GUO X Y, HUANG, R, LI J Q., PAN M Z, CHEN Y J, PAN X Z. Assessment of n - pentanol additive and EGR rates effects on spray characteristics, energy distribution and engine performance [J]. Energy Conversion and Management, 2019 (202)：112210.

[18] HUANG H Z, GUO X Y, HUANG R, LEI H, CHEN Y J, WANG T, WANG S, PAN M Z.. Effect of n - pentanol additive on compression - ignition engine performance and particulate emission laws [J]. Fuel, 2020 (267)：117201.

[19] 向博. 全球生物柴油产业现状及 2020 年展望 [N]. 期货日报. 2019.

[20] GALADIMA A, MURAZA O. Waste materials for production of biodiesel catalysts：Technological status and prospects [J]. Journal of Cleaner Production. 2020 (2)：263.

［21］WANG T, July 2019. Leading biodiesel producers worldwide in 2018, by country（in billion liters）. Statista 8, 2019. https：//www. statista. com/statistics/271472/ biodiesel – production – in – selected – countries/.

［22］MUNDI I, Biodiesel Consumption by Country, 2019. Data therein obtained from USA energy information administrations USA, EIA, 2019. https：//www. eia. gov/. https：//www. indexmundi. com/energy/ product biodiesel&amp.

［23］张雁玲，孟凡飞，王家兴，等. 国内外生物柴油发展现状［J］. 现代化工，2019（10）：9 – 14.

［24］赵光辉，佟华芳，李建忠，等. 生物柴油产业开发现状及应用前景［J］. 化工中间体，2013（2）：6 – 10.

［25］上海市食品安全工作联合会. 餐厨废弃油脂制车用生物柴油调合燃料（B10）：T/310104004 – C001［S］. 上海：［出版者不详］，2016.

［26］上海市食品安全工作联合会. 餐厨废弃油脂制 B10 柴油：T/SFSF 000010—2020［S］. 上海：［出版者不详］，2020.

［27］JING B, GUO R, WANG M, et al. Influence of seed roasting on the quality of glucosinolate content and flavor in virgin rapeseed oil［J］. LWT – Food Science and Technology, 2020（126）：109301.

［28］山东省虫业协会. 昆虫油脂的开发与利用［J］. 农业知识：科学养殖，2008（7）：13 – 13.

［29］ALLEN C A W, WATIS K C, ACKMAN R G, et. al.. Predicting the viscosity of biodiesel fuels from their fatty acid ester composition［J］. Fuel, 1999, 78（11）：19 – 26.

［30］KERSCHBAUM S, RINKE G. Measurement of the temperature dependent viscosity of biodiesel fuels［J］. Fuel, 2004, 83（3）：287 – 291.

［31］PITZ W J, MUELLER C J. Recent progress in the development of diesel surrogate fuels［J］. Progress in Energy and Combustion Science, 2011, 37（3）：330 – 350.

［32］黄韵迪，李法社，涂滇，等. 离子色谱法测定生物柴油中阳离子含量的研究［J］. 昆明理工大学学报（自然科学版），2016，41（6）：15 – 19.

第2章
餐废油脂制生物柴油制备工艺及调合技术

餐废油脂来源广泛，用其作为原料制备生物柴油工序繁多、工艺复杂，本章主要介绍餐废油脂制生物柴油制备工艺及调合技术。首先总结了生物柴油常用制备方法，详细阐述了餐废油脂制生物柴油的制备原理和反应机理，讨论了餐废油脂制生物柴油催化剂选择、生物柴油制备工艺流程及其工艺条件的确定以及生物柴油调合技术。最后结合工程应用经验给出了生物柴油批量生产质量控制方面的建议。

2.1　生物柴油制备工艺

生物柴油的制备工艺包括化学法、生物酶法以及加氢异构法[1]。

化学法主要是酯交换法。化学法制备生物柴油是将动植物油脂进行化学转化，改变其分子结构，使主要组成为脂肪酸甘油酯的油脂转化成为分子量较小的脂肪酸低碳烷基酯，从根本上改善动植物油脂的流动性和黏度，使之更适用于柴油机的燃料。化学法生产的生物柴油完全改变了动植物油脂的理化特性，使之成为完全均匀的液相产品，黏度得到大幅度降低，能与纯柴油以任意比例互溶，形成单一的均相体系[2]。

生物酶法合成生物柴油技术是指用脂肪酶催化油脂原料与低碳醇进行的脂交换反应，制备相应的脂肪酸单酯。该方法具有对原料中脂肪酸和水含量要求低、工艺简单、反应条件温和、选择性高、醇用量小、副产物少、生成的甘油容易回收且无需进行废液处理等优点，但也存在着脂肪酶价格昂贵、使用寿命短、反应时间长等缺点[3]。

加氢异构法是指将动植物油在传统的加氢精制催化剂上进行加氢脱氧反应生成液态烷烃的一种生产可再生燃料的新方法[4]。该工艺生产的生物柴油具有较高的十六烷值，与纯柴油相近的黏度和热值，较低的浊点，可以在高纬度地区使用，并且可以大大减少柴油机的结垢，使噪声明显下降，且氮氧化物及颗粒物的排放量也显著降低，是一种理想的纯柴油替代燃料。

2.1.1　化学法

目前工业上生物柴油的生产主要以化学法（酯交换法）为主。酯交换法生产生物柴油是在一定温度下，将油脂与甲醇或乙醇等在酸性或碱性催化剂下进行酯交换反应，生成相应的脂肪酸甲酯或乙酯（生物柴油），同时生成副产物——甘油。

酯交换法生产生物柴油的主要过程包括原料预处理、脂肪酸甲酯的制备、精馏提取、甘油回收和废水处理等流程。原料油或废弃油脂经预处理，除去杂质和游离酸，并脱除水分，然后在催化剂作用下与甲醇发生酯交换反应。反应结束后，分别用盐液和水进行洗涤，静置分层，上层为粗制甲酯，下层为甘油。粗甲酯经吸附除水、减压蒸馏、精制等工艺流程后得到脂肪酸甲酯，即生物柴油。在甘油层中加入酸以中和残余的催化剂，并蒸馏回收甲醇，得到粗甘油。粗甘油再经蒸馏就能获得纯甘油。

酯交换法已研究开发了多种生产工艺，见表 2-1，主要有酸催化法、碱催化法、超临界法等[5-7]。

表 2-1 酯交换生产生物柴油不同工艺的比较

生产工艺		特点	成熟度
酸催化法		设备要求耐腐蚀，醇用量大，反应慢，易产生三废（废水、废气、废渣）	成熟
碱催化法	均相催化	成本低，反应快，皂化分离难，污染重	成熟
	非均相催化	催化剂可回收利用，污染小，反应慢	比较成熟
	高压醇解	催化剂用量少，转化率高，适用原料酸值高，设备投资大，能耗多，醇用量大	研究阶段
超临界法		反应快，转化完全，后处理简单，无污染设备投资大，能耗多，醇用量大	未工业化

1. 酯交换法制备原理

酯交换法是目前公认的最好的动植物油制取生物柴油方法，具有反应速率快、反应条件温和、转化率高和经济性好等优点，广泛用于生物柴油工业生产。酯交换（反应）是在催化剂存在下，通过甘油酯与小分子醇反应生成新酯和新醇的反应过程。

生物柴油制备过程中，油脂的主要组分三酸甘油酯与短链醇在催化剂的作用下，生成了脂肪酸酯（生物柴油）和丙三醇（甘油）。使用催化剂可以提高反应速率和生物柴油的产量，酯交换反应是可逆的，热效应不大，适当过量的醇无论在热力学还是动力学上都有利于生物柴油的生成。研究发现，醇类物质的碳链越短，极性越强，越容易发生酯交换反应。因此，用酯交换法制备生物柴油时，多以甲醇作为原料[8]。

2. 酯交换法反应机理

在油类酯交换（又称醇解）反应中，甘油三酸酯在强碱或强酸作用下与醇酯交换得到脂肪酸甲酯和甘油。在反应中按化学计量比计算，1mol 甘油三酸酯需与 3mol 醇完全反应。在制备生物柴油的酯交换过程中，最常用的方法为酸催化酯交换和碱催化酯交换。

油类酯交换过程由一系列连续的可逆反应组成。甘油三酸酯与醇在催化剂作用下依次被转化为甘油二酸酯、甘油一酸酯和甘油，每一步反应均可逆。在反应中通常加入过量的醇来提高反应产率，在过量醇的存在下，正反应是准一级反应，逆反应是二级反应。研究表明，在酯交换法制备生物柴油的过程中碱催化过程的反应速率要比酸催化快，但由于酯交换反应为可逆平衡反应，通常使用至少高出化学计量比 1.6 倍的醇来提高反应收率。如果将上述反应分级进行，则可以减少整个反应的醇消耗量。

（1）碱催化反应机理

碱催化酯交换反应的历程大致可分为3步[9]：

第一步：醇在碱性环境中形成烷氧基负离子，与甘油三酸酯中的羰基碳发生亲核加成反应，形成四面中间体 a。

第二步：四面中间体 a 与醇反应重新生成烷氧基负离子与四面中间体 b。

第三步：四面中间体 b 经过重排得到最终产物脂肪酸酯。

在该反应中，碱与醇混合后形成的烷氧基负离子是推动反应进行的真正催化剂，反应机理如图 2-1 所示。

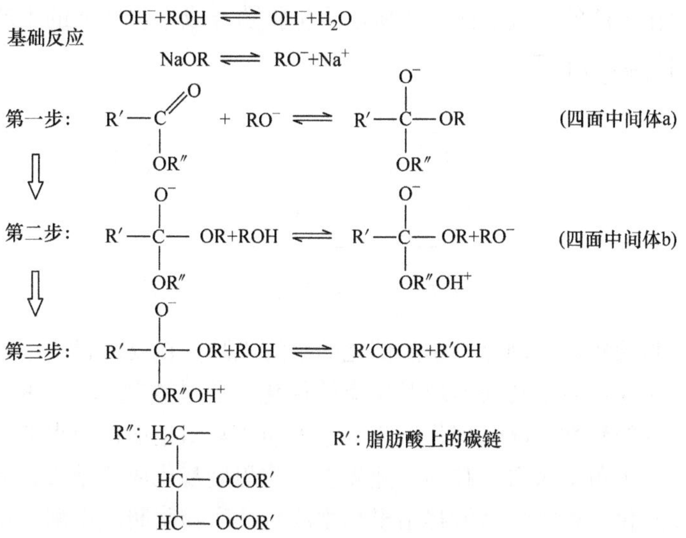

图 2-1　碱催化酯交换反应机理

（2）酸催化反应机理

在酸催化酯交换反应中，甘油三酸酯上的羰基质子化形成碳正离子，与醇发生亲核加成反应得到四面中间体的生成物。所得的四面中间体生成物通过消去反应最终生成新的脂肪酸酯并使催化剂再生[10]，反应机理如图 2-2 所示。

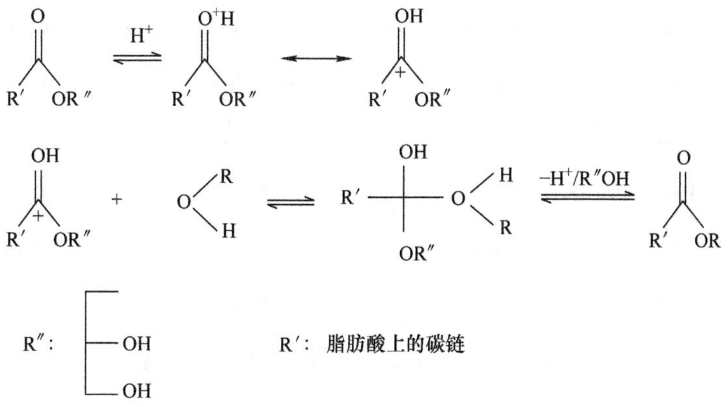

图 2-2　酸催化酯交换反应机理

2.1.2　生物酶法

脂肪酶是一种高效环保的催化醇与脂肪酸甘油酯的酯交换反应的催化剂。生物酶法即用油脂和低碳醇通过脂肪酶进行转酯化反应，制备相应的脂肪酸酯。脂肪酶能够高效催化醇与脂肪酸甘油酯进行酯交换反应，通过使用脂肪酶可以解决目前传统化学方法生产生物柴油使用的催化剂存在难以分离以及耗能太多等问题[11]。生物酶法催化酯交换反应也存在一些缺点，例如，如不使用有机溶剂就达不到高酯交换率，但反应体系中甲醇达到一定量，脂肪酶容易失活，丧失催化能力；酶价格偏高、反应时间较长。因此，提高脂肪酶的活性和防止酶失活是该方法工业化生产的关键。图 2-3 所示为生物酶合成生物柴油的生产工艺流程。

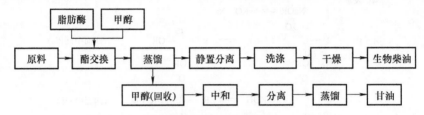

图 2-3　生物酶合成生物柴油的生产工艺流程

一般认为，油脂的醇解机制是基于酶催化的水解机制。在反应过程中，酶活性位点特异位的酸或碱功能基团通过质子转换实现对反应的催化。通过这些基团上的质子转移给物质，酶完成了活性位点内的酸性或碱性催化反应。这种功能基团是活性位点的一部分，对于催化过程特别重要。从分子角度来看，甘油三酯先将脂肪酶酰基化成酰基酶，同时生成甘油或甘油中间物，然后酰基化酶再将酰基转移给甲醇生成目的产物脂肪酸甲酯，甲醇成为第二个酰基受体，而脂肪酶的酰基化只是一个中间的过渡态[12]。酶催化甘油三酯制脂肪酸甲酯机制如图 2-4 所示。

研究表明，酶在水溶液中是通过酰基－酶配合物机制水解底物酯，即酶与底物首先通过共价键形成酶－底物复合物，然后酶活性部位的丝氨酸残基的羟基与底物的羧基形成一个四面体的中间产物，该中间产物分解，释放出醇，形成酰基－酶共价配合物，再经水解形成酶－底物复合物，进一步分解释放出自由酶和产物。

图 2-4　酶催化甘油三酯制脂肪酸甲酯机制

大量研究表明，脂肪酶在非水相催化酯化反应过程中也是通过酰基－酶机制催化反应的。Marangoni 和 Rousseau 阐述了酶催化酯化过程的催化机制，其描述如下[13]：

$$TG_1 + E \rightleftharpoons TG_1 \cdot E \tag{2-1}$$

$$TG_1 \cdot E \rightleftharpoons DG_1 + FA_1 \cdot E \tag{2-2}$$

$$DG_2 + FA_1 \cdot E \rightleftharpoons TG_2 \cdot E \tag{2-3}$$

$$TG_2 \cdot E \rightleftharpoons TG_2 + E \tag{2-4}$$

式中，FA 为脂肪酸；E 为酶；TG 为甘油三酯；DG 为甘油二酯。

Kyotani 则提出甘油酯 – 酶复合体参与酶解反应的机制[14]，该机制描述如下：

$$TG_1 + E \rightleftharpoons TG_1 \cdot E \rightleftharpoons DG_1 \cdot E + FA_1 \tag{2-5}$$

$$DG_1 \cdot E + FA_2 \rightleftharpoons TG_2 \cdot E \rightleftharpoons TG_2 + E \tag{2-6}$$

该机制可以更好地拟合分批溶剂系统的酶解过程的实验数据。当体系中水含量控制反应过程时，混合物中的水含量影响每一步的速率常数。

另一个酶催化假设是序列水解 – 酯化过程，即转酯化过程是水解过程和酯化过程交互进行的过程。水解过程的酰基 – 酶复合体反应描述如下：

$$TG + E \rightleftharpoons TG \cdot E \rightleftharpoons DG + FA \cdot E \tag{2-7}$$

$$FA \cdot E + H_2O \rightleftharpoons FA + E \tag{2-8}$$

随后的酯化过程是水解过程的可逆反应。在序列水解和酯化过程中，反应方程式遵循乒乓反应机制。一般认为，水解过程是限速步骤，其反应速率要慢于酯化反应。显然，在该假设中，水作为反应物参与水解反应，又同时作为酯化反应的产物。很多研究表明，序列水解 – 酯化机制部分支持酶催化转酯化过程。

2.1.3　加氢异构法

鉴于生物柴油在使用中存在一些问题，近几年一些研究专家提出通过催化加氢来合成生物柴油的技术路线，动植物油脂通过加氢饱和、加氢脱氧、加氢脱羧基、加氢脱羰基和临氢异构化等反应得到类似柴油组分的直链烷烃，形成新一代生物柴油生产技术[15]。生物柴油加氢异构制备法工艺流程如图 2-5 所示。

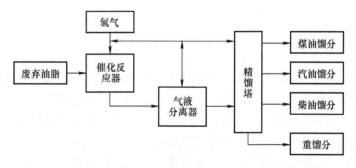

图 2-5　生物柴油加氢异构制备法工艺流程

油脂直接加氢脱氧是指在高温高压下油脂的深度加氢过程。此时，羧基中的氧原子和氢结合成水分子，而自身还原成烃。在该工艺中，加氢反应制备出的柴油馏分中，C15 ~ C18的饱和直链烷烃含量可达 95%，其十六烷值接近 100 甚至更高，密度和运动黏度都能够达到柴油的质量标准，可以作为高十六烷值柴油添加组分与纯柴油进行调配，加入比例为5% ~ 30%。油脂中的脂肪酸及脂肪酸酯被加氢分解成 C16 ~ C24 的烃类，异构化反应催化剂将第一阶段得到的正构烷烃进行异构化，得到高十六烷值的异构烷烃。加氢异构法制备生物柴油与传统酯化法制备生物柴油各项指标见表2-2。

表2-2 加氢异构法制备生物柴油与传统酯化法制备生物柴油各项指标对比

生物柴油指标	加氢异构法	传统酯化法
密度(15℃)/(kg/m³)	775~782	880
运动黏度(40℃)/(mm²/s)	2.9~3.5	4.2
十六烷值	84~99	51
10%馏分馏出温度/℃	260~270	340
90%馏分馏出温度/℃	295~300	355
凝点/℃	−30~−5	0
热值/(MJ/kg)	44	38
多环芳烃质量分数(%)	0	0
含氧质量分数(%)	0	10
含硫量/(mg/kg)	0	10

由表2-2中可以看出，加氢异构法制备生物柴油具有较低的密度和黏度，较高的热值，不含氧和硫元素。加氢异构法制备生物柴油更为突出的特点是，具有较高的十六烷值和更低的凝点（−30℃）。与直接加氢脱氧制得的正构烷烃生物柴油相比，临氢异构化得到的异构烷烃生物柴油不但保留了较高的十六烷值，而且具有较低的运动黏度，从而具有良好的低温流动性，可以在低温环境中与石油柴油以任意比例进行调配，使用范围得到进一步拓宽。

2.2 餐废油脂制生物柴油催化剂选择

由于催化剂种类和反应条件的不同，酯交换反应主要可分为酸碱催化法、酶催化法、超临界法等。相应反应均需要催化剂的参与，主流使用的催化剂包括碱性催化剂、酸性催化剂、离子液体催化剂、酶催化剂等。

2.2.1 碱性催化剂

常用的碱性催化剂有 NaOH、KOH、CH_3ONa、CaO、MgO、稀土金属氧化物和阴离子交换树脂等。碱性催化剂具有催化活性强、条件比较温和、反应速率快、价格便宜，容易获取等优点，被广泛应用于催化酯交换反应。但用碱做催化剂的酯交换反应对原料中的水和游离脂肪酸（FFA）的含量非常敏感。水和游离脂肪酸能使反应皂化，导致降低生物柴油收率、生物柴油黏度增大、形成乳化物不利于脂肪酸甲酯与副产物甘油分离。因此，原料油需要经过一定前处理（如脱水、降酸）后，才能使用碱性催化剂。

对于酯交换反应，碱性催化剂的催化活性明显高于同种类型的酸性催化剂，具有在温和的条件下反应速率快、产物中脂肪酸甲酯含量高等优点，因此均相碱催化剂被广泛应用于生物柴油的工业化生产之中。但是，碱催化剂只适用于纯度高、杂质少的动植物油作原料的制备过程。对于高酸值原料，必须采用酸碱两步法，先对原料进行预处理，降低其酸值。用于餐废油脂预处理的方法有很多，如蒸汽注射法、柱色谱法、中和法、膜真空蒸发、真空抽滤法、空气蒸馏法和醇提取法等。其中，空气蒸馏法和醇提取法需要高温和大量的溶剂，分别使得生物柴油制备工艺效率下降和更加复杂。

2.2.2　酸性催化剂

常用的酸性催化剂有 H_2SO_4、HCl、H_3PO_4、PTSA（对甲苯磺酸）、以及 SO_4^{2-}/ZrO_2、SO_4^{2-}/TiO_2 等。酸性催化剂对油料中的水分、FFA 含量不敏感，不会与 FFA 发生皂化反应，对于 FFA 含量大于 5% 的植物油效果更好。原料不用经过脱水、降酸等前处理过程，可直接在酸性催化剂催化下反应生成生物柴油。酸与植物油直接混合，酯化和酯交换反应步骤在同一反应器中同时进行。酸性催化剂的反应速率相对碱催化剂低，制备生物柴油所需的反应时间长，降低了装置的效率、增加了能耗，降低了其工业应用的竞争力。此外，酸性催化剂还会生成大量的盐从而腐蚀设备。

2.2.3　离子液体催化剂

离子液体是在室温附近温度下呈液态的由离子组成的物质，称为室温离子液体、室温熔融盐、有机离子液体等。离子液体具有较强的催化能力和溶解能力、较低的蒸气压等特性，其在生物柴油合成中的应用近年来受到人们的持续关注。离子液体不仅可作为酶催化合成生物柴油的绿色溶剂，作为酯交换反应合成生物柴油的催化剂，还可作为催化剂载体，并可以实现离子液体在生物柴油合成应用中的循环利用，近年来成为生物柴油催化剂研究的热点。

离子液体不仅作为催化剂，在反应过程中还充当溶剂并与反应物充分传应，并且反应结束后又易与反应物分离。离子液体用作制备生物柴油催化剂目前只是一种尝试，成本太高，活性一般，因此应用前景并不看好。

2.2.4　酶催化剂

脂肪酶是一种可以促进脂肪水解的酶，可以在温和的条件下（30~40℃）反应生成脂肪酸烷基酯。脂肪酶催化法相比于在工业上广泛应用的均相碱性催化剂法，生产出的粗生物柴油不需要通过中和、反复水洗、精馏等复杂过程就能得到生物柴油成品，并能更加容易地回收副产物甘油。反应温度低是这种方法最大的优点，酶催化反应对餐饮废油中的水和游离脂肪酸含量不敏感。

脂肪酶相比于常规酸碱催化，可以在醇油摩尔比较低、反应温度更为温和的条件下获得较高的生物柴油收率。但是研究表明，短链醇会导致脂肪酸中毒，降低催化活性，价格远高于常规的酸碱催化剂，反应时间也远长于使用酸碱催化剂的酯交换反应，固定化脂肪酸酶仍处于研究阶段，并未得到广泛的应用。

2.3　餐废油脂制备生物柴油技术

2.3.1　餐废油脂制备生物柴油工艺

餐废油脂制备生物柴油主要是通过酯化－酯交换反应使游离脂肪酸和脂肪酸甘油酯（油脂）转化为脂肪酸甲脂（生物柴油），其化学反应方程如下：

第一步：酯化反应

$$R_1 - COOH + HO - CH_3 \xrightarrow[\text{加热}]{\text{浓硫酸}} R_1 - COOCH_3 + H_2O \qquad (2-9)$$

第二步：酯交换反应

$$\begin{array}{l} CH_2O - COR_1 \\ | \\ CHO - COR_2 \\ | \\ CH_2O - COR_3 \end{array} + 3HO - CH_3 \xrightarrow[\text{加热}]{\text{KOH}} \begin{array}{l} CH_2OH \\ | \\ CHOH \\ | \\ CH_2OH \end{array} + \begin{array}{l} R_1COOCH_3 \\ R_2COOCH_3 \\ R_3COOCH_3 \end{array} \qquad (2-10)$$

实际制备过程中，可通过工艺改进实现对收率和油品的同步提升。改进后的生产工艺，即生物柴油加氢异构制备法工艺流程如图 2-6 所示，其主要步骤如下：

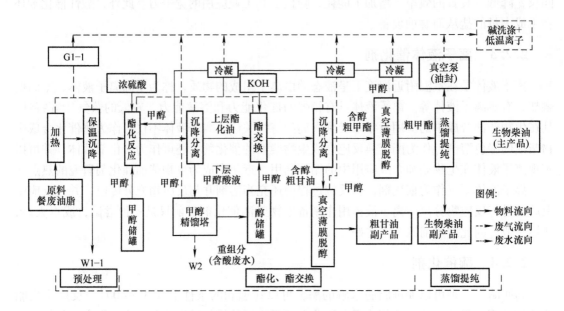

图 2-6　生物柴油加氢异构制备法工艺流程

步骤一：餐废油脂预处理，主要采用加热融化、无动力的多级油水和杂质分离、过滤等手段对餐废油脂进行预处理，主要去除大部分机械杂质和少量水分。

步骤二：将预处理好的餐废油脂注入酯化反应塔，经闪蒸脱水后原料油脂含量由 95% 提升至 99% 以上（1% 主要是水分和少量机械杂质），以浓硫酸为酯化催化剂，与过量甲醇混合在一定温度和压力下使甲醇处于亚临界状态，甲醇与废弃油脂中游离脂肪酸快速发生酯化反应，生成脂肪酸甲酯和水，反应时间一般为 2h，达到降低原料酸值目的，酸值降低 2 ~ 3mgKOH/g 时，分离酸水。

步骤三：加入过量甲醇和催化剂氢氧化钾，进行酯交换反应，将餐废油脂中剩余的脂肪酸甘油酯通过酯交换反应转化为脂肪酸甲酯（生物柴油）和甘油；反应结束后静置分层，分离上层粗甲酯（粗生物柴油）层和底部粗甘油层。

步骤四：将粗甲酯加热至 100℃，蒸发回收未参与酯化和酯交换反应的过量甲醇，过量甲醇经精馏塔在 65 ~ 95℃下常压分馏，回收甲醇，用于下次酯化 - 酯交换反应。

步骤五：分离出的粗甘油浓度约在 20% ~ 60%（根据原料废油脂的酸价不同而有变化），分离甘油的目的是保证产品的游离甘油指标达标，还可供外售综合利用。

步骤六：采用电磁加热的方式对粗甲酯（粗生物柴油）进行减压蒸馏，控制蒸馏温度为200℃左右，压力低于20Pa，控制冷却温度分离粗甲酯中的低沸点、易挥发、有臭味的组分，收集200～230℃之间的馏分，得到符合国家标准的生物柴油，通过技术改进后获得的产品在色泽、气味、纯度、黏度、酸值、硫含量、游离甘油含量等质量指标方面都有了很大的提高。改进后生产的生物柴油产品如图2-7所示。蒸馏结束后还会有蒸馏残余物产生，即植物沥青，需要分离收储，进行其他综合利用。

图2-7 改进后生产的生物柴油产品（见彩插）

2.3.2 预处理技术

餐废油脂预处理工艺流程如图2-8所示，首先将废弃油脂原料（含油量>97%）转入预处理沉降罐，蒸汽加热至90℃，保温沉降8h，进行油、水分离，将界面上层清油（含油量>99%）转入酯化车间，下部废水转入废水处理站集中处理。

通过采用机械方法分离掉废弃食用油脂中固体杂物（除固渣）和绝大部分水分，使油脂得到净化和浓缩，油脂浓度从50%提高到99%（剩余1%为水分）。

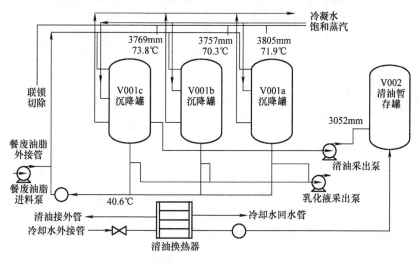

图2-8 餐废油脂预处理工艺流程

前处理流程：桶装废弃食用油脂运进厂后，先存放在废油库房，随后送入前处理间，将废弃食用油脂倾倒入地埋式融化槽，用蒸汽直接加热融化，加热温度为80℃。废油脂倾倒及加热融化过程中会有废油臭气从融化槽料口及缝隙中逸出，通过槽上方设置排风罩将臭气捕集后排至臭气处理装置处理。融化后废弃食用油脂进入粗滤槽除固渣，固渣分离出后排入压滤机脱水后外运，油脂进入离心机再进行油、水、渣三相分离，去除99%水分和残余渣。分离后浓缩油脂再进入沉降槽一次静置分层，然后加入破乳剂（氯化钠）对中层乳化层破乳，破乳后再二次静置分层，上层油脂通过管道送至罐区原料油储罐存放，供第二工段制备生物柴油用，下层废水排放。出渣和渣脱水是敞开作业，过程中有臭气逸出，由设在粗滤槽和压滤机上方的排风罩捕集后排至臭气处理装置处理。

2.3.3 酯化－酯交换技术

首先在酸性催化剂的条件下，将废弃油脂中的游离脂肪酸与甲醇进行酯化反应，转化为脂肪酸甲酯；在碱性催化剂的条件下，将废弃油脂中的脂肪酸甘油酯与甲醇进行酯交换反应，转化为脂肪酸甲酯（生物柴油）。

1. 酯化反应

酯化反应流程如图 2-9 所示，将预处理好的原料油转入酯化反应器，加入催化剂浓硫酸（原料油重 1.0% ~2.0%）和过量甲醇（原料油重 15% ~25%）。酯化反应在常压下进行，反应温度为 60~64℃，反应时间为 2~4h，将反应后的物料转入酯化沉降罐，进行沉降分离 2~4h，界面上层酯化油转入下一道工序，界面下层甲醇酸液进入甲醇精馏塔，在 65~95℃常压下分馏，塔顶甲醇馏分返回甲醇原料罐，作为生产原料供反应循环使用，塔底排出分馏废水，含少量甲醇，去废水处理[16]。

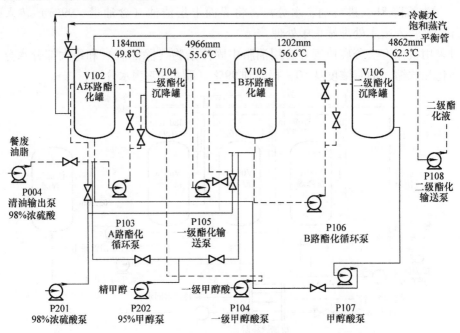

图 2-9　酯化反应流程

2. 酯交换反应

酯交换反应流程如图 2-10 所示，将酯化反应后的上层酯化油（酸值 <3）转入酯交换反应器，加入甲醇碱溶液（固体 KOH 为油重的 0.55% ~0.70%），加入一定量的甲醇（油重的 10% ~16%），蒸汽加热反应温度控制在 60~64℃，反应时间 0.5~1h，将反应后的物料转入酯交换沉降罐，进行沉降分离 8~12h，分离得到的粗甘油（含少量甲醇）和粗脂肪酸甲酯（含少量甲醇），分别去真空薄膜脱除甲醇。在真空条件下，粗甘油（或粗甲酯）与甲醇沸点不同，可将残留的甲醇脱除出来，甲醇汽化冷凝后回收为酯化反应循化使用。脱醇后的粗甘油作为副产品销售，粗脂肪酸甲酯进入蒸馏工序。

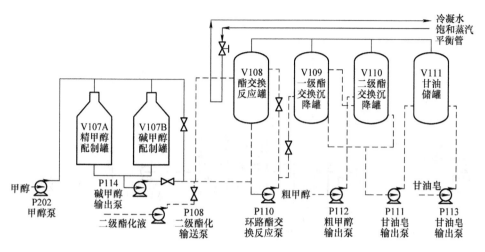

图 2-10　酯交换反应流程

2.3.4　蒸馏精制技术

在高真空条件下，粗甲酯打入生物柴油蒸馏塔进行减压蒸馏，控制蒸馏温度，塔顶馏出物经冷却回流得到产品生物柴油，塔釜残液甘油作为副产品销售，甘油沉降流程如图 2-11 所示。

此外，该制备工艺流程中还包括薄膜脱醇流程（图 2-12）和生物柴油蒸馏流程（图 2-13）。薄膜脱醇工艺可以有效提升生物柴油的纯度和原料的利用率。生物柴油蒸馏工艺显著提升生物柴油的收率和纯度。

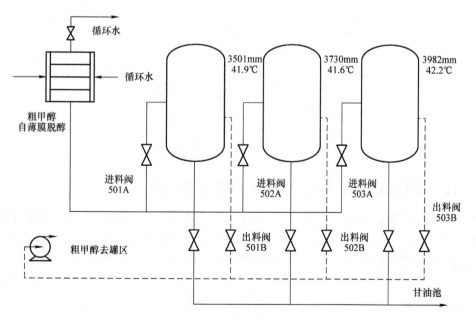

图 2-11　甘油沉降流程

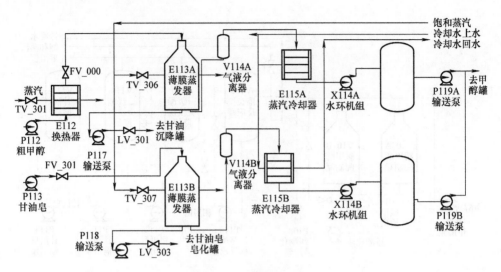

图 2-12　薄膜脱醇流程

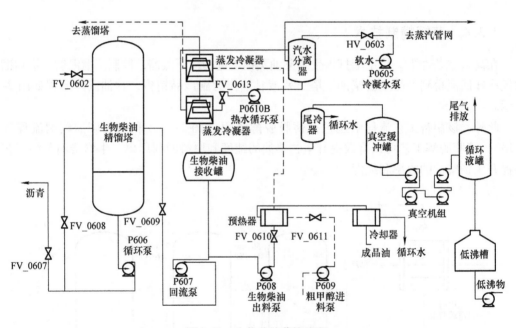

图 2-13　生物柴油蒸馏流程

2.3.5　餐废油脂制生物柴油智能一体化工艺技术

餐废油脂制生物柴油智能一体化工艺技术可实现从餐废油脂到生物柴油燃料的智能一体化智能制备。该工艺技术包括油脂的分离提取、酯化反应和酯交换反应、产物分离及加入添加剂与最终调合等关键步骤[17]，工艺流程如图 2-14 所示，具体步骤如下：

步骤一：油脂的分离提纯。油脂提纯塔包括原料进口、加热装置、过滤装置、离心分离装置以及沉降装置、残渣出口。收集到的餐废油脂原料经原料进口等进入油脂提纯塔内，首先通过加热装置进行加热融化，然后通过多层过滤装置过滤掉固体残渣，固体残渣通过残渣出口收集。过滤后的油水原料经过离心分离装置进行进一步分离，并在沉降装置中进行特定

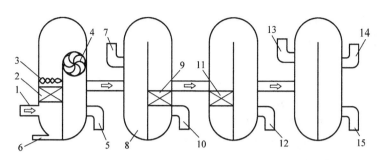

图 2-14　餐废油脂制生物柴油智能一体化工艺流程

1—原料进口　2—加热装置　3—过滤装置　4—离心分离装置　5—沉降装置
6—残渣出口　7—催化剂进口　8—酯化反应器　9—酯交换反应器　10—沉降装置
11—电磁加热装置　12—沉降装置　13—添加剂进口　14—柴油进口　15—成品出口

时间的沉降。取上层油脂进行油脂含量的测量，并对同一批次多次采集数据，从而获取油脂含量关于离心分离装置功率和沉降时间的脉谱图，从而为后续的催化剂添加提供控制基础。

步骤二：酯化反应和酯交换反应。酯化反应塔包括酯化反应器和酯交换反应器，取油脂提纯塔的上层油脂引入酯化反应塔内，首先在酯化反应器中进行预酯化，加入过量的浓硫酸和甲醇实现酯化，根据油脂含量确定浓硫酸和甲醇的量，而油脂含量通过油脂提纯塔获得的油脂含量随离心分离装置功率和沉降时间的脉谱图获得。预酯化后的混合物取上层酯化油引入酯交换反应器，并加入 KOH 溶液，KOH 的量也根据油脂含量确定。

步骤三：产物分离。酯化反应塔中获得的产物引入蒸馏精制塔内，进行初步沉降，上层溶液通过真空薄膜脱醇方式分离出甲醇，下层为甲醇和甘油混合物，同样采取真空薄膜脱醇方式分离甲醇和甘油，两者获取的甲醇可以循环使用，甘油则作为副产物。对上层溶液进行电磁加热蒸馏的方式实行减压蒸馏，根据馏点不同分离出纯度较高的脂肪酸甲酯（即生物柴油）和生物重油。

步骤四：加入添加剂与最终调合。由于废弃油脂制生物柴油的产物氧化安定性差，因此需要加入添加剂成分进行氧化改质，提高生物柴油的氧化安定性，根据油脂提纯塔中油脂含量关于离心分离装置功率和沉降时间的脉谱图对添加剂的添加速率进行控制，从而提高添加剂的控制精度。调合采用在线调合技术，根据油脂含量即可获得蒸馏精制塔所制备的生物柴油量，并按照产品最终要求确定加入柴油量的多少，从而获得不同比例的柴油－生物柴油混合燃料。

2.4　生物柴油制备工艺条件确定

2.4.1　反应温度对生物柴油生成反应的影响

反应温度是生物柴油制备工艺中最重要的设计参数之一，显著影响餐废油脂的酯化率和生物柴油收率[18]。图 2-15 所示为生物柴油制备过程中反应温度对餐废油脂制生物柴油酯化率和生物柴油收率的影响。当反应温度从 60℃升高到 120℃时，生物柴油收率由 67.9% 提高到 88.6%。继续升高温度，生物柴油收率略有升高，当反应温度升至 140℃时，生物柴油收率达到最大，为 89.2%，随着反应温度的进一步升高，生物柴油收率略有下降。

催化剂对餐废油脂与甲醇反应制生物柴油过程具有很好的催化作用，并且升高温度能显著加快酸催化酯交换反应的速度，提高甲酯化产物的收率。反应釜中的压力随着反应温度的升高不断增加，实测值与同温度下甲醇的饱和蒸汽压相差无几，100℃为0.30MPa，120℃为0.58MPa，140℃为10.6MPa。随着温度升高，反应压力按指数规律快速增加。一方面，使得操作难度增大，对设备要求更高；另一方面，必然导致反应过程中进入气相的甲醇

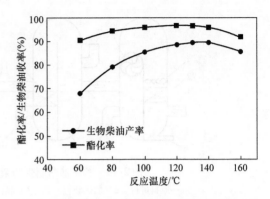

图2-15　酯化率和生物柴油收率随反应温度变化

量增加，醇油比变大，增加能耗，而且温度过高还会使副反应加剧，增加原料消耗和生物柴油的提纯难度。因此，餐废油脂一步法制备生物柴油的适宜反应温度在120~140℃之间均可以，但不宜超过160℃。反应温度太高，使工业应用难度显著变大，经济性变差。

2.4.2　反应时间对生物柴油生成反应的影响

图2-16为生物柴油制备过程中反应时间对餐废油脂制生物柴油酯化率和生物柴油收率的影响。可以看出，餐废油脂的酯化率随反应时间增加很快，反应0.5h就迅速增加到89.4%，酸值降至2.45mg KOH/g；反应1h后增加到92.8%；此后，酯化率基本不再变化，而生物柴油收率却继续增加，表明这时游离脂肪酸已经基本全部转化为脂肪酸甲酯，而甘油酯仍在继续转化为脂肪酸甲酯，反应2h后生物柴油收率也基本不再变化，接近平衡态。制备生物柴油时，游离脂肪酸的甲酯化反应很容易进行，属于快反应，而餐废油脂中甘油酯的酯交换过程是慢反应。

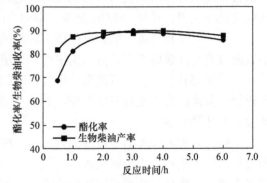

图2-16　140℃下酯化率及生物柴油收率随反应时间变化

图2-17所示为不同反应温度条件下生物柴油收率随反应时间的变化关系。可以看出，在140℃时生物柴油的生成速率高于120℃的生成速率，并在2h左右生物柴油收率达到89.1%。在150℃反应2.5h后，生物柴油收率最高为89.0%，与140℃时的结果基本相同。因此，该方法的反应温度应在140℃左右，反应时间控制在2h左右为宜。140℃反应2.0h后，生物柴油收率达到89.2%，继续延长反应时间，生物柴油收率不再增加，反应6h后也没有明显变化。

2.4.3　催化剂用量对生物柴油生成反应的影响

催化剂用量提高，有利于加快反应速度，缩短反应时间。图2-18所示为餐废油脂制生物柴油酯化率及生物柴油收率随催化剂用量的变化关系。可以看出，随着催化剂用量增加，酯化率和收率都快速增加，当催化剂用量为3.0%时，酯化率可达95.2%，生物柴油收率为

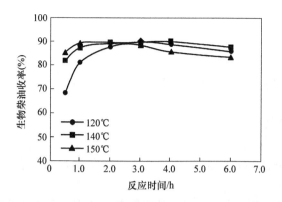

图 2-17　不同反应温度下生物柴油收率随反应时间变化关系

89.2%。继续增加催化剂用量,酯化率和生物柴油收率均变化不大。当反应温度为 140℃ 时,催化剂用量在 2% ~4% 为宜。

2.4.4　醇油比对生物柴油生成反应的影响

根据反应方程式,每转化 1mol 甘油三酯需要 3mol 的甲醇,所以理论醇油比应大于 3。如果原料餐废油脂的酸值比较高,即其中的游离脂肪酸含量高时,其理论需要甲醇量会有所减少。另一方面,在制备生物柴油过程中,无论是常压回流,还是带压反应,总要有一部分甲醇进入气相,不能与餐废油脂和催化剂接触,无法发挥作用,这也是醇油比要大于理论值的一个原因。酯交换是典型的可逆反应,适当增加甲醇投料量,无论是从平衡移动,还是提高反应速率的角度,都有利于提高餐废油脂的转化率。所以一般都是采用甲醇过量,文献中醇油摩尔比从 5:1 到 20:1 不等[19],有的甚至更多。在催化剂用量为 3.0%、反应温度为 140℃、反应时间为 2h 的条件下,测得的醇油比对酯化率和生物柴油产率的影响如图 2-19 所示,将醇油比从 5:1 提升至 8:1 时,生物柴油收率显著提高并在醇油比 8:1 到 10:1 处达到峰值。

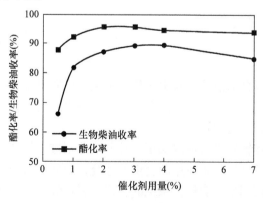

图 2-18　催化剂用量对酯化率和
生物柴油收率的影响

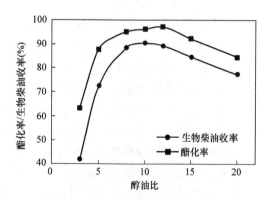

图 2-19　醇油比对酯化率和生物
柴油收率的影响

因为酯交换是可逆反应,因此增加甲醇投料量有利于脂肪酸甲酯的生成,但过多的甲醇对催化剂和餐废油脂产生稀释作用,继续增大醇油比反而会使生物柴油收率下降,因此存在适宜的醇油比。过高的醇油比还会增加精炼粗生物柴油、回收甲醇所需的费用以及生产成本，所以醇油摩尔比宜在 10∶1 左右。

2.5　　　生物柴油调合技术

生物柴油调合一般是将性质相近的生物柴油与纯石化柴油（有时还需加入某种添加剂以改善油品某种性能），按适当的比例，通过一定的方法，达到混合均匀，调合成所需调合燃料的过程。调整调配比例及添加剂种类，改善油品的质量，合理利用组分，实现经济效益。

调合生物柴油燃料开发本身有一定的技术限制，特别是高比例的生物柴油与纯柴油的调合，为了保证产品开发的成功率，在产品开发技术路线上将采取比较保守的作法，先开发 B5 产品，待工艺技术成熟，用户试用质量稳定后再开发 B10 和 B20 等高比例调合燃料。在工艺技术上，要尽量以节能环保高效为主要目标，在试制设备上要进行创新，解决传统调合技术上存在的一些问题，以保证产品质量稳定。

调合技术的关键主要有以下 2 点：

（1）生物柴油调合技术　采用氮气保护的方式，将纯柴油与生物柴油按照一定比例进行调合，并添加一定量的油品添加剂，以降低冷滤点，提高氧化安定性，达到生物柴油调合燃料的产品标准。

（2）生物柴油调合燃料过滤技术　通过调合过滤装置，生物柴油与脱色剂均匀接触，过滤后的生物柴油调合燃料颜色和气味得到明显改善。

2.5.1　液体燃料的互溶问题

当前生物柴油的产量并不大，因此绝大多数都是以一定比例和柴油掺混使用，这样做不用过多改变柴油机原机。除此之外，应用生物柴油混合燃料还可以带来以下好处：

1）改善单一燃料的润滑性能。

2）提高纯柴油中的氧含量，显著改善炭烟排放。

3）提高十六烷值，改善柴油的着火性能。

4）减少柴油的消耗量。

为了保证柴油机运转的平稳性，要求相互混合的液体能够生成物理 - 化学性质完全均一的溶液，但问题是并不是所有替代燃料和柴油具有完全互溶的性质，有些燃料之间仅具有微溶或部分溶解的可能，因此就存在一个促溶或助溶的问题。

单纯从组织柴油机燃烧的角度看，主燃料和辅助燃料可以采用各种方法分别进入气缸从而避免燃料之间出现的互溶难题，但是这样做的结果是要应用两套供油系统，使柴油机结构复杂，改装成本增加。主要的目标还是集中在使用单一套供油系统的替代燃料掺烧上，替代燃料的掺烧率 ξ 定义为[20]：

$$\xi = \frac{掺烧量}{掺烧量 + 主燃料量} \qquad (2\text{-}11)$$

对于某一类柴油机，不是掺烧率越高越好，而是要由试验结果决定最佳值。

系统中物理 - 化学性质完全均一的部分称为 "相"，早在 1876 年吉布斯（Gibbs）就提出一个简单而实用的公式，称为相律，用来表述平衡系统中相数、组分数、自由度数及影响物质性质的外界因素（如温度、压力、重力场、电磁场、表面能等）之间关系的规律，在只考虑压力和温度因素的影响时，吉布斯相律可以表示为：

$$f = K - \varphi + 2 \tag{2-12}$$

式中，f 为自由度，它是指在不引起旧相消失和新相形成的前提下，可以在一定范围内独立变动的强度性质称为系统的自由度；K 为组分数；φ 为相数。

对于二液系统 $K = 2$，因此 $f = K - \varphi + 2 = 2 - \varphi + 2 = 4 - \varphi$，当 $f = 0$ 时，$\varphi = 4$，即二液系统最多可有四相共存。同样，当要求 $\varphi = 1$ 时（即二液系统形成可供柴油机应用的均匀混合燃料），根据式（2-10），$f = K - \varphi + 2 = 2 - 1 + 2 = 3$，即有 3 个自由度，也就是压力、温度、组分浓度均可在一定范围内变化去寻找，这样就要求汇出三个坐标的立体图。为方便起见，往往是指定一变量（通常是压力）固定不变，观察组成和影响，图 2-20 所示为生物柴油与纯柴油二相系统的平衡图，此时压力为标准大气压，生物柴油的体积百分比和温度的相平衡情况，在吊钟形曲线的上方为互溶区（$\varphi = 1$），在它的下方为两相区。这样就框出了存在一相的温度和组成的变化区间，由图 2-20 可知，在柴油掺烧生物柴油时，要尽量避免两种燃料的混合比例放在 1∶1 附近，否则一旦边界温度不够高，它们容易分层，造成柴油机燃烧性能不好，这种相平衡曲线很容易从试验获得，如果临界温度太高，就要设法加入促溶剂。实际应用中，生物柴油掺混比例一般不超过 20%，采用低比例生物柴油（掺混比 < 20%）混合燃料时，无须更改柴油机参数便可直接使用，应用范围最广泛。

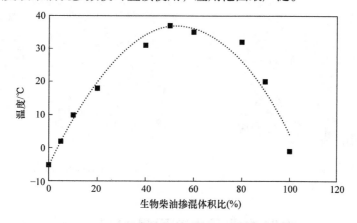

图 2-20　生物柴油与纯柴油二相系统的平衡图

2.5.2　调合工艺流程

车用级生物柴油调合燃料是将一定比例（体积比）的纯生物柴油与纯柴油按比例调合而成，目前国际上通用的掺混比例一般不超过 20%[21]，与纯柴油相比，生物柴油调合燃料具有润滑性好，储存、运输、使用安全，良好的燃料性能等特点。其调合燃料生产工艺流程如图2-21所示[22]。工艺操作步骤如下（以 B5 车用柴油为例）：

步骤一：将一定比例的生物柴油专用添加剂加入纯生物柴油中。

步骤二：计算所需生物柴油的体积数，泵入调合罐，调合罐预先充入氮气，防止生物柴油氧化。

注：在每次调合纯生物柴油前，必须将生物柴油底部的沉淀物排干净。

步骤三：计算纯生物柴油体积数，泵入调合罐进行调合。

步骤四：调合完毕，留样送入实验室保存或做关键指标检验。

步骤五：最后通过精滤装置去除可能由于气温、原料油特性等原因导致析出的微量脂肪酸甲酯结晶，最终得到合格的 B5 车用柴油。

步骤六：调合好的 B5 车用柴油封样并送检第三方检测（根据 GB 25199—2017 进行检测）。

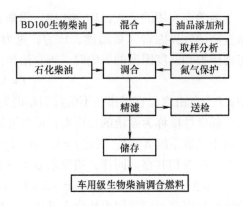

图 2-21 车用级生物柴油调合燃料生产工艺流程图

2.5.3 调合设备

为进行生物柴油燃料调合，生产工厂需要设置调合用生物柴油专用储罐及 B5、B10 的专用调合装置（见图 2-22）；此外，还需要 B5、B10 在线混合系统（见图 2-23），以实现自动化调合[23]。

图 2-22 生物柴油调合燃料储罐及调合装置（见彩插）

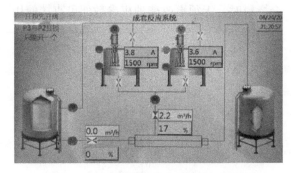

图 2-23 调合油品在线混合系统（见彩插）

2.6 生物柴油批量生产质量控制

2.6.1 油品规范档案的建立

生物柴油批量生产质量控制的一个重要环节就是油品规范档案的建立，以便可追溯。油品规范档案建立从合成生物柴油原料开始，建立一系列关于生物柴油原料、产品、调合用 B0 和 B5/B10 档案。这一系列档案构成了油品完整规范的档案资料，从而保证了产品的质量稳定、可控和可追溯性[24]。

1. 餐废油脂档案建立

原材料质量对于产品质量来说，可谓至关重要。对购进的餐废油脂统一进行分析检测（检测方法依据国家相关标准执行）。餐废油脂质量技术要求和试验方法见表 2-3。

表2-3 餐废油脂质量技术要求和试验方法

项 目		技术要求	试验方法
酸值/(mg KOH/g)	—	报告	GB/T 5530
pH	≥	5.0	GB 6920
水分及挥发物(%)＋不溶性杂质(%)	≤	3.0	GB/T 5528、GB/T 15688
相对密度/(50℃/20℃水)	≤	0.915	GB/T 5526
碘值/(g/100g)	—	报告	GB/T 5532
皂化值/(mg KOH/g)	≥	185	GB/T 5534
磷脂(%)	≤	2.0	GB/T 5537
不皂化物(%)	≤	2.0	GB/T 5535

针对实际生产所采用的原料，影响产品质量、收率的酸值、水分和不溶性杂质及油脂含量等进行日常化监测，并留取样品存档，建立检测台账，进行餐废油脂质量跟踪检测。

2. B5/B10 档案建立

为保证生物柴油调合燃料符合车用燃料质量稳定及可追溯性，对每批次生物柴油调合燃料需统一进行取样留存，并将样品送检。产品质量监督除了生产厂商自身检测、送检之外，还采取现场加油枪现场取样送检的方法，进一步保障产品质量。

2.6.2 油品稳定性试验

油品稳定性试验是检测油品稳定性的关键，在进行油品稳定性试验时需要遵循一定的规程，对生产的生物柴油燃料进行采样，在不同环境下对油品的相关指标稳定性进行试验，通过比对其在一个月、两个月、三个月后的指标变化得到试验结论。采样及留存的 B5/B10 如图 2-24 所示。

图2-24 采样及留存的 B5/B10（见彩插）

2.6.3 批量生产质量控制

大批量生产的质量控制主要由以下4个环节组成：

环节一：原、辅材料质量控制。原、辅材料质量对于产品质量来说，可谓至关重要。对购进的餐废油脂统一进行分析检测。购进的辅料要求质量达标：甲醇纯度≥99%，硫酸浓度≥98%，氢氧化钾含量≥90%。

环节二：生产产品。生产部门对影响产品质量的各环节实行实时监控。从生产原料、酯化、酯交换、蒸馏等重点工序的关键指标进行监测，监测结果及时反馈生产部门，生产部门作出相应工艺参数调整。最终保证产品质量稳定、合格。另一方面提高职工业务能力，对产品质量保证也很关键，特别是技术人员、车间工艺员、化学检验员的素质尤为重要。生产工人接受技术岗位培训，经考核合格方能上岗。

环节三：产品检验和试验。实施自检、送检、专检相结合的"三检"制度，严把质量关，保证产品质量的稳定性。不合格品的管理采用"三不放过"原则：不查清不合格的原因不放过、不查清责任不放过、不落实改进的措施不放过。做到道道把关，消除质量隐患。

环节四：产品出库。产品质量检验合格后方可出库，产品质量要求需符 GB/T 25199—2017《B5 柴油》中附录 C 相关技术要求。

2.6.4 质量保证体系的建立

生物柴油质量保证体系的建立涵盖原料的采购、生产、产品储存及运输全过程。其关键质量控制点的控制指标及其对产品质量的影响见表 2-4。

表 2-4 关键质量控制指标与产品质量关系表

序号	工序	控制指标	影响产品质量指标
1	原料采购	油脂含量≥95%，水分和机械杂质≤5%，油脂品种	产率、黏度、冷滤点、硫含量、氧化安定性、诱导期、10%蒸馏残余
2	原料预处理	水分 <0.5%，机械杂质 <0.5%	硫含量、脂肪酸甲酯含量
3	酯化	硫酸根离子 <0.05%，酸值 2~3mgKOH/g，水分≤0.5%	产率、硫含量、水分含量
4	酯交换	粗甲酯酸值≤0.5mgKOH/g，粗甘油含量≤0.3%，甲醇残留≤0.3%	酸价、游离甘油、残留甲醇
5	蒸馏	真空度≤500Pa，温度为 180~230℃	闪点、游离甘油含量、酸值、残余甲醇、蒸馏点、氧化安定性、10%蒸馏残余
6	贮存运输	温度 10~20℃，贮藏时间不大于 60 天，出厂前用过精滤器过滤	水分、机械杂质、氧化安定性

根据表 2-4，即可确立质量保证生产体系。注意事项如下：

环节一：对原料油脂进行常规检测，留取样品，建立原料档案。其次是对原料油进行分类，针对生产生物柴油的不同用途，控制原料油的种类，如煎炸老油（主要是棕榈油）就不适合于生产冬季使用的生物柴油，因为其凝固点较高，生产 B5 或 B10 时容易在温度低时产生结晶或凝固。

环节二：以严格化的工艺生产生物柴油，实际生产时主要是控制酯化工序、蒸馏工序及成品入库检测，进行日常指标检测。

环节三：生物柴油调合添加剂，控制储存生物柴油环境稳定，温度应在30℃以上，储存时间也不应大于 90 天，并且在冬季时注意生物柴油的保温，防止其结晶，影响生物柴油调合及使用。

环节四：调合添加剂的生物柴油成品送到质检中心进行检测，确认合格转入销售单位专用储存罐，在供需双方同时在场时取样封罐，送往销售单位检测中心进行二次检测。

环节五：检测合格的生物柴油采用专业槽罐运输车辆送至销售单位油库进行调合生物柴油混合燃料。

参 考 文 献

［1］孙广东，刘云，翟龙霞，等. 非均相固体碱催化剂制备生物柴油的工艺优化 ［J］. 农业工程学报，2008 （05）：191 – 195.

［2］石磊，于悦，王吉宇，等. 酯交换法合成碳酸甲乙酯研究进展 ［J］. 燃料化学学报，2019，47 （12）：1504 – 1521.

［3］杨建斌. 复合固定化脂肪酶催化餐废油脂合成生物柴油 ［J］. 精细与专用化学品，2020，28 （02）：5 – 9.

［4］唐新程. 碳基固体酸催化剂的调控制备及催化酯化生产生物柴油的性能研究 ［D］. 济南：山东大学，2019.

［5］刘慧. 含硅介孔材料固载酸性离子液体及其催化合成生物柴油 ［D］. 无锡：江南大学，2017.

［6］TALEBIAN – KIAKALAIEH A，AMIN N A S，MAZAHERI H. A review on novel processes of biodiesel production from waste cooking oil ［J］. Applied Energy，2013 （104）：683 – 710.

［7］YAAKOB Z，MOHAMMAD M，ALHERBAWI M，et al. Overview of the production of biodiesel from waste cooking oil ［J］. Renewable and sustainable energy reviews，2013 （18）：184 – 193.

［8］胡朝华，张蕾，张又弛，等. 非均相高效催化剂在餐厨废油转化生物柴油中的应用 ［J］. 环境工程，2016，34 （09）：105 – 109.

［9］汪杨，熊道陵，张辉，等. 两步催化法制备生物柴油的研究进展 ［J］. 粮食与油脂，2016，29 （02）：6 – 11.

［10］杜雪丽. 固体酸碱催化剂催化地沟油制备生物柴油的研究 ［D］. 郑州：河南工业大学，2014.

［11］李成玮，李雯靖，靳晨曦，等. 废弃食用油脂制备生物柴油综述 ［J］. 上海节能，2019 （12）：985 – 991.

［12］EEVERA T，RAJENDRAN K，SARADHA S. Biodiesel production process optimization and characterization to assess the suitability of the product for varied environmental conditions ［J］. Renewable Energy，2009，34 （3）：762 – 765.

［13］MARANGONI A G，ROUSSEAU D. Chemical and enzymatic modification of butterfat and butterfat – canola oil blends ［J］. Food Research International，1998，31 （8）：595 – 599.

［14］KYOTANI S，FUKUDA H，MORIKAWA H，et al. Kinetic studies on the interesterification of oils and fats using dried cells of fungus ［J］. Journal of Fermentation Technology，1988，66 （1）：71 – 83.

［15］杨建斌. 复合固定化脂肪酶催化餐厨废弃油脂合成生物柴油 ［J］. 精细与专用化学品，2020，28 （02）：5 – 9.

［16］杨建斌，张学旺. 一种电磁加热蒸馏生物柴油的方法 ［P］. 上海：CN106221905A，2016 – 12 – 14.

［17］楼狄明，罗军，张允华，等. 一种生物柴油一体化生产装置及方法 ［P］. 中国：202011571903.7，2020.

［18］郑梦祺. 餐饮废油酸催化一步法制备生物柴油研究 ［D］. 大庆：东北石油大学，2018.

［19］ZHANG Y，DUBE M A，MCLEAN D D，et al. Biodiesel production from waste cooking oil：1. Process design and technological assessment ［J］. Bioresource technology，2003，89 （1）：1 – 16.

［20］蒋德明等. 内燃机替代燃料燃烧学 ［M］. 西安：西安交通大学出版社，2007：47 – 51.

［21］ZHANG Y，DUBÉ M A，MCLEAN D D，et al. Biodiesel production from waste cooking oil：2. Economic assessment and sensitivity analysis [J]. Bioresource Technology, 2003, 90 (3): 229 – 240.

[22] 张允华, 楼狄明, 胡志远, 等. 一种生物柴油混合燃料自动化调配装置 [P]. 中国: 2020113369698, 2020.

[23] 杨建斌, 任吉海, 石庭礼, 等. 生物柴油调合装置 [P]. 上海: CN203725094U, 2014 – 07 – 23.

[24] DEMIRBAS A. Biodiesel from waste cooking oil via base – catalytic and supercritical methanol transesterification [J]. Energy conversion and management, 2009, 50 (4): 923 – 927.

第3章
餐废油脂制车用生物柴油材料兼容性

材料兼容性是评估生物柴油与使用环境所涉及的材料之间相互协调、相互影响的程度。材料兼容性的好坏直接影响生物柴油的正常使用，其研究是推广使用生物柴油的必要环节。与纯柴油（B0）比较，生物柴油的酸值、氧化安定性、游离甘油含量、总甘油含量等理化指标有所不同。柴油机燃油系统的油路零件包括密封件、过滤网、阀和油管等，长期与生物柴油接触后会发生腐蚀、溶胀等变化，导致零件形变、力学性能下降，影响柴油机的正常工作，降低柴油机的工作效率。长期使用生物柴油，可能会对柴油机的可靠性和耐久性产生影响。早期的生物柴油由于生产工艺及处理措施不够完善，品质较差，柴油机在使用一段时间后，会出现不同程度的油管破裂、油路泄漏、密封失效等情况，不利于柴油机正常运行。

在应用餐废油脂制生物柴油时，必须考虑其对柴油机材料的腐蚀性和溶胀性，研究生物柴油的材料兼容性问题。近年来，国外研究者对多种单一原料生物柴油的应用开展了一系列研究，但对餐废油脂制生物柴油与柴油机材料兼容性方面研究不足，对于餐废油脂制生物柴油的研究重视程度不够高。以东南亚为例，原因主要有以下两点：①棕榈树、麻疯树等适合于生产生物柴油的经济作物分布广泛，原料获取成本低，制取的生物柴油不仅能够满足当地交通行业的需求，还能向外出口；②餐废油脂的总量少，无法满足大范围的推广使用，应用前景不高。

第1章曾提过原料对生物柴油的组分的影响非常大，而不同组分对于金属、橡胶材料的影响有所差异，因此不同来源餐废油脂制生物柴油在推广应用之前，有必要开展不同比例餐厨废弃制生物柴油混合燃料与柴油机燃油系统的材料兼容性研究，以便确定适用于生物柴油的零件材料及在当前柴油机水平下可以推广生物柴油的应用比例。

3.1　餐废油脂制车用生物柴油理化特性

试验燃料的理化特性对于柴油机性能、高压共轨系统运行性能和排放具有重要的意义，与柴油机相关的生物柴油理化特性指标主要包括三类：密度、运动黏度、馏程等反映物理特性的物理指标；碳、氢、氧、硫、多环芳烃、脂肪酸甲酯等元素或成分质量含量相关的化学指标；以及十六烷值、低热值、闪点等与燃烧相关的性能指标。表3-1为试验用燃料的理化指标。

表 3-1　试验用燃料理化指标

燃料种类 测试项目	B0	B5	B10	B20	B50	BD100	检测方法
密度(20℃)/(kg/m³)	823.4	825.2	829.1	834.8	851.8	880.2	GB/T 1884 GB/T 1885
运动黏度(20℃)/(mm²/s)	4.54	4.57	4.70	4.93	5.30	6.03(40℃)	GB/T 265
闭口闪点/℃	92	93	94	96	121	186	GB/T 261
冷滤点/℃	-34	-30	-24	-13	-11	4	SH/T 0248
凝点/℃	-45	-41	-32	-17	-16	2	GB/T 510
馏点/℃	215.9	234.5	217.9	221.3	203.7	184.5	
50%馏出温度/℃	265.9	268.5	273.7	281.7	300.2	333.1	GB/T 6536
90%馏出温度/℃	323.1	323.5	325.3	336.4	339.0	344.9	
95%馏出温度/℃	335.1	336.5	337.3	339.4	341.0	347.9	
十六烷值	52.3	52.3	52.4	52.5	52.9	53.4	ASTM D613-10a
热值(MJ/kg)	43.42	43.04	42.86	42.31	40.71	38.17	GB/T 386
碳含量(质量分数)(%)	86.06	85.17	84.78	83.97	81.15	76.17	
氢含量(质量分数)(%)	13.51	13.45	13.33	13.2	12.82	12.23	ASTM D5291-10
氧含量(质量分数)(%)	0.43	1.38	1.90	2.83	6.03	11.60	
硫含量/(mg/kg)	4.0	5.1	5.9	9.5	13.3	22.0	SH/T 0689
多环芳烃(质量分数)(%)	0.4	1.3	2.9	6.7	—	—	SH/T 0806
脂肪酸甲酯(体积分数)(%)	<0.1	5.0	10.4	21.6	51.5	97.0	GB/T 23801
氧化安定性(总不溶物含量)/(mg/100mL)	0.8	0.9	1.1	1.4	2.1	—	SH/T 0175
氧化安定性(110℃)/h	—	—	—	—	—	3.3	SH/T 0825
酸度/(mgKOH/100mL)	3.60						GB/T 258
酸值/(mgKOH/g)	—	0.078	0.1	0.2	0.4	0.8	GB/T 7304

　　生物柴油的上述指标中,酸值、水含量、硫含量对于材料兼容性的影响至关重要。生物柴油的酸值相对柴油而言偏高,长期使用生物柴油对于金属零件有一定的腐蚀性。同时,水分的存在是生物柴油脂肪酸甲酯水解的必要条件。由于生物柴油具有一定的吸湿性,在储存的过程中会吸收空气中的水分,导致生物柴油的水含量会逐渐升高,会加速生物柴油脂肪酸甲酯的水解,进一步提高生物柴油的酸值。研究表明,脂肪酸甲酯水解产物与部分橡胶的极性相近,与橡胶接触后极易溶入橡胶之中,导致橡胶体积出现显著的增大,影响其力学性能,不利于柴油机橡胶件的正常使用。生物柴油中的硫含量偏高也会导致硫化物的生成,这对于金属的腐蚀也有较为明显的促进作用。

3.2　餐废油脂制车用生物柴油材料兼容性分析方法

　　生物柴油与不同材料接触的影响研究主要通过测量测试材料静态浸泡试验前后的变化。

静态浸泡试验，即将试样完全浸入恒温油品中保持一定的时间。由于试样悬浮于油品中，因此能够在相对较短的时间内得出材料的性质变化，从而探究出油品对于材料的影响。3.2 节主要针对餐废油脂制车用生物柴油兼容性进行了常用金属和橡胶材料在 B0、B5、B10、B20、B50、BD100 等 6 种油品中的静态浸泡试验，阐述了主要使用的测试分析仪器的功能以及相应的试验参数，为生物柴油的兼容性试验研究提供一定的参考。

3.2.1 常用材料

1. 金属材料

金属试件用于进行腐蚀性试验，选择腐蚀试件主要依据生物柴油在储运和使用过程中所接触的常用金属材料种类：

钢：钢铁材料用于制造油罐、油桶、阀门、活塞环等。

铜：铜材料用于制造油管、滤网、量孔、浮子等。

铝：铝是铝合金材料的主要成分，用于制造油泵等。

本试验主要选择钢（45 号钢）、铝、纯铜和黄铜试片，试片尺寸为 25mm × 25mm × 2mm（长 × 宽 × 厚）。金属试样在制成相应大小后，对表面进行研磨直至光滑，以便后续的测量。

所选金属材料试件如图 3-1 所示。

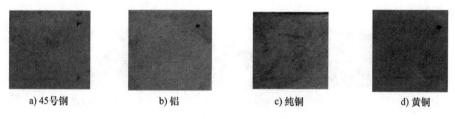

a) 45号钢　　　　b) 铝　　　　c) 纯铜　　　　d) 黄铜

图 3-1　金属材料试件（见彩插）

2. 橡胶材料

柴油机常用表 3-2 中所列的橡胶作为密封件与油管材料，本试验选择了 4 种橡胶作为试件，进行溶胀性试验，其中耐油橡胶 2 种：丁腈橡胶、氟橡胶；非耐油橡胶 2 种：三元乙丙橡胶、硅橡胶。

表 3-2　试验材料

名称	代号	极性	说明	使用场合
丁腈橡胶	NBR	极性	耐热性好，在柴油机中应用广泛，价格便宜	油封、密封 O 形圈
三元乙丙橡胶	EPDM	非极性	耐老化性能和耐热性极佳	极性燃料耐油件
氟橡胶	FKM	极性	耐油、耐热、耐腐蚀性能优于丁腈，但价格昂贵	油封、密封 O 形圈
硅橡胶	SR	弱极性	热稳定性好	高温绝缘场合

橡胶的选取原则如下：

（1）是否耐油

在柴油机中，以下部件与燃油长期接触，多采用耐油橡胶制造：

1）油封及密封圈。油封及密封圈材料多用 NBR、FKM 等耐油材料。由于耐热性能的提高，对特殊橡胶（如 FKM）用量和品种需求日益扩大。

2）润滑系统用软管。随着应用环境温度越来越高，现代润滑油中的抗氧剂等各种添加剂的加入量也逐渐增加。NBR虽然具有优异的耐油性，但加入抗氧剂后会发生硬变，因此现在开始使用具有耐各种添加剂、耐热和耐油性较佳的FKM。

3）燃油胶管。一般使用NBR，随着电子喷射装置的应用以及含氧元素燃料的增加，开始使用FKM等。燃油胶管内、外皮也可以使用不同的材料，外皮一般用EPDM等材料。

在柴油机中，以下部件不与燃油长期接触，但有可能受到燃油的影响，多采用非耐油橡胶制造：燃油胶管外皮、非耐油密封条和高温场合下的密封件，对于以上场合，一般选取EPDM，其耐老化性能最佳；SR吸附性强，耐高温性能佳。

（2）极性与非极性

根据相似相容原理，两者的极性越接近，越易发生相溶。纯柴油一般呈非极性，生物柴油为不同程度的弱极性，可以选取极性具有强弱代表性的橡胶。按极性从强到弱依次选择FKM、NBR、SR、EPDM。

试样的尺寸及形状根据测量数据的不同有所变化，根据GB/T 1690—2010《硫化橡胶或热塑性橡胶耐液体试验方法》，本试验选择了3种形状的试样，具体关键尺寸与测量参数如图3-2所示。其中方形试样25mm×25mm×2mm（长×宽×厚），用来测量质量、体积、硬度；哑铃形试样中间拉伸段为40mm长，用来测量拉伸强度；直角试样中间交叉处为直角，用来测量撕裂强度。

a) 方形试样　　　　b) 哑铃形试样　　　　c) 直角试样

图3-2　橡胶试样形状

3. 塑料材料

目前绝大部分乘用车使用塑料燃油箱，材料常用聚乙烯、聚甲醛、聚四氟乙烯。

塑料试件选用25mm×3mm（直径×厚度）的圆形试片进行溶胀性试验。研究所选塑料材料试件如图3-3所示。

聚乙烯是使用最广泛的通用塑料之一，原料来源丰富，价格便宜。由于其耐化学腐蚀性能良好，重量轻，已逐渐替代金属成为制造汽车燃油箱的主要材料，此外还用来制造空气导管、制动液储存罐等部件。

聚甲醛是一种高熔点、高结晶性的热塑性工程塑料，成型较为方便，广泛替代有色金属作为结构和耐磨材料。在汽车燃油系统中，聚甲醛常用于制造燃油泵、燃油箱盖、加料口、各种阀门等部件。

聚四氟乙烯是一种性能优异的特殊工程塑料，其分子中带有均匀分布的氟原子，因而呈非极性，拥有极佳的耐高温和耐化学药品性能，在氟塑料的生产中占相当大的比例。聚四氟乙烯价格较高，在汽车上主要用于制造垫圈、密封环、活塞环等部件。

3.2.2　分析流程

对于橡胶，参照GB/T 1690—2010《硫化橡胶或热塑性橡胶耐液体试验方法》进行。

a) 聚甲醛

b) 聚乙烯

c) 聚四氟乙烯

图 3-3 塑料材料试件 （见彩插）

图 3-4 所示为主要试验设备。

a) 超声波清洁器

b) 分析天平

c) 邵氏硬度计

d) 电子万能试验机

e) 恒温箱

f) 恒温水浴锅

g) 金相显微镜

图 3-4 主要试验设备 （见彩插）

1）将提前制备好的橡胶试样用超声波清洁器洗涤干净，如图 3-4a 所示，迅速干燥后开始测量所有橡胶试样的数据，包括质量、体积、硬度、拉伸强度、撕裂强度。质量和调剂测量采用分析天平，如图 3-4b 所示，硬度测量采用邵氏硬度计，如图 3-4c 所示，拉伸强度、撕裂强度的测量采用电子万能试验机电子万能试验机，如图 3-4d 所示。测量方法参照 GB/T 6031—2017《硫化橡胶或热塑性橡胶硬度的测定》与 GB528—2009《硫化橡胶或热塑性橡胶拉伸应力应变性能的测定》。

2）称重后的试样用细棉绳悬挂于广口玻璃瓶中，每个玻璃瓶中重复三个试样，浸泡好的样品放置于干燥避光处。恒温浸泡试验使用精度为 0.1℃的恒温水浴锅，如图 3-4f 所示，保持温度恒定。根据 GB T 2941—2006《橡胶物理试验方法试样制备和调节通用程序》选择 50℃，试验时长为 7 天。

3）达到预定时间后取出试样先用水冲洗，再用超声波清洁器洗去残余的杂质，如图 3-4a所示，迅速干燥后按上述方法测量所有橡胶试样的数据。

塑料的分析流程参照橡胶进行。

1）将提前制备好的塑料试样用超声波清洁器洗涤干净，如图 3-4a 所示，迅速干燥后开始测量所有塑料试样的数据，包括质量、直径、厚度。测量方法参照 GB/T 6031—2017《硫化橡胶或热塑性橡胶硬度的测定》与 GB 528—2009《硫化橡胶或热塑性橡胶拉伸应力应变性能的测定》。

2）称重后的试样用细棉绳悬挂于广口玻璃瓶中，每个玻璃瓶中重复三个试样，浸泡好的样品放置于干燥避光处。恒温浸泡试验使用精度为 0.1℃的恒温水浴锅，如图 3-4f 所示，保持温度恒定。试验参数的选择参照橡胶，其中浸泡温度选择 50℃，试验时长选择 7 天。

3）达到预定时间后，取出试样先用水冲洗，再用超声波清洁器洗去残余的杂质，迅速干燥后按上述的方法测量所有塑料试样的数据。

对于金属，试验流程参照 JB/T 7901—2001《金属材料实验室均匀腐蚀全浸试验方法》和 GB/T 19291—2003《金属和合金的腐蚀试验一般原则》进行。

1）将提前制备好的金属试样用超声波清洁器洗涤干净，迅速干燥后开始称重。整个处理过程中尽量不要用手直接接触试样。

2）称重后的试样用细棉绳悬挂于广口玻璃瓶中，每个玻璃瓶中重复三个试样，浸泡好的样品放置于干燥避光处。恒温浸泡试验使用精度为 0.1℃的恒温箱，如图 3-4f 所示，保持温度恒定，试验温度与橡胶一致，为 50℃。浸泡试验时间为 21 天，由于金属与橡胶的试验浸泡周期不同，本节采用水浴锅来维持橡胶试样的环境温度，采用恒温箱维持金属试样的环境温度。

3）达到预定时间后将试样取出，先用水冲洗，再用超声波清洁器洗涤一遍。待试样干燥后进行称重、表面形貌拍摄等工作。测试内容包括：浸泡前后金属片的质量，以及金属片的表面宏观、微观形貌。其中，质量通过精度为 0.1mg 的分析天平测量，如图 3-4b 所示；使用普通相机拍摄宏观形貌；微观形貌使用金相显微镜放大 100 倍后拍摄，如图 3-4g 所示。

3.2.3　分析指标

可以通过分析试样材料在生物柴油中浸泡的关键表征指标变化来研究生物柴油的材料兼容性。对于金属、橡胶、塑料这 3 种常用于柴油机油路的材料，常用定量分析指标见表 3-3。

表 3-3　常用分析指标

材料	分析指标变化	代号
金属	质量	Δm
橡胶	质量	Δm
	体积	ΔV
	硬度	ΔH
	拉伸强度	ΔTS
	撕裂强度	ΔE
塑料	质量	Δm
	直径	$\Delta \phi$
	厚度	Δd

各个分析指标的具体定义如下。对于金属，定量分析主要通过考察浸泡前后的质量变化来对生物柴油的影响进行评估。定义质量变化率

$$\Delta m = \frac{m_1 - m_0}{m_0} \times 100\% \tag{3-1}$$

式中，m_0 为试样浸入生物柴油前的质量（g）；m_1 为试样浸入生物柴油后的质量（g）。

对于橡胶，定量分析指标包括质量、体积、硬度、拉伸强度及撕裂强度等参数。质量分析参照式（3-1）。体积测量可采用流体静力平衡法，即分别测量试样在空气和悬浮在水中的质量，由于试样在水中承受浮力，因此通过测量浮力来求得试样体积。定义体积变化率

$$\Delta V = \frac{(m_1 - m_{1w}) - (m_0 - m_{0w})}{m_1 - m_{1w}} \times 100\% \tag{3-2}$$

式中，m_{0w} 为试样浸入生物柴油前在水中的质量（g）；m_{1w} 为试样浸入生物柴油取出后在水中的质量（g）。

定义硬度变化率

$$\Delta H = \frac{H_1 - H_0}{H_0} \times 100\% \tag{3-3}$$

式中，H_0 为试样浸入生物柴油前的硬度（HA）；H_1 为试样浸入生物柴油后的硬度（HA）。

定义拉伸强度变化率

$$\Delta TS = \frac{TS_1 - TS_0}{TS_0} \times 100\% \tag{3-4}$$

式中，TS_0 为试样浸入生物柴油前的拉伸强度（MPa）；TS_1 为试样浸入生物柴油后的拉伸强度（MPa）。

定义撕裂强度变化率

$$\Delta E = \frac{E_1 - E_0}{E_0} \times 100\% \tag{3-5}$$

式中，E_1 为试样浸入生物柴油前的撕裂强度（MPa）；E_0 为试样浸入生物柴油后的撕裂强度（MPa）。

对于塑料，通过测定塑料试样在各种生物柴油中常温浸泡一定周期后的质量、直径和厚度变化率来判断生物柴油对塑料的溶胀性影响。

质量变化率的定义参照式（3-1）；

直径变化率

$$\Delta\phi = \frac{\phi_1 - \phi_0}{\phi_0} \times 100\% \qquad (3-6)$$

式中，ϕ_1 为试样浸入生物柴油前的直径（mm）；ϕ_0 为试样浸入生物柴油后的直径（mm）。

厚度变化率

$$\Delta d = \frac{d_1 - d_0}{d_0} \times 100\% \qquad (3-7)$$

式中，d_0 为试样浸入生物柴油前的厚度（mm）；d_1 为试样浸入生物柴油后的厚度（mm）。

3.3 餐废油脂制车用生物柴油对于金属的腐蚀影响

3.3.1 概述

柴油机燃油系统的油路零件遇到纯柴油后，本身会发生一定程度的物理及化学变化，导致理化性质出现变化，这一过程在正常的允许范围内。但生物柴油与纯柴油的理化性质存在差异，对于铜、铝等金属存在较为明显的腐蚀作用，在金属表面留下非常明显的腐蚀痕迹。因为柴油机的许多部件都由金属例如铝、铜和其他更易受到腐蚀的铜合金制成，金属腐蚀性问题成为生物柴油应用中的关键。

生物柴油对于金属的腐蚀来源有多方面的因素。一方面，生物柴油对于金属的腐蚀性源于生产过程或其他来源产生的污染物。纯柴油主要由 C10 ~ C22 的烃类组成，而生物柴油主要由 C14 ~ C22 的长链脂肪酸烷基酯组成，并且在还含有少量酯交换反应的中间产物，例如甘油酯、甘油二酯、甘油三酯以及游离脂肪酸、乙醇和固醇。这些化学物质与柴油机油路零件材料的影响机理极为复杂，涉及多种影响因素。同时生物柴油的氧化将酯转化为不同的单羧基酸，例如甲酸，乙酸，丙酸，己酸等，这一过程也造成了游离水含量的升高。游离水能促进微生物生长，这进一步强化了对于金属的腐蚀作用。同时，温度升高会促进生物柴油的氧化，并加大生物柴油的腐蚀作用。研究表明，在更高的温度下，生物柴油的氧化速率上升，生物柴油对于金属的腐蚀现象显著提高[1]。这些因素的存在导致内部污染物种类繁多，增强了生物柴油对于金属的腐蚀性。

另一方面，与生物柴油接触的金属会促进燃料的氧化反应，增强其腐蚀性。生物柴油与金属材料接触的腐蚀行为的研究主要通过重量分析技术进行，通过静态浸泡试验，测量金属浸泡前后的质量变化能够从一定程度上衡量生物柴油对于金属的腐蚀作用。研究表明，与金属接触后生物柴油在燃料性质方面出现显著降低，例如酸度、黏度的增加，造成对于金属部件的腐蚀性与磨损加剧，金属表面出现肉眼可见的小凹坑[2]。从生物柴油对于金属的腐蚀形式来看，研究表明，主要的腐蚀形式有两种——均匀腐蚀与局部腐蚀[3]。均匀腐蚀是指在金属的表面出现较浅但分布较为均匀、范围较大的腐蚀。随着腐蚀反应的进行，金属表面最终会遍布腐蚀凹坑。局部腐蚀是指金属表面出现腐蚀后后续反应会沿着凹坑边缘继续进行，导致凹坑逐渐扩大，最终在金属表面形成裂纹。两者并不孤立，可能同时存在于同一种被生物柴油腐蚀过的金属表面，因此生物柴油对于金属表面形貌的破坏形式往往取决于哪一种腐蚀形式占据主导地位。

因此，在研究生物柴油调合燃料时，对于金属材料的兼容性需要考虑到生物柴油的混合比例，生物柴油的含量越高，对于金属的腐蚀现象也越明显。兼容性研究的目的之一在于确定在当前柴油机水平下适用油品的最佳应用比例。从目前对于不同比例掺混生物柴油对于金属的腐蚀研究结果来看，不同掺混比例的生物柴油对于金属的腐蚀性有显著的差异，这是研究的重点之一；另外，也有研究者[4]探究了生物柴油、柴油和生物乙醇的混合燃料对铜的腐蚀作用，结果表明生物柴油 – 柴油 – 生物乙醇混合燃料对于铜的腐蚀作用低于 BD100，在柴油机中使用影响不大。因此，这也是降低生物柴油对于金属腐蚀性的重要手段，即引入新的混合燃料来提高燃料与金属之间的兼容性；高温会促进生物柴油的腐蚀。研究表明，在不同的温度下，部分生物柴油如棕榈生物柴油金属的腐蚀影响有显著差异[5]。随着温度的升高，棕榈生物柴油对于 45 钢的腐蚀影响显著增强，而且棕榈生物柴油对于金属的腐蚀强于柴油；对于不同原料制取的生物柴油，目前对于麻疯树籽油、水黄皮根油、紫荆木籽油、山柑藤油[6]、棕榈生物柴油[7]、大豆油、泔水油、麻疯树油[8]、橡胶籽油、棉籽油、小桐籽油[9]和菜籽油[10]生物柴油对于金属的腐蚀影响均有深入的研究，不同原料制取的生物柴油总体上温度、掺混比例、制备原料是影响生物柴油对于金属的腐蚀性的重要因素，是目前生物柴油对于金属腐蚀性研究的切入点。

国内外研究者探究了多种单一原料的生物柴油对于金属的腐蚀。试验温度既有常温，又有较高温度。使用的测量技术非常全面，从金属的质量损失、形貌差异甚至电化学等方面来衡量生物柴油对于金属的腐蚀影响。然而对于以餐废油脂制生物柴油对于金属的腐蚀性缺乏深入的研究，因此本节以餐废油脂制生物柴油为研究对象，考察其对于常见柴油机材料（纯铜、黄铜、铝和 45 钢）的腐蚀性。

3.3.2　宏观形貌

1. 纯铜和黄铜

铜及其合金通常是喷油泵和喷油器的主要材料之一。铜对于生物柴油的性质变化较为敏感。通常生物柴油燃料中含有一定量的水，这是由于生物柴油容易吸收空气中的水分。而铜在高温下会加剧生物柴油脂肪酸烷基酯的水解，发生式（3-8）所示的反应，导致生物柴油中产生大量的游离脂肪酸，生物柴油酸性增强。在酸性环境下，铜更容易被氧化并与生物柴油中的游离脂肪酸反应，反应产物为水和易溶于生物柴油的金属化合物，如式（3-9）、式（3-10）所示。这些金属化合物与游离脂肪酸反应，如式（3-11），导致金属表面被腐蚀，同时产生大量的水，进一步加快了式（3-8）的反应。

$$R'COOH_3 + H_2O \xrightarrow{Cu} R'COOH + CH_3OH \tag{3-8}$$

$$Cu + O_2 \rightarrow 2CuO \tag{3-9}$$

$$4Cu + O_2 \rightarrow 2Cu_2O \tag{3-10}$$

$$2R'COOH + Cu_2O \rightarrow 2Cu(R'COO) + H_2O \tag{3-11}$$

生物柴油与铜的反应不断循环，导致铜表面的化学腐蚀程度逐渐加深，在铜的表面形成明显的腐蚀凹坑。腐蚀反应产生后，会迅速在金属表面传播，凹坑数量显著增多。根据3.3.1 小节可将生物柴油对于金属的腐蚀传播形式分为均匀腐蚀和局部腐蚀铜与生物柴油的腐蚀，常表现为整体颜色变化，这是由于铜更易受均匀腐蚀的影响。图 3-5 为不同比例餐废油脂制生物柴油对纯铜和黄铜的腐蚀性对比。对于纯铜，相较于 B0、B5、B10 中浸泡后的铜片表面存在少量不均匀的腐蚀，在 B20 中浸泡后的铜片表面的腐蚀已经比较均匀，颜色也非常深。在 BD100 中浸泡后的铜片表面仅有少量的腐蚀痕迹，且颜色较浅，说明 BD100 对于纯铜的腐蚀作用反而不如 B20。BD100 中的纯铜上腐蚀痕迹较 B0 更少，说明纯生物柴油与纯铜的兼容性影响较好。对于黄铜，相较于 B0，B5 混合燃料中浸泡后的铜片表面腐蚀已经比较均匀，颜色也非常深。随着比例的升高，腐蚀痕迹逐渐减少，在 BD100 中浸泡后的铜片表面基本不存在显著的腐蚀痕迹，且光泽较亮，说明 B5 燃料对于黄铜的腐蚀作用最强。BD100 中的黄上腐蚀痕迹较 B0 更少，说明纯生物柴油与黄铜的兼容性影响较好，这与纯铜的兼容性影响结果一致。

图 3-5 不同比例餐废油脂制生物柴油对纯铜和黄铜的腐蚀性对比（见彩插）

2. 铝和 45 钢

铝和 45 钢是柴油机活塞、缸体和气缸盖的常用材料，生物柴油的腐蚀性也对于柴油机的可靠性和耐久性提出了挑战。铝和 45 钢的腐蚀机理与铜类似。铝的氧化物多为 Al_2O_3 和 $Al(OH)_3$，45 钢的氧化产物包括 Fe_2O_3、Fe_3O_4 和 $Fe(OH)_3$。Al_2O_3 是一种保护性的氧化产物，在铝的表面形成后能够起到一定的保护作用，因此铝对于生物柴油具有较强的耐腐蚀性。而对于 45 钢而言，主要氧化物 Fe_2O_3 没有保护作用，并且在水和氧气存在的情况下极易形成。铝和生物柴油的腐蚀以均匀腐蚀为主，而 45 钢则以局部腐蚀为主。图 3-6 所示为不同比例餐废油脂制生物柴油对铝和钢的腐蚀性对比。对铝而言，随着生物柴油比例的升高, 表面基本没有较明显的腐蚀痕迹, 且颜色基本无变化, 说明铝在生物柴油全比例下依旧保持较高的稳定性, 两者的兼容性较好。对于45钢而言, 随着生物柴油比例的升高, 试样表面的腐蚀痕迹逐渐增多。B20中浸泡后的试样表面腐蚀已经比较均匀, 颜色也非常深。BD100中的黄铜腐蚀痕迹较B20少, 但局部出现了较深的局部腐蚀。总体上来看, 铁的颜色变化相较于黄铜和纯铜来说较浅, 但腐蚀痕迹较多, 局部腐蚀为主要的腐蚀方式。从实际使用的角度来看, 局部腐蚀更易导致泄漏和裂纹的出现。

a) B0　　　b) B5　　　c) B10　　　d) B20　　　e) BD100

图3-6　不同比例餐废油脂制生物柴油对铝和钢的腐蚀性对比（见彩插）

3.3.3　微观形貌

图3-7所示是金属试样50℃下在餐废油脂生物柴油中浸泡21天后, 表面放大100倍后的形貌。对于黄铜, 随着生物柴油比例的升高, 金属颜色变深, 这是由于生物柴油对于黄铜的腐蚀以均匀腐蚀为主, 因此整体色泽加深, 但在BD100中浸泡后黄铜的色泽又变浅, 这与宏观形貌的试验结果一致。对于纯铜, 随着生物柴油比例的升高, 金属样品的形貌变化与黄铜时的规律类似。

铝的微观形貌基本无变化, 整体色泽基本一致, 这与上述宏观形貌结果一致。钢的微观形貌出现较为明显的局部颜色差异, 这是因为生物柴油对于钢的腐蚀以点状腐蚀为主, 导致局部小凹坑的出现, 因此放大100倍下的微观形貌表现出部分区域色泽的加深。从整体上看, 黄铜与纯铜的形貌变化较显著, 生物柴油对铜的腐蚀作用较强。铝的形貌基本无变化, 对于生物柴油的适用性较好。生物柴油对钢的腐蚀较黄铜和纯铜更轻, 但以点状腐蚀为主。

黄铜 纯铜 铝 钢

a) 浸入前　b) B0　c) B5　d) B10　e) B20　f) BD100

图 3-7　不同餐废油脂制生物柴混合比例对金属微观形貌的影响

考虑实际使用中点状腐蚀危害程度更明显，因此使用生物柴油对于钢的腐蚀也值得关注。

3.3.4　质量变化

为了定量描述生物柴油对于金属的腐蚀性，通过测量金属试样试验前后的质量变化来更准确地描述两者的兼容性。如图 3-8 所示，纯铜和黄铜的质量损失高于铝和 45 钢，其中纯铜的质量损失最高，在 BD100 中纯铜的质量损失下降最大，为 0.09%。铝的质量损失随生物柴油比例的增加有所波动，但保持在 0.07% 左右。45 钢的质量下降最少，且在生物柴油中的质量损失低于柴油。从质量损失的角度，生物柴油对于金属腐蚀的影响从高到低依次是：纯铜、黄铜、铝和 45 钢。考虑到上述 4 种金属在生物柴油中浸泡后表面形貌的变化，尽管 45 钢的质量损失最低，但也有可能是生物柴油中与之反应生成的腐蚀产物附着在其表面，因此在一定程度上减缓了质量的下降。从单位时间生物柴油对于金属的腐蚀量，可以定义腐蚀深度来评估长时间生物柴油对于金属的腐蚀深度：

$$腐蚀深度 = \frac{8760W}{DTA}(\text{mpy}) \tag{3-12}$$

式中，W 为金属浸泡前后质量变化（mg）；D 为金属密度（g/cm³）；T 为浸泡时间（h）；A 为金属样本与油接触的面积（mm²）。

腐蚀深度可以评估金属对于金属表面的平均腐蚀速率，经过计算 4 种金属样品中纯铜在 BD100 中的腐蚀深度达到最大值，为 0.0138mpy（1mpy = 1mil/年 = 2.54 × 10⁻⁵ m/年）。查阅相关标准，耐腐蚀金属在油品中的腐蚀深度限值为 0.1mpy，因此可以认为 4 种金属在生物柴油中的腐蚀性等级为耐腐蚀，可以用于生物柴油。

对于金属而言，BD100 对纯铜和黄铜试件质量的影响相对较大。从外观上看，纯生物柴油有显著的腐蚀作用，存在表面结层和颜色加深现象，而且对纯铜的腐蚀性更大。生物柴油及其混合燃料的酸值和硫含量在金属腐蚀中起重要作用，其中酸值的影响更大。酸值和硫含量的共同作用使低比例混合燃料的腐蚀性更强。对于生物柴油长期接触的铜类金属部件，需要进行耐酸处理。

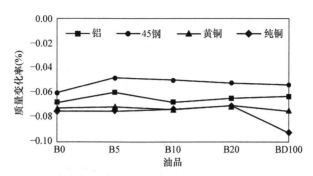

图 3-8　餐废油脂制生物柴油混合比例对金属质量的影响

尽管从腐蚀深度来评估生物柴油对于金属的腐蚀性，本节所述 4 种金属在餐废油脂制生物柴油中的腐蚀深度均低于限值，但生物柴油对于金属的腐蚀既有较大面积速率较慢的面腐蚀，如纯铜和黄铜，也有多点速率较快的局部腐蚀，如 45 钢。腐蚀深度能较好地衡量生物柴油对于金属的面腐蚀，但不能准确地反映金属的局部腐蚀，因此不建议在采用诸如 45 钢这类更易受到局部腐蚀的金属部件的柴油机上使用较高比例的生物柴油。

3.4　餐废油脂制车用生物柴油对于橡胶的溶胀影响

一般柴油机使用的橡胶部件都会吸收芳香烃而膨胀，导致橡胶件老化出现裂纹，从而引起密封失效、油路泄漏和油管破裂等问题。在耐久性试验中，许多问题的出现可以归于生物柴油和某种橡胶的不兼容。从生物柴油种类上看，对于以大豆油、菜籽油、棕榈油[11]、麻疯树籽油[12]、大豆油[13]、餐废油脂生物柴油[14]和橡胶籽[15]为原料生产的生物柴油对于常用橡胶的兼容性均有研究，目前的文献资料表明，生物柴油对于橡胶的溶胀影响比 0 号柴油强，橡胶在生物柴油混合燃料中浸泡后会出现显著的质量体积增加和力学性能下降，对于柴油机橡胶材料零件的可靠性提出了较大的挑战。从常用的橡胶种类来看，FKM、NBR[16]、氯丁橡胶（Chloroprene Rubber，CR）[17]、氟硅橡胶（Fluoro Vinylmethylsiloxane Homopolymer，FVMQ）、SR、EPDM[18]、乙烯丙烯酸酯橡胶（Ethylene – Acrylic Elastomer，AEM）、氢化丁腈橡胶（Hydrogenated Nitrile Butadiene Rubber，HBNR）、天然橡胶（Natural Rubber，NR）、聚丙烯酸酯橡胶（Acrylate Rubber，ACM）[19]、在生物柴油中的溶胀程度各不相同，其中 FKM 对于上述的几种生物柴油的兼容性最高，在高比例生物柴油中，质量、体积和力学性能也能保持基本稳定。另外，CR 对于生物柴油的兼容性较差，在生物柴油中出现较为显著的溶胀现象，EPDM、SR、NBR 作为柴油机中常用的橡胶材料也出现明显的溶胀，其余橡胶在生物柴油中受到的溶胀影响不一。对于常用橡胶在生物柴油中的溶胀程度，有研究者针对橡胶籽生物柴油对大多数橡胶进行系统了评估[15]，常用橡胶在橡胶籽生物柴油中溶胀程度从大到小：NR > EPDM > CR > ACM > NBR > HBNR > FVMQ > FKM。尽管这一结果仅针对橡胶籽生物柴油，但对于其他种类生物柴油也有一定的参考价值；从评估橡胶在生物柴油的溶胀影响参数而言，橡胶的质量和体积往往会受到生物柴油的影响而出现较大增长，原因在于生物柴油与大多数橡胶的极性相近，根据"相似相容原理"，极性相近的液体和固体之间存在较强的互溶能力，因此生物柴油会溶入橡胶分子内，橡胶分子也可能被生物柴油溶解。从目前的研究来看，受生物柴油影响，橡胶的质量往往呈现增加的趋势，这说明两者之间的作用以生物柴油溶入橡胶分子为主。而从实际使用的角度，力学性能是评估生物柴油对橡胶影响更关键的参数，因为力学性能的下降直接导致橡胶零件在实际使用中出现各种问题，如裂纹、提前老化造成密封失效和泄漏的现象，是影响橡胶部件正常使用的关键。国内外针对生物柴油对于橡胶的兼容性研究表明，大多数橡胶在生物柴油中都会出现较为显著的溶胀，因此研究餐废油脂制车用生物柴油的材料的兼容性，对于橡胶的影响不可忽略。

3.4.1 宏观形貌

含有双键的弹性体在工业上多采用硫或有机硫化合物来进行硫化交联，因此在橡胶工业中，"硫化"与"交联"是同义词。硫化过程的第一步是聚合物的双键与极化后的硫或硫离子对反应，形成一个环状的硫离子。硫离子从聚合物链夺取氢原子，使后者生成烯丙基碳正离子。该碳正离子先与硫反应，然后再与大分子的双键加成，从而产生交联。

线型聚合物溶于良性溶剂中，能无限制地吸收溶剂，直到溶解成均相溶液为止，所以溶解也可看作聚合物无限溶胀的结果。对硫化橡胶而言，由于化学交联使橡胶大分子联接成三维网状结构，故在溶剂中仅能吸收溶剂逐渐胀大并达到平衡值（最大溶胀）。这种现象称为橡胶的"溶胀"。溶胀后的体积可达橡胶体积的数倍，并伴随力学强度的损失。硫化橡胶的最大溶胀与其交联密度有关。在吸收溶剂时，硫化橡胶的交联网络也胀开而产生将溶剂挤出网外的弹性收缩力，当溶剂扩散渗入的压力与交联网络的弹性收缩力相等时，即达到溶胀平衡。

当溶剂分子进入到橡胶分子结构中，宏观表现则为体积的大幅增长。图 3-9 为不同餐废油脂制生物柴油混合燃料对 NBR、FKM、EPDM、SR 的影响，其中浸入前的试样为长 25mm、宽 25mm、厚 2mm 的标准试样，可以看出，4 种橡胶的表面形貌与色泽均没有显著变化，试样表面没有明显的裂纹和凹坑，说明生物柴油混合燃料与橡胶无显著化学反应，但对于 NBR 和 SR 而言，试样体积出现了明显的膨胀，且随着比例的增加，体积膨胀现象更为明显，但在 BD100 中的试样体积反而略微缩小。FKM 试样的大小基本不变，EPDM 的试样体积随着生物柴油比例的增加而略有增加。总之，FKM 与生物柴油的兼容性最好。

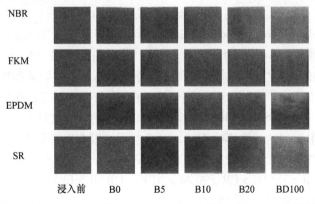

图 3-9 不同餐废油脂制生物柴油混合比例对 NBR、FKM、EPDM、SR 的影响（见彩插）

3.4.2 质量和体积变化

针对橡胶在生物柴油混合燃料中的溶胀，对橡胶在不同比例生物柴油的质量变化率进行了分析，如图 3-10 所示。FKM 在生物柴油中质量均保持相对稳定，在 BD100 中的质量下降最大，为 1.49%。这是由于强负电性元素氟的存在，生成高能碳氟（C—F）共价键，FKM 的分子极性在 4 种橡胶中最强，而且内部少量的金属原子强化了其抗溶胀能力，因此在 BD100 中质量变化较小。NBR 的极性较强，但丙烯腈基团的存在极易引入燃油分子，因此抗溶胀能力最低。但从图 3-10 中可看出，NBR 在生物柴油中质量增长程度低于在柴油中的变化程度，说明餐废油脂生物柴油对于 NBR 的溶胀影响低于柴油。SR 的整体溶胀程度低于 NBR，且质量变化随生物柴油比例的变化趋势与 NBR 基本一致，因此可认为，SR 与生物柴油的兼容性较好。EPDM 为非极性橡胶，弱极性的生物柴油混合燃料对其溶胀影响较小，在 BD100 中的质量变化最大，为 3.45%。从质量变化的角度来说，4 种橡胶与餐废油脂生物柴油的兼容性较好，受溶胀影响与柴油相差不大。

其对橡胶体积影响如图 3-11 所示，4 种橡胶在生物柴油中的体积变化趋势与质量基本一致。整体变化程度从高到低分别是 NBR、SR、EPDM、FKM。FKM 的体积在不同比例生物柴油中均能够保持稳定，EPDM 随生物柴油比例增加溶胀程度略有增加，但变化幅度不大。NBR 和 SR 的变化幅度虽然较大，但在生物柴油中的体积增长率反而比柴油低。因此，仅从橡胶在生物柴油中的体积变化而言，4 种橡胶在生物柴油中的兼容性较好，可以适用于生物柴油发动机。

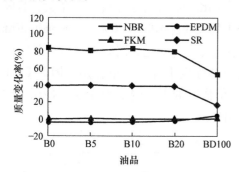

图 3-10　餐废油脂制生物柴油混合比例对橡胶质量的影响

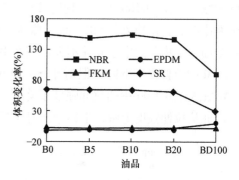

图 3-11　餐废油脂制生物柴油混合比例对橡胶体积的影响

综上所述，NBR、SR 在生物柴油中的确有显著的体积膨胀与质量增长现象，但变化幅度相较于柴油更低，EPDM 在生物柴油中的溶胀程度略高于柴油，但整体变化幅度不大，而对于 FKM，没有发现明显的溶胀。从橡胶在餐废油脂生物柴油中浸泡后的质量和体积变化这一点，可以认为，餐废油脂制生物柴油与上述 4 种橡胶有较好的兼容性。

3.4.3　力学性能变化

除质量和几何参数外，力学性能也是橡胶件性能的重要部分，对实际应用有重要参考价值，还应考察生物柴油混合比例对橡胶件力学性能的影响。试验燃料为 B0、B5、B10、B20、BD100，试验温度为 50℃，时间为 7 天。

1. 硬度

硬度是衡量物体抵抗变形的能力，尽管橡胶是一种弹性体，但硬度对于橡胶密封件而言是较为重要的参数，硬度偏高可能导致寿命不足，硬度太低导致密封性能变差。图 3-12 所示为餐废油脂制生物柴油混合比例对 NBR、EPDM、FKM、SR 橡胶硬度的影响，混合比例小于 20% 时，硬度变化受生物柴油比例的影响不大，超过 20% 后，硬度变化趋势出现显著差异：EPDM 硬度显著下降，NBR 和 SR 硬度下降程度有所回升。因此可以看出 B0、B5、B10、B20 对橡胶的力学性能影响差异不大，但生物柴油比例超过 20% 后，对于不同橡胶的影响会出现较大差异。其中 FKM、EPDM 的硬度变化率在 BD100 中呈现增大的趋势，在 NBR、SR 橡胶硬度在 BD100 中呈现减小的趋势。总体来说，生物柴油混合比例低于 20% 时，4 种橡胶硬度的变化率与在柴油中的变化率基本一致。与其他橡胶相比，FKM 的硬度变化明显最低，即使在 BD100 中，FKM 的硬度下降程度仍处于允许范围内。SR 和 NBR 的硬度下降幅度差别不大。

2. 拉伸强度

拉伸强度的物理意义是表征材料对最大均匀变形的抗力，是材料在拉伸条件下所能承受的最大截面应力值，是材料的重要力学性能指标。图 3-13 为不同橡胶试验后拉伸强度变化，FKM 试验后拉伸强度有所下降，且随着生物柴油比例的增加下降幅度增大，说明生物柴油导致 FKM 的拉伸强度进一步下降。EPDM 撕裂强度下降程度大于 FKM，变化趋势与 FKM 一致。SR 拉伸强度下降程度在 B0 中大于 EPDM，但随着生物柴油比例升高，拉伸强度下降程度反而减少，在 BD100 中下降程度甚至低于 FKM。NBR 的拉伸强度下降程度最大，且随生物柴油比例的变化趋势与 SR 一致。总体上看，当生物柴油比例低于 20%，拉伸强度下降程度在柴油和生物柴油中差异并不大，但在 BD100 中出现显著变化。同时生物柴油促进 FKM 和 EPDM 的拉伸强度下降，但对于 SR 和 NBR 的拉伸强度下降有缓解作用，因此 FKM 和 EPDM 虽然在 BD100 中的拉伸强度下降程度较大，但依旧低于 30%，对于实际使用影响较小，因此从拉伸强度上看，生物柴油对于橡胶的影响较小。

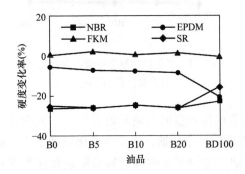

图 3-12　餐废油脂制生物柴油混合比例
对橡胶硬度的影响

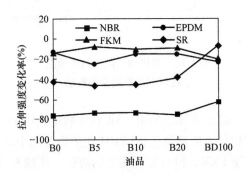

图 3-13　餐废油脂制生物柴油混合比例
对橡胶拉伸强度的影响

3. 撕裂强度

橡胶的撕裂是由于材料中的裂纹或裂口受力时迅速扩大开裂而导致破坏的现象，一般是沿着分子链数目最少，即阻力最小的途径发展，而裂口的发展方向是选择内部结构较弱的路线进行，通过结构中的某些弱点间隙形成不规则的撕裂路线，从而促进了撕裂破坏。因此撕裂强度是衡量橡胶制品抵抗破坏能力的特性指标之一，橡胶老化后，撕裂强度低的橡胶更容易产生细微的裂纹并迅速扩大，造成燃油泄漏。图 3-14 为不同橡胶试验后撕裂强度变化。

如图 3-14 所示，FKM 试验后撕裂强度有所下降，但最大值不超过 20%，且随着生物柴油比例的增加下降幅度较小，说明生物柴油对于 FKM 的影响比柴油低。EPDM 撕裂强度下降程度大于 FKM，且随着生物柴油比例的增加下降幅度增大，说明生物柴油进一步导致了 EPDM 的撕裂强度下降。SR 撕裂强度下降程度大于 EPDM，NBR 的撕裂强度下降程度最大，且两者随生物柴油比例的变化趋势与 FKM 一致。总体上看，生物柴油会促进 EPDM 的撕裂强度下降，但对于 FKM、SR 和 NBR 的撕裂强度下降有缓解作用，因此从撕裂强度上看，FKM、SR 和 NBR 更推荐用于更高比例的生物柴油发动机中。

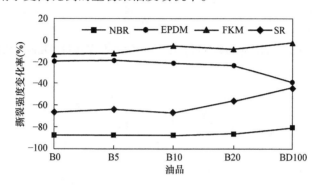

图 3-14　餐废油脂制生物柴油混合比例对橡胶撕裂强度的影响

对于橡胶而言，4 种柴油机常用橡胶与餐废油脂制生物柴油的兼容性整体较好，且从质量、体积、力学性能变化的角度，生物柴油对于 NBR 和 SR 的溶胀影响低于柴油，对 EPDM 的溶胀影响高于柴油，对于 FKM 基本无影响。B5、B10、B20 对 4 种橡胶的溶胀程度与 0 号柴油比较接近，生物柴油混合比例超过 20% 后，生物柴油对于 EPDM 的质量、体积和力学性能变化程度有所增加，只有 FKM 基本不受混合比例的影响。上海市目前生物柴油的混合比例为 5%，当生物柴油比例提高到 20% 后，只有 FKM 不受生物柴油的显著影响，因此建议使用 FKM 作为生物柴油发动机油路橡胶零件材料使用。

3.5　餐废油脂制车用生物柴油对于塑料的溶胀影响

塑料是柴油机油箱的常用材料，与燃油进行长时间的接触，因此在生物柴油兼容性研究的初期受到了国内外的关注。尽管塑料与橡胶同样属于高分子聚合物，但与橡胶不同，油品对于塑料的溶胀影响较小。其中对于大豆油、泔水油、麻疯树的橡胶兼容性研究表明，3 种生物柴油对于塑料的影响作用与 0 号柴油近似，塑料与生物柴油的兼容性较好[8]。也有研究者单独考察了麻疯树籽油生物柴油与 0 号柴油混合燃料对于聚乙烯（PTFE）、聚氯乙烯（PVC）、丙烯腈－丁二烯－苯乙烯共聚物（ABS）及聚丙烯（PP）塑料的腐蚀作用，结论是对于塑料几乎没有发生溶胀现象，其中 PTFE 的抗冲击性能最好，可优先选用[13]。餐废油脂制车用生物柴油不同混合比例对于 3 种柴油机常用塑料（聚乙烯、聚甲醛和聚四氟乙烯）进行的兼容性试验结果如图 3-15 ~ 图 3-17 所示。

由试验结果可知，三种塑料试片在餐废油脂制车用生物柴油中浸泡后的质量和几何参数变化基本不超过 1%，与 B0 基本相当，甚至对于生物柴油部分比例下塑料的参数变化幅

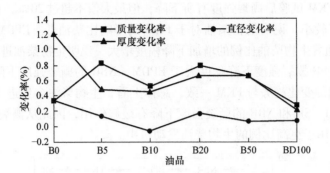

图 3-15　餐废油脂制生物柴油混合比例对聚乙烯塑料质量和几何参数的影响

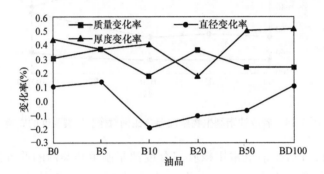

图 3-16　餐废油脂制生物柴油混合比例对聚甲醛塑料质量和几何参数的影响

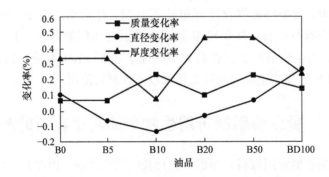

图 3-17　餐废油脂制生物柴油混合比例对聚四氟乙烯塑料质量和几何参数的影响

度反而小于柴油，因此混合燃料中生物柴油的混合比例对 3 种塑料试片的质量和几何参数的影响也很小。三种塑料在餐废油脂－柴油混合燃料中的溶胀不明显（聚四氟乙烯塑料试片的变化最小），而且对生物柴油混合比例不敏感。因此可以认为，塑料与餐废油脂制生物柴油的兼容性较好，具有较高的适用性，在较高比例生物柴油环境下依旧能保持良好的性能。

　　总体上，对于餐废油脂制生物柴油塑料材料表现出优秀的抗溶胀能力，即 BD100 对其造成的溶胀影响与 B0 基本相当，因此适用于任意比例的餐废油脂制生物柴油。4 种常用橡胶材料在低比例（＜20％）餐废油脂制生物柴油中的溶胀与 B0 基本相当，但 EPDM 的溶胀程度随着生物柴油比例的增加则有所上升，因此对于不高于 20％ 混合比例的餐废油脂制生物柴油，目前的橡胶材料基本适用，无须更换零件材料，高于 20% 混合比例的餐废油脂制生物柴油则不应采用 EPDM 这类对于生物柴油抗溶胀能力较差的橡胶。4 种常用金属材料在餐废油脂中腐蚀程度都比较低，最大质量变化率远低于限值 0.5%，因此可以适用于任意比例的餐废油脂制生物柴油。

从上述分析可知，低掺混比例（<20%）餐废油脂制生物柴油对于车用柴油机常用零件材料的影响与柴油基本相当，可以直接用于现有的柴油机。

参 考 文 献

[1] FAZAL M A, HASEEB A S M A, MASJUKI H H. Effect of temperature on the corrosion behavior of mild steel upon exposure to palm biodiesel [J]. Energy, 2011, 36 (5): 3328 – 3334.

[2] MAT R, YUHAIDI W N A W, KAMARUDDIN M J, et al. Evaluation of palm biodiesel – diesel blending properties, storage stability and corrosion behavior [J]. Applied mechanics & materials, 2015, 695: 265 – 268.

[3] ROCABRUNO – VALDÉS C I, HERNÁNDEZ J A, JUANTORENA A U, et al. An electrochemical study of the corrosion behaviour of metals in canola biodiesel [J]. Corrosion Engineering Science & Technology, 2018, 53 (2): 153 – 162.

[4] THANGAVELU S K, PIRAIARASI C, AHMED A S, et al. corrosion behavior of copper in biodiesel – diesel – bioethanol (BDE) [J]. Advanced Materials Research, 2015 (1098): 44 – 50 .

[5] JIN D, ZHOU X, WU P, et al. Corrosion behavior of ASTM 1045 mild steel in palm biodiesel [J]. Renewable Energy, 2015 (81): 457 – 463.

[6] SAVITA K, Saxena R C, AJAY K, et al. Corrosion behavior of biodiesel from seed oils of Indian origin on diesel engine parts [J]. Fuel Processing Technology, 2007, 88 (3): 303 – 307.

[7] HASEEB A S M A, MASJUKI H H, ANN L J, et al. Corrosion characteristics of copper and leaded bronze in palm biodiesel [J]. Fuel Processing Technology, 2010, 91 (3): 329 – 334.

[8] 周映, 张志永, 赵晖, 等. 生物柴油对柴油机燃油系统橡胶、金属和塑料件的性能影响研究 [J]. 汽车工程, 2008, 30 (10): 875 – 879.

[9] 王浩, 贾燕红, 曹世理. 不同生物柴油对柴油机材料的性能影响研究 [J]. 河南科技, 2014 (10): 73 – 73.

[10] EN – ZHU Hu, YU – FU X U, XIAN – GUO H U, et al. An investigation of corrosion behavior of metal and alloy in biodiesel [J]. Journal of Hefei University of Technology, 2011.

[11] 火双红, 蒋炜, 鲁厚芳, 等. 生物柴油及其柴油混合物的溶解性和橡胶兼容性研究 [J]. 中国油脂, 2009, 34 (6): 54 – 57.

[12] 张家栋, 尚琼, 鲁厚芳, 等. 麻疯树籽油生物柴油 – 0#柴油混合燃料与橡胶、塑料的兼容性 [J]. 化工进展, 2013, 32 (8): 1807 – 1812.

[13] 倪培永, 戴峰, 储爱华, 等. 橡胶件在燃油中腐蚀溶胀性的对比 [J]. 材料科学与工程学报, 2018, 36 (03): 478 – 481.

[14] 胡宗杰, 周映, 邓俊, 等. 生物柴油混合燃料对橡胶溶胀性和力学性能的影响 [J]. 内燃机学报, 2010, 28 (4): 357 – 361.

[15] 秦敏, 陈国需, 许世海, 等. 橡胶籽生物柴油与橡胶材料的相容性研究 [J]. 石油炼制与化工, 2009, 40 (11): 40 – 43.

[16] 莫桂娣, 林培喜, 黄克明, 等. 生物柴油对橡胶密封圈溶胀性能的影响研究 [J]. 化学与生物工程,

2009, 26（09）：63 - 65.

［17］ HASEEB A S M A, Jun T S, FAZAL M A, et al. Degradation of physical properties of different elastomers upon exposure to palm biodiesel［J］. Energy, 2011（36）：1814 - 1819.

［18］ 汪波. 生物柴油氧化安定性及材料兼容性的研究［D］. 淮南：安徽理工大学, 2016.

［19］ TRAKARNPRUK W, PORNTANGJITLIKI S. Palm oil biodiesel synthesized with potassium loaded calcined hydrotalcite and effect of biodiesel blend on elastomer properties［J］. Renewable Energy, 2018（33）：1558 - 1563.

第4章

餐废油脂制生物柴油的喷雾及燃烧特性

餐废油脂制生物柴油的燃烧过程复杂，大量研究[1-2]表明，燃料（生物柴油）喷射雾化质量直接决定着柴油机燃烧过程的好坏。不同生物柴油以及生物柴油与柴油不同配比下燃料的物化特性较柴油有很大的差异，例如燃料的运动学黏度与表面张力，喷雾特性对这些物性参数又极为敏感。这些物性参数变化使得燃料的喷雾特性如喷雾贯穿距、喷雾锥角及液滴破碎时间等重要参数发生明显的变化，而喷雾特性的变化会对柴油机缸内燃料与空气的混合及燃料蒸发产生影响，从而直接导致排放性能的变化，所以不同生物柴油喷雾特性的深入研究对生物柴油在柴油机上的推广应用有着重要的指导作用。

喷雾特性的研究方法通常有两种：一是试验测试法，二是数学物理法。试验测试法利用试验手段，对喷雾特性参数进行测量。对雾化质量评价参数的测量即对液滴尺寸和速度的测量，包括摄影法（直接摄影法、激光全息摄影法、激光散射法、激光诱导荧光法、浸入法和压痕法[3-5]）、液滴固化法（直接固化法和溶蜡法）、沉降法、电极法、导线法、热线法[6-7]和激光法[8-11]等。数学物理法利用流体力学和数学推导，结合液体燃料的相关物理特性，基于计算流体力学（CFD）模拟燃料的喷雾现象以及对雾化机理做深层次的研究，如利用KIVA程序对柴油、液化石油气以及二甲醚的喷雾特性进行研究[12]。数学物理方法经典的成果包括模拟喷雾的广安博之模型[13]、林嶜梓模型[14]、WAVE模型和最大熵原理模型[15]等。

在生物柴油的喷雾研究方面，欧美国家起步较早。常用的研究方法主要利用高压共轨喷射系统，利用定容弹来模拟缸内环境，再通过激光全息拍照、纹影系统、激光诱导荧光法、米氏散射及拉曼散射等光学观测系统，研究喷雾粒子速度、喷雾贯穿距、喷雾锥角、喷雾场浓度分布、喷雾过程中气液相质量变化、喷雾过程中空气卷吸率以及燃料蒸发质量相等[16-18]。同时对生物柴油的喷雾模型以及物化特性参数进行数值模拟[19]。

在相同的试验条件下，生物柴油的喷雾贯穿距和后期喷雾锥角由于其高黏性一般要大于纯柴油，生物柴油的物性指标造成了这些喷雾特性上的差异。基于油泵试验台和高速摄像系统，可以研究纯生物柴油、纯柴油以及生物柴油和柴油的混合燃料在不同喷射背压、不同生物柴油掺混比下的喷雾宏观特性参数。

4.1 燃料喷射测试装置与雾化特性实验

4.1.1 定容弹试验系统

为了更好地模拟生物柴油在柴油机上的喷雾环境，在试验中一般采用定容弹模拟燃料喷射时刻的高背压，整个试验系统分为三个子系统——定容弹系统、高速摄像系统、燃料喷射系统。图 4-1 为定容弹试验系统框架图。

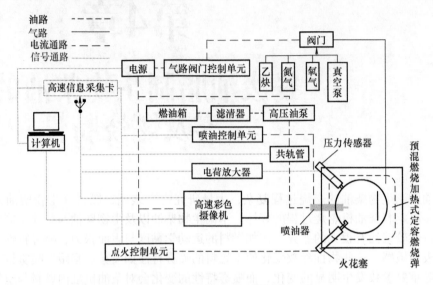

图 4-1　定容弹试验系统框架图[20,21]（见彩插）

试验用燃料经滤清器、高压油泵到达喷油器，单片机在接到单次喷射请求标识后的第一个转速信号的上升沿触发单次喷射，将燃料喷入定容弹内。同时，将喷雾过程由高速摄像系统拍下，从而可以对各时刻的喷雾贯穿距、喷雾锥角、前锋面速度等参数进行计算和分析。

定容弹的常规规格一般为 300mm 左右的金属立方体容器，如图 4-2 所示，其四个侧面以及底面开有直径较大（120 ~ 150mm）的石英玻璃窗，玻璃窗与金属体之间采取锥面密封，承受内部压力时不会影响其密封性。在定容弹的顶部，设计了一个喷油器底座以及喷油器夹持部件，该封盖用 12 个螺栓固定在定容弹的顶部。在定容弹的两个侧面分别设计有进气管和排气管，分别用于为定容弹充气和手动调节容弹内背压。

在实际试验研究过程中，定容弹具有以下优点：

1）能够耐高温（1200K）及高压（5MPa）。

2）密封性能好。

3）视窗面积大（$D = 140$mm）。

4）安全、结构简单且操作方便。

一般在喷雾试验过程中需要向定容弹内充入氮气，氮气可以阻止喷雾反应，通过减压阀将高压气瓶中的充入定容弹，改变充入氮气的量来调节喷射背压。

为了保证高压气体的密封性以及安全性，在试验中高压气瓶与定容弹之间连接管均为无缝钢管。高速摄像的仪器一般需要至少采用 1 万帧/s 以上拍摄速度的高速摄像机，本试验可以达到 100 万帧/s 以上的拍摄速度。相机具有自动曝光功能，曝光时间可变。当喷雾发生后立即按触发按钮，此时将停止记录数据，触发有软件触发和手动触发两种方式，采用堆栈式先进先出的存储方法可以使存储卡拥有充足的存储空间用以保存拍摄得到的图像。当拍摄最后触发的时候，可以方便地找到所需的喷雾图片。同时存储卡可以与计算机通过网线连接，内置以太网，可以进行高速数据传送。在试验时，高速摄像系统（图 4-3）的拍摄像素一般根据试验需要在方案中提前确定，目的是保证该像素下可以完全看到视窗中的喷雾形状。

图 4-2　定容弹装置（见彩插）

图 4-3　高速摄像系统

图 4-4 为惰性喷雾试验中高速摄像系统拍摄得到的 1.1MPa 背压下纯柴油喷雾间隔 0.15ms 的发展过程图像。图 4-4 中的阴影部分即喷雾在任意喷油时刻的形态轮廓，随着喷油时间的推移，喷雾形态逐渐增大、贯穿距离更远。

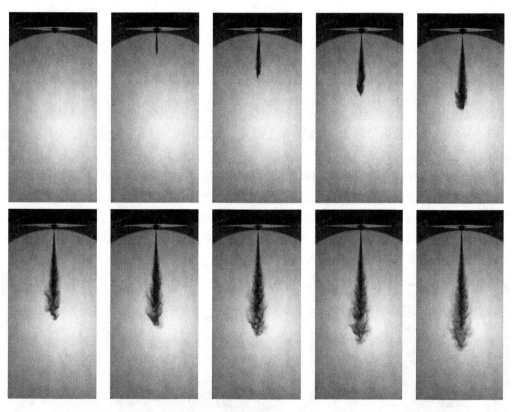

图 4-4　1.1MPa 背压下纯柴油喷雾间隔 0.15ms 的发展过程图像

图 4-5 为 1.1MPa 背压下生物柴油喷雾间隔 0.15ms 的发展过程图像。相比纯柴油的喷雾形态，生物柴油整体表现出发展趋势缓慢，且喷雾投影形态细长化的特点，这些特点与生物柴油自身的理化特性有直接关联。

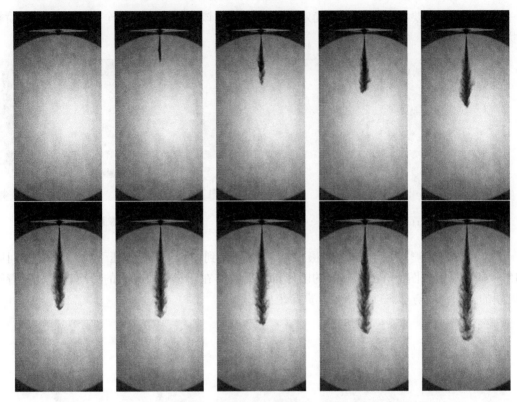

图4-5 1.1MPa背压下生物柴油喷雾间隔0.15ms的发展过程图像

　　图4-6中所使用的成像方式为LED背光成像，试验中作为照明装置的背景灯为高功率卤素灯。灯的前端设有可活动的灯罩，将光线集中为平行光束。在拍摄时，需用黑纸遮罩住除定容弹进光窗口和高速摄像系统拍摄窗口外的两侧窗口，以免外部光源干涉拍摄效果。

　　图4-7所示为油泵试验台。机械式喷油泵由转速调节电动机、霍尔式传感器以及单次喷射执行机构组成，可以实现油泵转速控制与测量，从而调节燃料喷射压力。通过对电磁阀控制停油拉杆机构可以实现燃料单次喷射。定容弹试验中，往往需要通过喷油规律来控制喷油压力、喷油周期等变量。

图4-6 卤素灯　　　　　　　　　　　　图4-7 油泵试验台

4.1.2 预混合燃烧式定容弹温度压力环境构建

　　在喷雾及燃烧的定容弹可视化试验中，一般需要根据已知的压力温度条件采用乙炔、氧气和氮气预混燃烧加热的方式在定容燃烧弹内建立高温、高压的热力学状态，预混燃烧加热技术原理如图4-8所示。首先，将预先混合均匀的乙炔、氧气和氮气等组成的预混气体充入定容燃烧弹内，电控单元向点火系统发送点火脉冲信号，预混气体便在火花塞通电后被点燃并快速燃烧放热，定容燃烧弹内的压力迅速升高，预混燃烧结束后弹内压力达到峰值，此阶段即对应图4-8所示的预混燃烧阶段。预混燃烧的高温气体和弹体壁面发生强烈的对流换热，在弹体壁面的冷却作用下，定容燃烧弹内的环境压力和环境温度不断下降，此阶段对应图4-8所示的定容燃烧弹冷却阶段。一旦环境压力降低至预设的目标环境压力时，电制单元立刻同步发出两路脉冲信号分别触发燃油喷射系统和高速彩色相机，实现喷油器喷油和相机实时捕捉喷雾燃烧过程的同时进行。喷射进入定容燃烧弹内的柴油在高温高压的环境状态下着火燃烧，弹内压力升高，该阶段对应图4-8所示的喷雾燃烧阶段，可见该阶段的压力升高幅度要比预混燃烧阶段小得多。

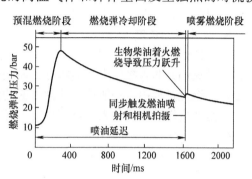

图4-8　定容燃烧弹预混燃烧加热技术原理

　　通过调整预混气体各组分的比例和总量，改变定容燃烧弹内的环境密度、环境温度和环境氧浓度等变量，进而模拟出实际柴油机在不同工况（不同进气压力、不同负荷、不同排气再循环率等）下喷油时刻的缸内热力学状态，实现对燃油喷射目标环境状态的精确控制。

4.1.3　定容弹燃料喷射雾化与燃烧特性测试参数

1. 贯穿距 S

　　喷雾的形态及其雾化混合特性一般用喷雾贯穿距和喷雾锥角等参数来表征。喷雾贯穿距是指某时刻喷雾末端到达的轴向最大距离，如图4-9所示。柴油机燃烧时，希望油束尽可能到达燃烧室壁面附近，以使燃料分布区域扩大，特别是高负荷时，由于喷油过程一般要持续到着火以后，易产生"火包油"现象，这时希望油束有足够的贯穿力，穿透火焰到达周围空气区。对于最常用的孔式喷油器，随喷油压力的提高，贯穿距增大，并且贯穿距随时间变化呈现出两阶段变化特性，此即液柱阶段和分裂阶段。贯穿距随喷雾锥角变大以及雾化程度提高而减小。

2. 喷雾锥角 θ

　　喷雾锥角是指喷雾整个贯穿距范围内的喷雾锥体过喷嘴轴线的纵截面的最大夹角，如图4-9所示。喷雾锥角过小，则燃油雾化程度会变差，并且不能有效地在燃烧室空间中分布；而喷雾锥角过大，贯穿距会减少，火焰会变得短而粗。一般随喷油压力和喷孔直径的增加，喷雾锥角增加，这是由于较大的雷诺数 Re 在紧靠喷孔附近的下游处引起较大的湍流度的缘故。

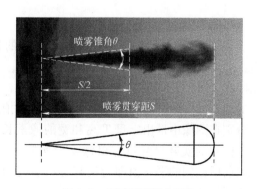

图4-9　喷雾贯穿距和锥角

3. 喷雾前锋面速度

喷雾前锋面速度为某时刻喷雾贯穿距的瞬时变化率，表征着燃油喷雾在空间内传播及扩散混合的速率。

4. 着火延迟期

燃料在柴油机中通过于空气混合及压燃的方式着火，这一段混合到着火的时间称为生物柴油燃料的着火延迟期，表征着燃料的属性及在空间内与空气的混合程度。

5. 火焰浮起长度

直喷柴油机的燃烧过程包括预混合燃烧和扩散燃烧两个阶段：燃料在最初预混合着火后，扩散火焰并非直接发生于喷嘴处，而是远离喷嘴一段距离，这段距离长度称为火焰浮起长度。在燃烧过程中，一般认为柴油喷雾的液相部分作为这一段距离的主要特征。火焰浮起长度，是评价燃油喷雾进入燃烧区域时与环境空气混合过程的一个重要参数。

6. 火焰自然发光亮度

在燃料燃烧阶段，火焰分为化学发光和高温炽光，而其中火焰的高温炽光代表着高温阶段，该阶段包括炭烟的升程及氧化，是火焰图像中的重要组成部分。

4.1.4 图像背景差分及像素标定

1. 喷雾宏观特性参数的计算方法

由于研究生物柴油喷雾采用的拍摄速率较高，图片量大，一般需要使用配套或自制的喷雾图像后处理程序和软件，从而自动计算喷雾图片中的喷雾贯穿距、喷雾嘴角以及喷雾前锋面速度等参数。常规图像处理原理如下：

首先，将图片裁剪成合适大小，如图 4-10a 所示，并取燃料喷射之前的帧为背景图像，如图 4-10b 所示；然后，将背景图像从喷雾图像中减去，消除喷雾图像中的环境干扰；最后，使用经验阈值将喷雾图像二值化，如图 4-10c 所示[22]。

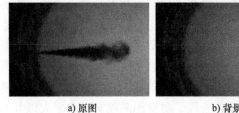

a) 原图　　　　　　　　　　b) 背景图　　　　　　　　　c) 二值图

图 4-10　喷雾图像及其处理步骤

2. 试验标定及图像处理

在试验进行前需进行高速摄像系统的像素标定，即确定图像中的尺寸和实际尺寸之比。采用一张印有字母"T"的白纸，如图 4-11 所示，在定容弹的前后窗口各进行拍摄，取其中前后各拍摄的图片分别在图像中量出字母 T 高和宽的像素长度，然后由已知的实际尺寸可算出像素与实际尺寸之比，再取前后比例的平均值即为喷雾时喷嘴处图像尺寸和实际尺寸的比值。

图 4-11　图像像素与实际尺寸之比的标定

4.2　餐废油脂制生物柴油单液滴燃烧实验

4.2.1　单液滴燃烧试验平台

图4-12为单液滴实验平台示意图[23]，主要由燃烧室、控制系统和图像采集系统组成。燃烧室如图4-13所示，燃烧室为液滴燃烧过程提供足够的空间，同时保证高速摄像机进行图像采集的要求，是液滴实验中的重要基础。图4-13中的燃烧室采用内径为80mm，高度为250mm的圆柱体，由铝合金制成，顶部的燃烧室盖可以打开，方便室内钨丝的升降和液滴的悬挂，除顶盖之外燃烧室是一个整体。燃烧室前后壁上有两个 $\phi50mm \times 20mm$ 厚的光学窗口，光学窗口上采用的透光玻璃片，对可见光波长范围内的光波透光率达到90%，同时燃烧室顶盖上的圆孔安装有透光玻璃片，方便燃烧室采光，整个燃烧室的设计完全达到高速摄像机拍照记录的要求。同时燃烧室底座采用了绝缘装置，避免了电极点火放电时与壳体产生通电，避免了电火花的泄露，也保证了实验过程中的安全。

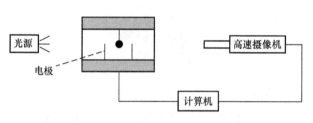

图4-12　单液滴实验平台示意图　　　　　图4-13　燃烧室图

燃料液滴悬挂在燃烧室正中央，单液滴的悬挂方式有两种——单丝悬挂法和交叉悬挂法。单丝悬挂法较为方便，但是悬挂过程中的单液滴形状会呈椭圆体形状，对液滴的蒸发速率有一定影响。单液滴实验液滴的悬挂采用交叉悬挂法，交叉悬挂法中单液滴会呈球体形状，并且液滴的瞬时蒸发速率和悬挂丝的直径二次方成正比关系，可以认为液滴的悬挂方式对实验的影响较小。液滴悬挂示意图如图4-14所示，采用两根垂直摆放的钨丝来固定液滴，两根钨丝绑紧后固定在燃烧室内，可以让单液滴挂在钨丝重合点上。

液滴通过微量进样器注射悬挂在垂直摆放的两根钨丝的重合点上，微量进样器如图4-15所示。挤压微量进样器，本身停留在微量进样器针尖的液滴，在靠近钨丝重合点时，由于受

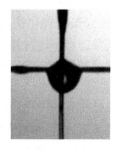

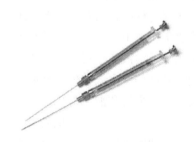

图4-14　液滴悬挂示意图　　　　　图4-15　微量进样器

到重合点处对液滴本身的吸附作用，液滴从针尖达到悬挂点，并且可以稳定静止在钨丝上保持形状不发生变化，即使在电火花点燃液滴的时候，液滴也能稳定燃烧不发生掉落现象。液滴悬挂点位于燃烧室光学窗口的正中，方便燃烧过程中拍照记录。

液滴的点火方式也有两种——电热丝加热点火和电极放电点火。电热丝加热点火即通过悬挂液滴于电热丝上，通过加热电热丝达到 1000℃ 来点燃液滴，但是此种方法在实际操作过程中要不断加热电热丝，并且在加热过程中会造成液滴的蒸发，如果液滴尺寸过小则会造成蒸发量过大而对实验结果产生不利影响。所以本单液滴实验液滴采用电极点火放电的方式，电极点火放电的方式高效方便，且易于控制，可以与相机结合，在点火的瞬间运行高速摄像机，对实验的精确度有帮助。电极放电瞬间如图 4-16 所示。

数据采集系统与定容弹试验系统类似，包括高速摄像机（图 4-17）和微透镜镜头（图 4-18），光源和计算机控制系统。高速摄像机可以拍摄液滴燃烧过程，通过拍摄液滴的燃烧过程可以得出液滴粒径尺寸变化大、燃烧速率等相关信息。

图 4-16　电极放电瞬间　　　　　图 4-17　高速摄像机　　　　图 4-18　微透镜镜头

4.2.2　单液滴燃烧过程常数

燃油从喷油器中喷射到柴油机缸内开始计算，有燃油自燃现象出现火花的这段时间，称之为滞燃期。滞燃期虽然绝对时间很短，但是在短时间内发生着许多复杂的物理化学变化，并且滞燃期对柴油机正常运转有着重要影响。当柴油燃烧过程前的滞燃期越长，碰射出来的燃料充分与缸内空气混合，混合气越浓并在缸内的分布越均匀，柴油燃烧过程也就更加迅速，缸内压力升高率显著提升，对柴油机的动力性能有较大提升。但是如果滞燃期过长，则缸内柴油燃烧过程超过预定需求，则会出现敲缸现象而减少柴油机使用寿命，活塞获得动能过大而猛烈撞击壁面造成不必要损失。

在柴油机研究过程中，通过研究柴油的滞燃期可以研究柴油理化性质对燃烧过程的影响。在单液滴燃烧实验中，有着和柴油机滞燃期类似的现象，即不同种类的燃油液滴在相同能量的电火花激励下，液滴点燃的时间不同。所以针对单液滴燃烧实验，从电火花放电时间开始计算，到液滴燃烧产生火焰的中间时间称为点火延迟期。

通过对液滴燃烧火焰和液滴的拍摄，可以将液滴和火焰可视化，得到液滴大小和火焰持续时间等数据，然后将这些数据再次处理可以获得火焰高度宽度和液滴燃烧速率值等。研究餐废油脂制生物柴油的燃烧过程，燃烧速率是一个重要评价指标。燃烧速率可以由 d^2 定律（Sreznevsky 定律）算出，d^2 定律指出液滴燃烧过程中的液滴直径的二次方和燃烧时间呈线性关系，线性方程的斜率系数就是液滴的燃烧速率。d^2 定律公式如下：

$$d^2 = d_0^2 - k_c t$$

式中，d_0 为液滴原始粒径；t 为燃烧时刻；d 为 t 时刻下液滴的直径；k_c 为液滴的燃烧速率。

4.3 餐废油脂制生物柴油喷雾特性试验结果与分析

生物柴油燃料的喷雾特性会随着生物柴油原料、工艺、掺混比例等不同而展现出多种多样的宏观特性，因此在研究生物柴油燃料的喷射及雾化时往往需要控制以上所描述的变量参数来针对结果进行一系列的对比分析。

4.3.1 不同生产原料对生物柴油燃料喷射与雾化特性的影响

通过挑选的餐废油脂制生物柴油混合燃料与其他原料做对比分析，试验中对比研究了餐废油脂制生物柴油、纯柴油及其他不同生产原料生物柴油在不同掺混比（B5、B10、B20）下喷雾贯穿距、喷雾锥角、喷雾前锋面速度三个宏观特性参数，结果如图 4-19 ~ 图 4-21 所示。

从图 4-19 中可以看出，B5 掺混比例下餐废油脂与柴油在 1.1MPa 背压下，喷雾贯穿距与纯柴油差异较小，在整个喷雾过程中大部分时刻贯穿距差异在低于 3% 的范围内。锥角在喷雾过程中呈现先增加再趋于平稳的趋势。以麻疯树为原料生产的生物柴油的喷雾贯穿距，

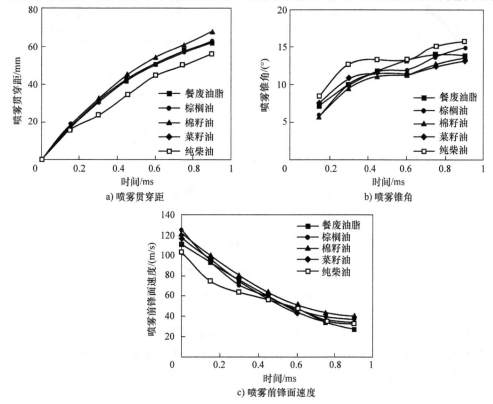

图 4-19 B5 生物柴油喷雾特性与对比分析

喷雾锥角及前锋面速度都与柴油较接近。这主要是由于麻疯树生物柴油的密度较小，为875g/L（20℃）。B5掺混比下棕榈油在1.1MPa背压下锥角在喷雾过呈现先增加再趋于平稳的趋势。在喷雾过程中，各生物柴油喷雾前锋面速度与柴油差异不明显。棉籽油与柴油相比喷雾贯穿距较柴油非常接近。锥角在喷雾过呈现先增加再趋于平稳的趋势。在喷雾的过程中喷雾锥角以及喷雾前锋面速度与柴油相比差异较小。

在图4-20中，B10掺混比下各餐废油脂与柴油在1.1MPa背压下，喷雾贯穿距差异较小，在整个喷雾过程中大部分时刻贯穿距差异在低于4%的范围内，各贯穿距均较柴油非常接近。棕榈油与柴油贯穿距均比较接近，差异较小。整个喷雾过程中贯穿距的最大差异在7%左右。与柴油在喷雾过程中锥角差异在4°范围内变化。在喷雾过程中，各棕榈油喷雾前锋面速度与柴油差异在0.6ms处往后出现分叉。B10掺混比下的棉籽油与柴油在1.1MPa背压下，与柴油相比贯穿距差异较为明显。尤其在喷雾初始0.15～0.45ms时间段内贯穿距差异较大，在喷雾过程中其喷雾前锋面速度在0～0.2ms范围内较柴油高出较多。

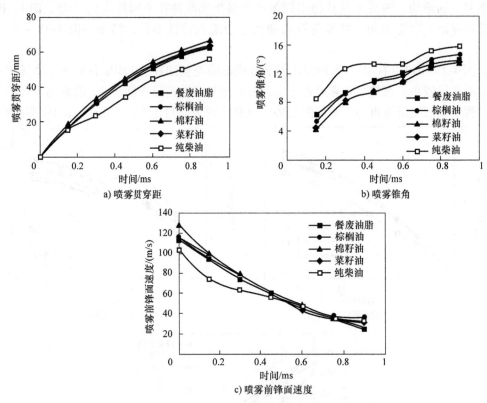

图4-20　B10生物柴油喷雾特性与对比分析

在图4-21中B20掺混比下各不同原料的生物柴油与柴油在1.1MPa背压下，喷雾贯穿距差异较小，在整个喷雾过程中大部分时刻贯穿距差异在低于6%的范围内，各贯穿距均较柴油非常接近。B20棕榈油与柴油相比在整个喷雾过程中喷雾贯穿距差异不大。棕榈油、棉籽油和柴油相比贯穿距差异较为明显，在喷雾的整个发展过程中贯穿距均大于柴油，锥角与柴油相比差异较大，比柴油小。

与其他原料相比较，以餐废油脂为原料所生产的大部分生物柴油的喷雾贯穿距与喷雾锥

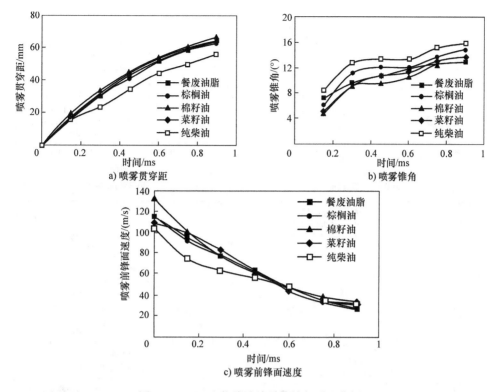

图 4-21　B20 生物柴油喷雾特性与对比分析

角与柴油都较为接近，差异较小，主要因为餐废油脂生物柴油的运动黏度及密度与柴油的运动黏度及密度较为接近。

4.3.2　不同生产工艺对餐废油脂制生物柴油燃料喷射与雾化特性的影响

餐废油脂制生物柴油燃料有着多种生产工艺和制取方法，而不同的制取方法得到的生物柴油混合燃料有着不同的喷雾特性，下列试验对应的生产工艺分别是生物酶法与碱催化法以及超临界法。

图 4-22 为三种生产工艺的餐废油脂 B5、B10 喷雾宏观特性对比。从图 4-22 中可知，B5 掺混比下，碱催化法生产的和超临界法生产的 B5 餐废油脂制生物柴油在整个喷雾过程中和 B0 的喷雾贯穿距非常接近，生物酶法生产的 B5 的贯穿距在 0.5ms 后开始和 B0 产生明显差异。生物酶法生产的和超临界法生产的 B5 的锥角和 B0 相差不大，碱催化法生产的 B5 的锥角比 B0 大。三种不同工艺生产的 B5 和 B0 的喷雾前锋面速度无显著差异。

图 4-23 为三种生产工艺的餐废油脂制 B20 生物柴油喷雾宏观特性对比。从图 4-23 中可以看出，B10 掺混比下三种不同工艺生产的 B10 同 B0 的贯穿距都相差不大，喷雾锥角都略大于柴油，变化规律基本一致，都是随时间增大。碱催化法生产的 B10 和生物酶法生产的 B10 的喷雾前锋面速度与 B0 很接近，超临界法生产的 B10 的喷雾前锋面速度较为明显地比 B0 大。

在图 4-23 所示的 B20 掺混比下，三种不同工艺生产的 B20 和 B0 的贯穿距都非常接近。生物酶法生产和超临界法生产的 B20 在整个喷雾过程中的喷雾锥角和柴油很接近，碱催化

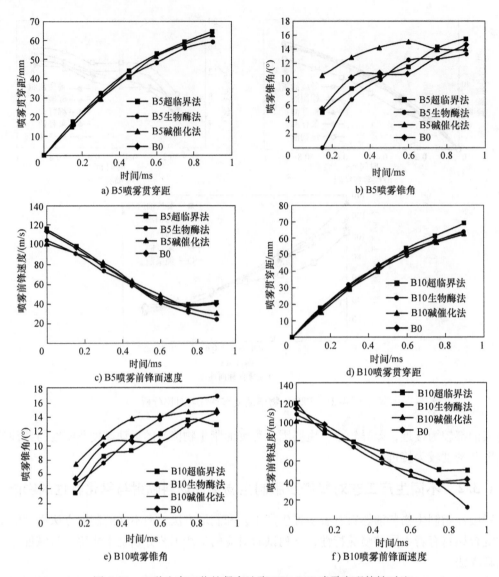

图 4-22　三种生产工艺的餐废油脂 B5、B10 喷雾宏观特性对比

法生产的 B20 的喷雾锥角较为明显地大于柴油。生物酶法生产的和超临界法生产 B20 的喷雾前锋面速度和 B0 很接近，碱催化法生产的 B20 的喷雾贯穿距比柴油大。

　　对于试验中采用的三种不同生产工艺生产的餐废油脂制生物柴油，分析不同工艺生产的餐废油脂制生物柴油的物化特性可知，采用超临界法生产的餐废油脂制生物柴油的黏度最大，采用碱催化法生产的餐废油脂制生物柴油的黏度次之，采用生物酶法生产的餐废油脂制生物柴油的黏度最小。

　　不同工艺生产的餐废油脂制生物柴油的喷雾贯穿距相差不大，这是因为不同工艺生产的餐废油脂生物柴油的密度相差很小。采用超临界法生产的餐废油脂制生物柴油的喷雾锥角最小，这主要是由于超临界法生产的餐废油脂制生物柴油的黏度最大。但是采用碱催化法生产的餐废油脂制生物柴油的喷雾锥角要大于生物酶法生产的餐废油脂制生物柴油的喷雾锥角，

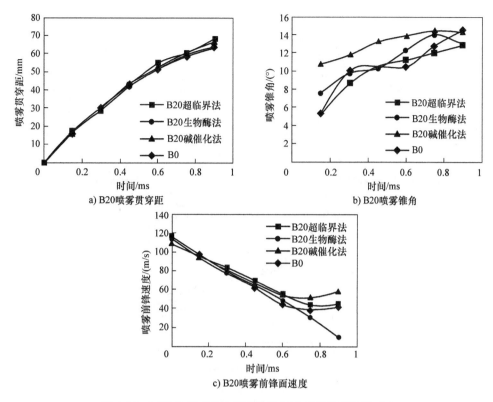

a) B20喷雾贯穿距

b) B20喷雾锥角

c) B20喷雾前锋面速度

图4-23 三种生产工艺的餐废油脂B20喷雾宏观特性对比

分析原因这主要是由于这两种方法生产的餐废油脂制生物柴油的黏度相差很小，由于试验的误差导致这种情况出现。

不同工艺生产的生物柴油的喷雾贯穿距、锥角及前锋面速度均有差异。不同种类的生物柴油的差异不同，但总体而言，采用生物酶法生产的生物柴油比采用碱催化法生产的生物柴油的喷雾宏观特性更接近于柴油，该生产工艺更为先进有利。

4.3.3 不同混合比例对生物柴油燃料喷射与雾化特性的影响

对于生物柴油混合燃料的雾化特性，与柴油的不同混合比例也是影响喷雾的关键因素之一。图4-24为不同混合比例的餐废油脂制生物柴油混合燃料的喷雾特性对比结果。

从图4-24中可以看出，餐废油脂制生物柴油混合燃料的贯穿距基本都随着掺混比的增大而增大，在B5、B10和B20的贯穿距值与纯柴油较为接近。锥角随掺混比的增加呈减小的趋势。掺混比不同的混合燃料的喷雾前锋面速度的变化规律一致，且差异性不大。

随着生物柴油掺混比的增大，燃料的喷雾贯穿距都将增大，但是增大的幅度依据各种生物柴油的物化特性有差异，总体来说喷雾贯穿距的变化不大。随着掺混比的增大，燃料的喷雾锥角减小，在低掺混比下，燃料的喷雾锥角变化不大，在大掺混比下（BD100），燃料的喷雾锥角与柴油相比会出现明显的差异。随着生物柴油掺混比的增大，燃料的喷雾前锋面速度会增大，低掺混比下，前锋面速度变化不明显，在高掺混比下，燃料的喷雾前锋面速度会出现明显的增大。推荐在柴油机上推广低掺混比的生物柴油与柴油的混合燃料。

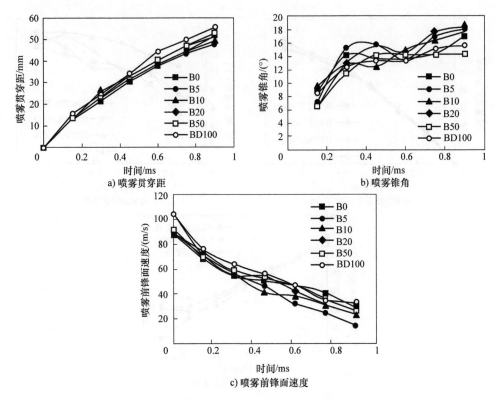

图4-24　餐废油脂不同混合比的喷雾宏观特性对比

总体上看，BD100的喷雾贯穿距大于柴油，喷雾锥角比柴油小，喷雾前锋面速度和柴油差距不明显。餐废油脂制纯生物柴油与柴油的喷雾贯穿距差异较小，在整个喷雾过程中大部分时刻贯穿距差异在低于8%的范围内，锥角与柴油较为接近。这主要是由于纯生物柴油的密度和黏度都比柴油大的缘故。

4.4　单液滴燃烧试验结果分析

4.4.1　不同油品点火延迟期

图4-25所示为将电极放电产生电火花计为开始时刻，B0、B5、B10、B20、B50和BD100六种不同组分燃油液滴的点火时刻示意图。从拍摄的照片中可以明显看出五种燃油中纯生物柴油最容易点燃，点火延迟期最短，在18～20ms时纯生物柴油就被点燃进入燃烧状态，而在20ms时B0、B5、B10、B20四种燃料液滴均未被点燃，还是处于点火延迟期内。示意图中B0、B5、B10、B20、B50和BD100六种燃油的点火延迟期分别为24ms、24ms、22ms、22ms、20ms和20ms，可以看出随着混合燃料中餐废油脂制生物柴油体积浓度的上升，混合燃料的点火延迟期也逐渐缩短，其中B50和BD100的点火延迟期最短，从出现电火花到20ms时，B50和BD100的拍照图片中就出现燃烧火焰，表明两种混合燃料的液滴结束点火延迟期进入燃烧状态。BD100的十六烷值高于B0，导致了生物柴油燃料的点火延迟

图4-25　不同比例生物柴油液滴点火示意图

期比 B0 短。也正是由于较短的点火延迟期，餐废油脂制生物柴油液滴能比纯柴油液滴更早进入燃烧状态，燃烧产生的高温环境也对燃料的蒸发和空气的混合起到了促进作用，提高了

BD100 的燃烧速率。同时由于 BD100 中富含氧元素，促进了液滴燃烧过程的进一步提速。在 BD100 液滴燃烧过程中，虽然燃料闪点较高，但是自身理化性质和分子结构对燃烧过程促进作用较大，所以 BD100 的燃烧速率高于纯柴油。正是由于较高的燃烧速率，BD100 比 B0 的燃烧过程更加快速且充分，能够减少燃烧过程中由于不充分燃烧而产生的炭烟量。

图 4-26 所示为 B0、B5、B10、B20、B50 和 BD100 六种不同组分燃油液滴的点火延迟期，每种组分燃油液滴的点火延迟期都经过三次实验取平均值获得。B0、B5、B10、B20、B50 和 BD100 六种燃油的平局点火延迟期分别为 23.3ms、23.3ms、22.6ms、22.2ms、21.3ms 和 20ms，从试验平均数据可以看出 BD100 的点火延迟期最短，而 B0 的点火延迟期最长，BD100 的点火延迟期比 B0 缩短了近 14.2%，混合燃料液滴燃烧的点火延迟期和混合燃料中餐废油脂制生物柴油的体积分数近似呈线性关系。

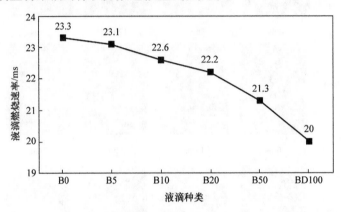

图 4-26　不同组分燃油液滴点火延迟期

不同燃料的点火延迟期不同和燃料本身的理化性质相关。餐废油脂制不同燃料的点火延迟期不同和燃料本身的理化性质相关。餐废油脂制生物柴油的十六烷值高于柴油，所以在相同能量的电火花引燃液滴时，纯柴油比餐废油脂制生物柴油混合燃料需要更久的点火延迟期来让液滴雾化蒸发充分与空气混合，液滴自身加热并进行着分解氧化等化学反应，为液滴燃烧做准备。

生物柴油混合燃料的点火延迟期比纯柴油短，比纯柴油更早进入燃烧状态，也就更早进行着充分的雾化蒸发，与空气的混合程度更高。在柴油机缸内喷射燃烧过程中可以认为，生物柴油混合燃料与空气的混合程度和空气中均匀分布程度都比纯柴油有优势，所以燃烧过程会更加充分、快速、平稳。

4.4.2　单液滴燃烧的微爆现象

微爆现象是指多组分混合燃料或乳化燃料液滴在蒸发燃烧过程中，液滴内部出现气泡，气泡运动造成液滴破碎形成更小液滴的现象。微爆现象是液滴蒸发燃烧领域的难题，大量学者对微爆发生原因进行研究，至今得出的理论有液滴过热极限理论、均匀成核理论和初始液滴直径理论等，但是对液滴微爆机理都没有一个完美的解释。虽然对液滴微爆机理没有完美模型解释，但是对液滴燃烧过程发生的微爆现象带来的好处是公认的，即液滴微爆可以促进液滴的雾化蒸发，促进燃烧，减少燃烧过程中产生的炭烟等排放物。

图 4-27 为 B50、B20 和 B10 燃烧过程中液滴微爆现象发生情况。实际上在图中餐废油脂制生物柴油和柴油混合燃料的所有液滴燃烧反应中都发生了微爆现象，其中 B50 和 B20 较为明显，B10 和 B5 发生的微爆次数较少，而在 BD100 和 B0 液滴燃烧中，没有发生微爆现象，这是因为燃料混合后柴油中的餐废油脂制生物柴油会触发液滴燃烧中的微小爆炸，这一现象是由餐废油脂制生物柴油中不同组分的蒸发吸热和闪点值不同造成的。

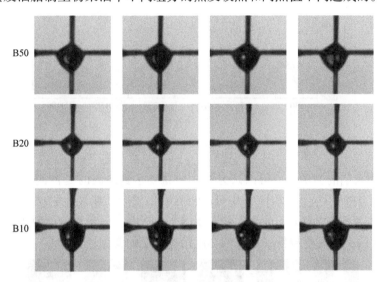

图 4-27　液滴微爆图

在液滴燃烧过程中，混合燃料中闪点值不同，蒸发吸热过程中燃烧形成气泡时间不同，使得液滴内部形成气泡，气泡在内部运动破碎，使生物柴油液滴破碎成小液滴进行燃烧。一方面，生物柴油混合燃料液滴燃烧过程中的微爆现象是有益的；但另一方面，它也趋于有害。微爆的积极作用是微爆现象导致液滴分裂成较小的液滴，燃料和氧化剂之间的接触面积变大，从而可以使燃料和氧气混合得更好，加快燃烧速度，减少燃烧过程中产生的炭烟等排放物。

4.4.3　不同比例生物柴油燃烧速率

图 4-28 所示为混合燃料中餐废油脂制生物柴油所占百分比变化对液滴燃烧率的影响。通过比较液滴直径和液滴燃烧时间来获得燃烧速率，液滴燃烧火焰时间越长，则表明液滴燃烧速度越慢。

如图 4-28 所示，B0、B5、B10、B20、B50、BD100 的燃烧速率分别为 $0.65\text{mm}^2/\text{s}$、$0.67\text{mm}^2/\text{s}$、$0.70\text{mm}^2/\text{s}$、$0.71\text{mm}^2/\text{s}$、$0.72\text{mm}^2/\text{s}$、$0.73\text{mm}^2/\text{s}$，所有数据一般均需要重复通过三次以上试验取平均值而得到。从前面的结论可知，BD100 的燃烧速率高于 B0，所以 B5、B10、B20 和 B50 随着混合燃料中生物柴油体积含量的提高，液滴燃烧时间越短，液滴的燃烧速度越快，燃烧速率呈上升趋势。

从液滴的拍摄图片中可以计算出液滴燃料的燃烧速率，从燃料燃烧过程的火焰图片则可以直观地计算出燃烧过程中火焰的高度和宽度，从另一个角度阐释了液滴燃料的燃烧过程。图 4-29 所示为拍摄的燃料液滴燃烧过程中，火焰高度最高位置处火焰的高度和宽度，

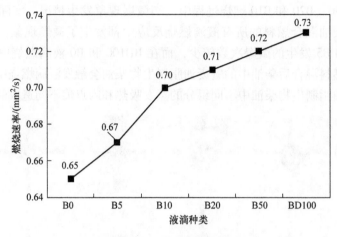

图4-28   不同液滴燃烧速率

图4-30为图像中火焰的测量值，可以认为在火焰高度达到最高时是液滴燃料燃烧过程中最有代表性、最充分的一点。从图4-29中可以明显看出餐废油脂制生物柴油混合燃料中生物柴油体积比例对液滴燃烧中火焰的高度和宽度的变化影响。随着混合燃料中的生物柴油体积含量越大，产生的火的高度越低，而火的宽度没有明显的变化。

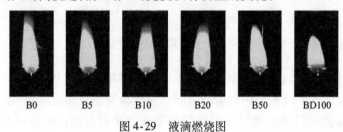

图4-29   液滴燃烧图

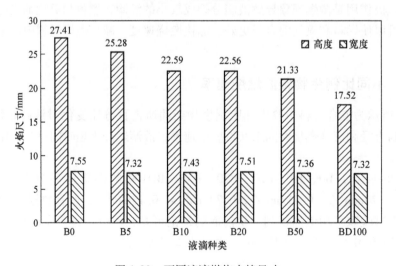

图4-30   不同液滴燃烧火焰尺寸

　　燃烧理论认为，燃料过程中火焰的尺寸与燃烧速率有关。液体燃料的燃烧速率加快，燃烧过程中产生的火焰高度和宽度会降低，形成的火焰面积会缩小。液体燃料过程一般是经过液体燃料的雾化蒸发，形成燃料气体与周围空气等氧化剂混合扩散然后进行燃烧，但是也有理论认为燃烧过程中部分燃料没有经过雾化蒸发过程，直接呈液体形态进行燃烧。餐废油脂制生物柴油的密度和黏度较纯柴油高，所以生物柴油的蒸发速度较慢，且经历更长的液滴蒸发过程。

从上述混合燃料的液滴燃烧拍摄图片中，可以看出 BD100 比 B0 的火焰燃烧面积更小，燃烧速率更快，燃烧过程更加充分。BD100 的燃烧速率高于 B0，所以 BD100 火焰的高度低于 B0，火焰面积也较小。B20 和 B50 燃烧过程中，燃烧速率低于 B0，但是 B0 的蒸发过程则是在更宽和更高的区域发生，所以 B0 的火焰高度高于 B20 和 B50。

参 考 文 献

［1］曹建明，程前. 内燃机喷雾研究的现状与发展［J］. 汽车节能，2007（4）：28-30.

［2］曹建明. 喷雾学研究的国际进展［J］. 长安大学学报，2005，25（1）：82-87.

［3］LEWIS H C，EDWARDS D G，GOGLIA M J，RICH R I，SMITH L W. Atomization of liquids in high velocity gas streams［J］. Ind Engr Chem，1948，40（1）：67-74.

［4］MAY K R. The measurement of airborne droplets by the magnesium oxide method［J］. J of Sci Instruments，1950，（27）：128-130.

［5］PILCHER J M，MIESSE C C，PUTNAM A A. Wright air development technical report［R］. WADCTR，1957：56-344.

［6］JONES A R. A review of drop size measurement the application of techniques to dense fuel sprays［J］. Prog of Energy Combustion Sci，1977（3）：225-234.

［7］WICKS M，DUKLER A E. An electrode measurement method for droplet size distribution in sprays［A］. Proc of ASME Heat Transfer Conference［C］. Chicago，1966：39.

［8］DOBBINS R A，CROCCO L，GLASSMAN I. Measurement of mean particle sizes of sprays from diffractively scattered light［J］. AIAA J，1963，1（8）：1882-1886.

［9］SWITHENBANK J，BEER J M，ABBOTT D，MCCREATH C G. A laser diagnostic technique for the measurement of droplet and particle size distribution［A］. AIAA the 14th Aerospace Sciences Meeting［C］. Washington，D C，1976：69-76.

［10］YULE A，CHIGIET N，ATAKAN S，UNGUT A. Particle size and velocity measurement by laser anemometry［A］. AIAA the 15th Aerospace Sciences Meeting［C］. Los Angeles，1977：77-214.

［11］DODGE L G. Change of calibration of diffraction based particle sizes in dense sprays［J］. Optical Engineering，1984，23（5）：626-630.

［12］李国伟，杨笑风，蒋德明. 用 KIVA 程序研究二冲程发动机分层扫气的性能［J］. 车用发动机，1995（6）：21-23.

［13］广安博之，新井雅隆，何庆元. 柴油机的油注贯穿度和喷雾锥角［J］. 车用发动机，1982（03）：11-20.

［14］林慰梓，S. M. 夏海特，等. 柴油机燃烧的数学模型［J］. 车用发动机，1979（1）：9-20.

［15］SELLENS R W，BRZUSTOWSKI T A. A prediction of the drop size distribution in a spray from first principle［J］. Atomization and Spray Technology，1985（1）：89-102.

［16］Senatore A，Cardone M，et al. Experimental Characterization of a Common Rail Engine Fuelled with Different Biodiesel［C］. SAE 2005-01-2207.

［17］MARCIA D，CASTANHEIRA F，et al. The influence of physico-chemical properties of diesel/biodiesel mixtures on atomization quality in diesel direct injection engines［C］. SAE 2005-01-4154.

[18] WILLIAM M, LEON G S, STEVE H. Engine Exhaust Emissions Evaluation of a Cummins L10E When Fueled with a Biodiesel Blend [C]. SAE Paper 952363, 1995.

[19] TSUKASA H, JIRO S, TAKAHIRO K, HAJIME F. Large Eddy Simulation of Non – Evaporative and Evaporative Diesel Spray in Constant Volume Vessel by Use of KIVALES [J]. Energies, 2019 (13): 2010.

[20] T Y, L D, W C. et al. Joint Study of Impingement Combustion Simulation and Diesel Visualization Experiment of Variable Injection Pressure in Constant Volume Vessel [J]. Energies, 2020 (13): 6210.

[21] T Y, L D, W C. et al Study of Visualization Experiment on the Influence of Injector Nozzle Diameter on Diesel Engine Spray Ignition and Combustion Characteristics [J]. Energies, 2020 (13): 5337.

[22] 王成官. 高原发动机喷雾燃烧特性研究 [D]. 上海：同济大学, 2020.

第5章

柴油机燃用餐废油脂制生物柴油的燃烧和排放特性

由于生物柴油作为替代燃料在成分和理化性能等方面与传统石化柴油存在一定的差异，其对柴油机的燃烧和排放存在十分复杂的影响。虽然现代柴油机的燃烧和排放水平已有长足的进步，但使用生物柴油对于柴油机燃烧与排放仍存在诸多疑问和挑战，生物柴油对于柴油机缸内燃烧特性以及各项排放特性的影响一直以来是争论围绕的焦点。本章主要对柴油机燃用掺混不同比例餐废油脂制生物柴油的燃烧及排放特性进行研究与分析。

5.1 柴油机台架与测试设备

5.1.1 柴油机与测试台架

图5-1为试验用重型柴油机测试台架。表5-1为试验用柴油机主要参数。试验研究中采用的试验燃料为 B0、B5、B10、B20、B50 与 BD100，其理化性能参数可见第3章。

图5-1 试验用重型柴油机测试台架

表 5-1   试验用柴油机主要参数

指标	四冲程、直列六缸、高压共轨直喷、涡轮增压中冷
排量/L	8.82
缸径/冲程/mm	114/144
最大功率/kW	184（2200r/min）
最大转矩/（N·m）	1000（1400r/min）
怠速转速/（r/min）	700
压缩比	18:1
喷油系统	高压共轨

柴油机动力性、经济性、燃烧与排放性能测试均采用台架试验，柴油机试验台架基于 AVL – PUMA 自动测控台架进行设计和搭建，其结构布置图 5-2 所示。主要仪器设备和测试系统包括 AVL – ATA404 电力测功机、AVL – 735 油耗仪、AVL – 415 烟度仪、AVL – SPC472 颗粒物采样系统和 TSI – EEPS3090 颗粒物粒径仪等。

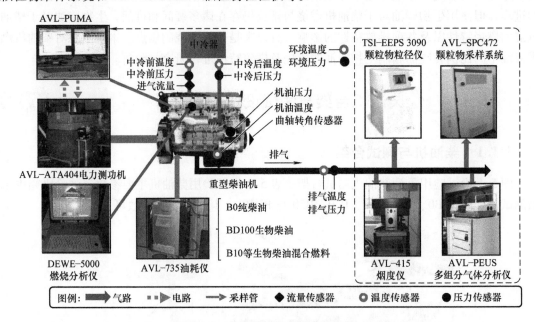

图 5-2   柴油机试验台架结构布置

AVL – PUMA 自动测控台架与电力测功机、油耗仪、排放测试系统和各传感器连接通信，操作整个试验台架的动作并将反馈回来的设备信息和测试结果显示输出。台架装备的 AVL – ATA404 电力测功机用于控制柴油机转速、转矩的稳定和增减变化，具有良好的动态响应特性，最大功率达 440kW，可满足重型车用柴油机测试的需要。

AVL – 735 油耗仪是一台高精度的燃油供给和测量设备，具有实时在线测量燃油流量和密度的功能，系统误差小于 0.12%，最大供油流量 125kg/h，供油温度 38℃恒定，确保供油条件稳定。柴油机的冷却系统采用 AVL – 553 和 554 冷却装置对循环水和机油温度进行控制，通过 PID 控制目标冷却液温度 90℃，机油温度 100℃。

试验台架的传感器主要包括温度传感器、压力传感器和流量传感器，布置在柴油机进气系统的中冷前、中冷后和排气系统的后处理装置上游、下游等重要管路位置上。所有传感器均与 AVL – PUMA 测控台架通信，实时对柴油机进气和排气系统中的温度、压力、流量等参数进行监测和记录。

5.1.2　燃烧分析仪

DEWE – 5000 燃烧分析仪基于 Windows 操作系统，是用于柴油机试验的新型 PC 仪器系统，功能丰富，操作简便，可同时采集角域信号和时域信号，内置电荷放大器模块，直接与传感器相连。DEWESoft 6.5 软件作为系统核心提供快速便捷的分析功能，数据可导入其他分析软件。系统直接处理各种曲轴转角信号，信号可高效实时显示。

5.1.3　多组分气态物测量设备

气态物的测量主要使用 AVL – PEUS 多组分排放仪。AVL – PEUS 多组分排放仪由未稀释废气的浓度测量装置 PEGASys FTIR 和体积流量测量装置 PEGAS VVS 组成。体积流量测量装置 PEGAS VVS 的工作原理是在流体当中设置障碍物形成漩涡，这些漩涡在障碍物两边二中择一地分开。其中分开的频率同流体的中间流速以及体积成比例。为了适应柴油机排放的特性，采用一些额外的预防措施来补偿温度和压力的影响。AVL – PEUS 多组分排放仪可以测量超过 30 种的不同气体成分，其中标准气体成分有：一氧化碳（CO）、二氧化碳（CO_2）、一氧化氮（NO）、二氧化氮（NO_2）、氮氧化物（NO_X）、非甲烷碳氢（NMHC）、甲烷（CH_4）、水蒸气（H_2O）等；非标准气体成分有：乙炔（C_2H_2）、乙烯（C_2H_4）、乙烷（C_2H_6）、环丙烷（C_3H_6）、正戊烷（C_5H_{12}）、甲醇（CH_3OH）、二氧化硫（SO_2）、一氧化二氮（N_2O）、氨气（NH_3）等。AVL – PEUS 多组分排放仪特别适合满足法规排放标准的柴油机常规与非常规排放测量。

5.1.4　颗粒物测试系统

试验台架所配备的颗粒物排放分析系统主要包括以 TSI – EEPS 为核心的颗粒物粒径谱测试系统、以 AVL – SPC472 为核心的颗粒物采样系统和 AVL – 415 烟度仪。主要测试设备均具有 10Hz 及以上的时间分辨率，满足柴油机稳态、瞬态工况下的颗粒物排放试验研究和认证测试要求。

1. 颗粒物粒径分析仪

TSI – EEPS 3090 型颗粒物粒径分析仪负责对颗粒物的粒径分布特性进行检测分析。其工作原理如图 5-3 所示。EEPS 使用一个特殊的充电系统和多级静电计同时获得所有粒子粒径的信号。然后数据经过进一步处理后在 32 个等间距（正态分布）的粒径通道中显示结果。TSI – EEPS 3090 型颗粒物粒径分析仪的检测范围是 5.6~560nm，它有 22 个电量检测器与 32 数据通道提供精细的分辨率、配合高速的检测速度，每秒钟能提供 10 次颗粒分布，具备极高的灵敏度、瞬间检测速度，能够提供颗粒物粒径分布的快速测定，可瞬态测试循环中柴油机废气排放的颗粒物排放的动力学行为。试验对颗粒排放采用了两级稀释，总稀释比为250：1。第一级稀释系统采用旋转盘稀释器，对排气进行稀释，稀释比为 100：1；第二级稀释采用一个流量计对进气行补偿，并同时对排气进行稀释，稀释比为 2.5：1。

2. 颗粒物采样系统

台架采用 AVL – SPC472 颗粒物采样系统对柴油机排气颗粒物进行采样，将颗粒物收集

餐厨废弃油脂制车用生物柴油及应用

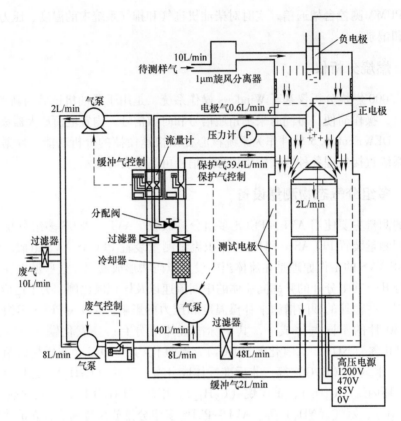

图 5-3　TSI－EEPS 3090 型颗粒物粒径分析仪工作原理

在滤纸上，随后对滤纸进行称重和成分检测。AVL－SPC472 颗粒物采样系统主要由采样柜、控制柜和主控计算机组成。采样柜与柴油机排气管连接，负责对柴油机排气采样、稀释并负载于滤纸上的颗粒物采样工作。

图 5-4 为 AVL－SPC472 颗粒物采样系统原理。采样过程中起关键作用的部件是采样泵和两套质量流量控制器 MFC。采样泵为滤纸采样单元提供流量，滤纸流量控制器 MFC_{tot} 负责监测并控制流经滤纸的总流量，稀释气流量控制器 MFC_{dil} 负责监测并控制进入稀释通道的稀释气流量。

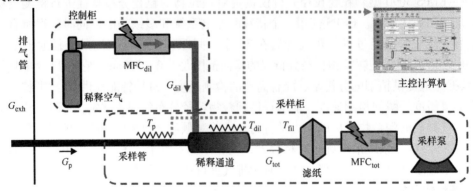

图 5-4　AVL－SPC472 颗粒物采样系统原理

3. 烟度仪

柴油机台架试验采用 AVL-415 烟度仪对柴油机排气中的烟度进行测量。AVL-415 烟度仪基于滤纸式烟度测量原理，根据设定的流量从排气管中采样，样气流经烟度仪内的清洁滤纸使滤纸变黑，利用光电传感器对污染滤纸的不透光度进行检测，经处理计算后得到相应的 FSN 烟度值。AVL-415 烟度仪的采样流量可根据排气中的颗粒物浓度进行调节，测量下限为 0.002（FSN），可在 600℃ 以上的排气温度下进行测量。

4. 颗粒物成分检测

对采集了柴油机排气颗粒物样本的滤纸进行颗粒物成分检测，检测对象主要为颗粒物中的无机离子和多环芳烃（PAHs）两大部分。颗粒物成分检测流程如图 5-5 所示。

将同一试验方案下采集的颗粒物样本滤纸从中间剪开，平均分成两份，分别进行无机离子成分检测和多环芳烃成分检测。采用超声洗脱法对颗粒物样品滤纸进行前处理。采用离子色谱法（IC）检测颗粒物样本中的无机离子成分，分析仪采用瑞士万通（Metrohm）离子色谱仪，如图 5-6 所示。检测对象包括：钠离子（Na^+）、铵根离子（NH_4^+）、钾离子（K^+）、钙离子（Ca^{2+}）、镁离子（Mg^{2+}）、氯离子（Cl^-）、硝酸根离子（NO_3^-）和硫酸根离子（SO_4^{2-}）共 8 种。

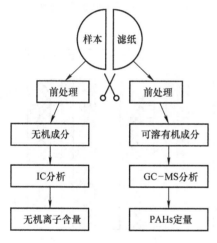

图 5-5　颗粒物成分检测流程

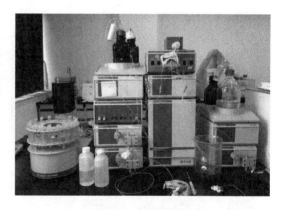

图 5-6　离子色谱仪

采用气相色谱-质谱法（GC-MS）检测排气颗粒物中 19 种多环芳烃成分，GC-MS 分析仪采用安捷伦（Agilent）7890GC-5975MS 气相色谱-质谱联用系统，如图 5-7 所示。检测对象主要包括美国环保局规定的多环芳烃类优先污染物（EPA-PAHs）中的 15 种：苊烯（Acpy）、苊（Acp）、芴（Flu）、菲（Phe）、蒽（Ant）、荧蒽（Flua）、芘（Pyr）、苯并 [a] 蒽（BaA）、䓛（Chr）、苯并 [b] 荧蒽（BbF）、苯并 [k] 荧蒽（BkF）、苯并 [a]

图 5-7　气相色谱-质谱联用系统

芘（BaP）、茚并［1，2，3-cd］芘（IND）、苯并［g，h，i］菲（BghiP）、二苯并［a，h］蒽（DBA），由于 EPA-PAHs 中的萘（Nap）通常以气相形式存在于排气中，因此不包含在检测对象范围内。检测对象还包括了 4 种与 EPA-PAHs 谱征相近的成分：苯并［g，h，i］荧蒽（BghiF）、苯［cd］芘（BcdP）、苯并［e］芘（BeP）、蒽嵌蒽（Ath）。

5.2 柴油机燃用餐废油脂制生物柴油的燃烧特性

5.2.1 缸内压力

柴油机燃烧过程中，缸内压力的变化、峰值压力的大小、缸内压力峰值的位置等，可以显著影响柴油机的性能。利用燃烧分析仪可以直接地观察到柴油机燃烧不同掺混比例的生物柴油的缸内压力变化情况，反映不同掺混比例对柴油机缸内压力峰值的影响规律。

图 5-8 所示为不同掺混比例的生物柴油混合燃料在各工况点缸内压力峰值。当柴油机转速 $n < 1600r/min$ 时，随着转速的升高，该柴油机燃用生物柴油混合燃料的缸内压力峰值增大，压力峰值对应的曲轴转角在上止点后 7～11° CA。当柴油机转速 $n > 1600r/min$ 时，随着转速的升高，该柴油机燃用生物柴油混合燃料的缸内压力峰值减小，对应的曲轴转角在上止点后 8～10° CA。

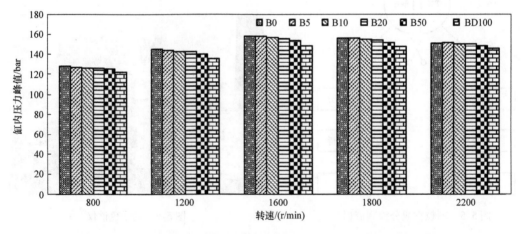

图 5-8　不同掺混比例的生物柴油混合燃料在各工况点缸内压力峰值

不同掺混比例的生物柴油混合燃料在外特性各工况下的最高燃烧压力均出现在 1600r/min，对应的曲轴转角为 10° CA（上止点后）。同一转速下，随着生物柴油掺混比例的增加，气缸压力峰值基本上逐渐减小。800r/min 时，相比于 B0，B5、B10、B20、B50 和 BD100 的气缸峰值压力分别降低 0.9%、1.6%、1.4%、2.0% 和 4.4%；2200r/min 时，相比于 B0，B5、B10、B20、B50 和 BD100 的气缸峰值压力分别降低 0.1%、0.9%、1.2%、2.9% 和 5.5%。可能是由于随着生物柴油掺混比例的增加，喷雾贯穿距与喷雾前端面速度呈增大的趋势，同时喷雾锥角呈减小趋势，雾化质量下降，形成的可燃混合气少，导致了气缸压力峰值下降。

图 5-9 所示为不同掺混比例的生物柴油在不同转速和负荷下的缸内压力峰值。在最大转

矩转速 1400r/min 时，随着负荷的增加，气缸压力峰值上升，由 10% 负荷时的 72.3 ～
73.6MPa 到 50% 负荷时接近 110MPa，最后到 100% 负荷时达到 150MPa，出现峰值的时间逐
渐推迟；在标定转速 2200r/min 时，气缸压力峰值逐渐上升，由 10% 负荷时的 78.0 ～
88.6MPa 到 50% 负荷时达到 110MPa，最后 100% 负荷时达到 150MPa，出现峰值的时间先推
迟后提前。同一负荷时不同掺混比例的生物柴油混合燃料对应的曲轴转角基本一致。随着生
物柴油掺混比例的增加，气缸压力峰值的变化较为复杂。

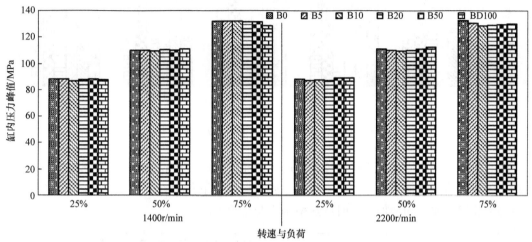

图 5-9 不同掺混比例的生物柴油在不同转速和负荷下的缸内压力峰值

5.2.2 燃烧瞬时放热率

放热规律，即燃烧速率或放热速率随曲轴转角变化的规律，能比示功图更直接地反映燃
烧过程的特征。利用燃烧分析仪可以直接观察到柴油机燃用不同生物柴油掺混比例的生物柴
油混合燃料的瞬时放热情况，包括瞬时放热量和瞬时放热率，能直观地表现出不同掺混比例
对于柴油机燃烧规律的影响。

图 5-10 所示为不同掺混比例的生物柴油混合燃料的瞬时放热率峰值。各工况下，6 种
燃料的瞬时放热率形态较为接近，表明工况的影响要远大于燃料的影响。总体来说，BD100
在各个转速下的瞬时放热率均最低。随着转速的增加，瞬时放热率峰值后移，瞬时放热率峰
值先减小后增加，放热持续期逐渐增加。在 800r/min 和 1000r/min 转速下，瞬时放热率峰
值在上止点之前有小幅波动，在 1200 ～ 2200r/min 之间，瞬时放热率峰值在上止点之后有小
幅波动。随着生物柴油掺混比例的增加，瞬时放热率峰值降低，800r/min 转速下，相比于
B0，B5、B10、B20、B50 和 BD100 的瞬时放热率峰值降低幅度分别为 3.7%、6.1%、
7.5%、8.0% 和 9.0%。同一转速下，瞬时放热率峰值对应的曲轴转角保持不变。由于生物
柴油的十六烷值高，滞燃期短，从而在滞燃期内喷入的燃油减少，在着火前形成的可燃混合
气减少，故而预混合燃烧阶段放热率的峰值下降。随着转速的增加，不同掺混比例的生物柴
油混合燃料的瞬时放热率峰值减小，对应的曲轴转角没有明显的变化规律。

图 5-11 所示为不同掺混比例的生物柴油混合燃料在负荷特性下的瞬时放热率峰值。可
以看出，各工况下，6 种燃料的放热率形态较为接近，表明工况的影响要远大于燃料的影
响。从负荷情况来看，在最大转矩转速 1400r/min 时，放热率曲线较为平滑，随着负荷的增

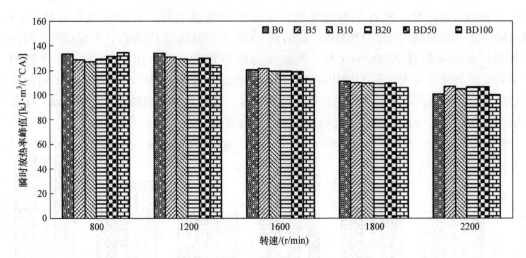

图 5-10　不同掺混比例的生物柴油混合燃料的瞬时放热率峰值

加，瞬时放热率峰值增加，放热持续期增加。在标定转速 2200r/min 时，放热率曲线存在小波动，随着负荷的增加，瞬时放热率峰值增加，高负荷下集中在上止点后 10° CA 左右。随着生物柴油掺混比例的增加，瞬时放热率峰值变化较小。

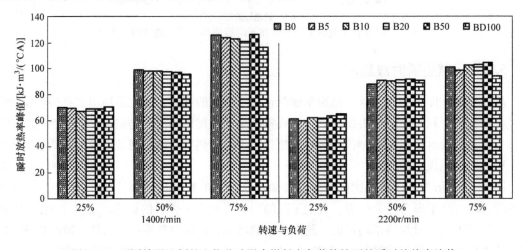

图 5-11　不同掺混比例的生物柴油混合燃料在负荷特性下的瞬时放热率峰值

5.2.3　缸内压力升高率

图 5-12 所示为外特性下各个工况点缸内压力升高率随曲轴转角的变化情况。从图 5-12 中可以看出，各生物柴油混合燃料无论是在高转速还是低转速下，在各个工况点的曲线的变化规律基本接近。随着转速的增加，压力波动峰值降低。可以看到，转速为 1400 ~ 2200r/min 时，压力波动曲线形状类似，压力波动峰值对应的曲轴转角在上止点之后。

随着生物柴油掺混比例的变化，$dp/d\varphi$ 变化的情况较为复杂，但各个工况点的变化规律基本接近，这说明工况对于该柴油机燃烧规律的影响大于燃料混合比例对于该柴油机的影响。无论是中低转速工况，还是高转速工况，压力升高率在上止点附近波动剧烈。随着生物柴油掺混比例的增加，燃烧始点提前，主要是由于生物柴油的黏度和表面张力大，所以在滞燃期内形成的达到可燃程度的混合气量少。

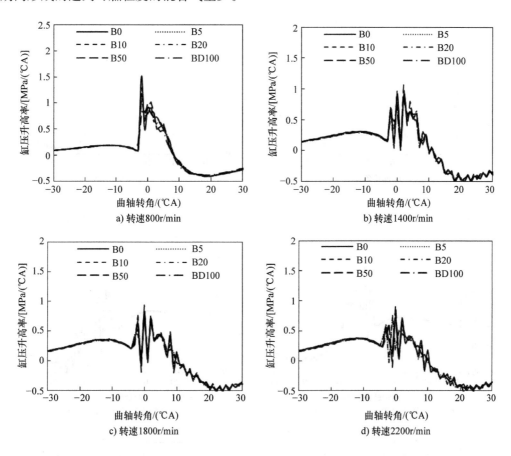

图5-12 外特性下各个工况点缸内压力升高率

图5-13所示为负荷特性下各个工况点缸内压力升高率 $dp/d\varphi$ 随曲轴转角 φ 的变化情况。可以看出，随着掺混比例的增加，各生物柴油混合燃料无论是在最大转矩转速还是标定转速下，在各个工况点的 $dp/d\varphi$ 曲线的变化规律基本接近。在1400r/min转速下，随着负荷的增加，压力波动峰值先降低后增加，波动幅度增加。在2200r/min转速下，随着负荷的增加，压力波动峰值增加，波动幅度增加。

5.2.4 燃烧累积放热率

图5-14所示为不同掺混比例的生物柴油混合燃料在外特性下的累积放热率。随着柴油机转速增加，该柴油机燃用不同掺混比例生物柴油混合燃料完全放热时对应的曲轴转角不变，均为上止点后90° CA。当转速小于1800r/min时，累积放热率随着转速的增加而增加，当转速大于1800r/min时，累积放热率随着转速的增加而减小。随着生物柴油掺混比例的增加，累积放热率逐渐减小，这与循环供油量的增加有一定关系，同时与预混燃烧的量减少，缸内温度低，而燃油的黏度、密度与表面张力较大，不利于其与空气混合气形成可燃混合气，从而降低了扩散燃烧的速率，导致生物柴油混合燃料的累积放热率减小。

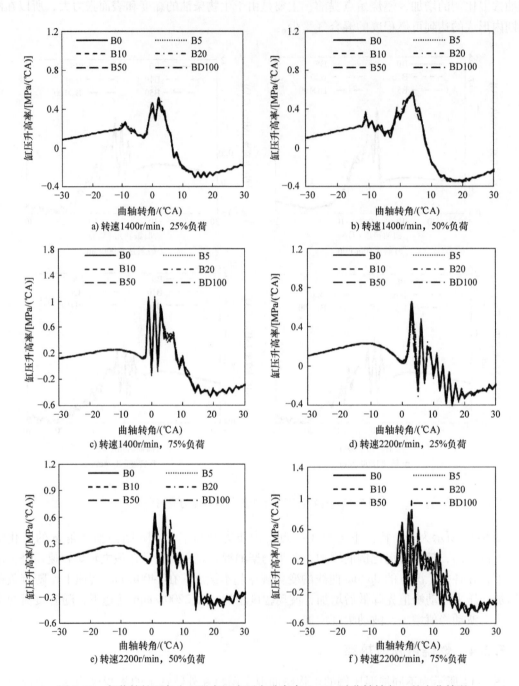

图 5-13　负荷特性下各个工况点缸内压力升高率 $\mathrm{d}p/\mathrm{d}\varphi$ 随曲轴转角 φ 的变化情况

图 5-15 所示为不同掺混比例的生物柴油混合燃料在负荷特性下的累积放热率。无论在最大转矩转速 1400r/min 还是标定转速 2200r/min 下，随着柴油机负荷增加，该柴油机燃用不同掺混比例生物柴油混合燃料完全放热时对应的曲轴转角不变，均为上止点后 90°CA。当负荷小于 50% 时，各工况下放热率先增加后减小，当负荷大于 50% 时，各工况下放热率先增加后保持不变。随着负荷的增加，放热率逐渐增加。高负荷时，随着生物柴油掺混比例

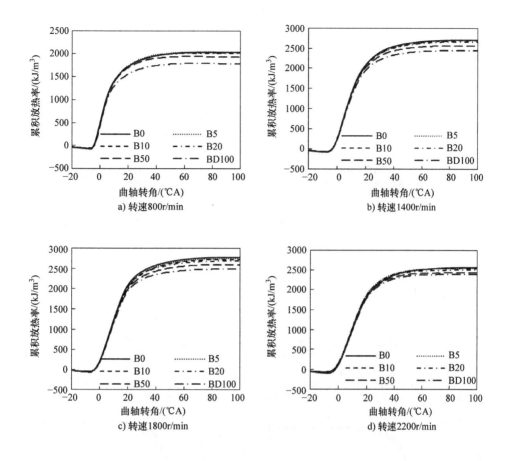

a) 转速800r/min

b) 转速1400r/min

c) 转速1800r/min

d) 转速2200r/min

图 5-14　不同掺混比例的生物柴油混合燃料在外特性下的累积放热率

的增加，放热率减小。

柴油机燃用生物柴油混合燃料后，功率和转矩降低，动力性降低。随着生物柴油掺混比例的增加，柴油机功率和转矩成比例减小。这是由于生物柴油雾化差燃烧差和热值较低所致。

柴油机燃用生物柴油混合燃料后，燃油消耗率增大，经济性变差。由于生物柴油黏度高于柴油，燃烧较差，热值低，所以随着生物柴油掺混比例的增加，燃油消耗率增加，BD100的燃油消耗率增幅平均值为15.4%。

不同生物柴油掺混比例的生物柴油混合燃料的示功图形状比较相似。随着生物柴油掺混比例的增加，气缸压力峰值减小，这可能是由于生物柴油的喷雾贯穿距与喷雾前端面速度呈增大趋势，同时喷雾锥角呈减小趋势，喷雾的雾化质量下降。压力升高率在上止点附近波动剧烈。随着生物柴油掺混比例的增加，燃烧始点提前，同时累积放热率逐渐减小，循环供油量的增加、与预混燃烧的量减少、缸内温度低等因素形成的可燃混合气，导致生物柴油混合燃料的累积放热率减小。

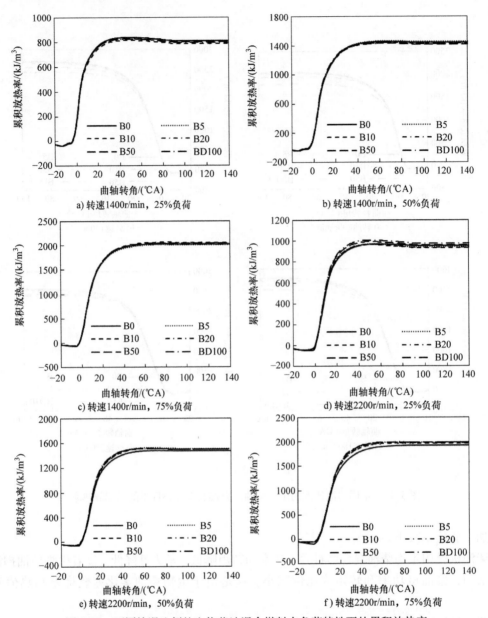

图 5-15 不同掺混比例的生物柴油混合燃料在负荷特性下的累积放热率

5.3 柴油机燃用餐废油脂制生物柴油的颗粒物排放特性

生物柴油的含氧特性有利于对颗粒物的氧化作用，从而使总颗粒物质量、烟度等发生变化，同时由于核态颗粒生成明显增多，其颗粒物的粒径分布也产生了明显变化。本节从颗粒物的质量浓度、体积浓度、数量浓度、烟度、无机离子、多环芳烃等方面对生物柴油的颗粒物排放特性进行介绍。

5.3.1 颗粒物质量浓度

颗粒物质量排放通常以质量排放率表示，定义为柴油机输出单位功所排放的颗粒物质量，简称 PM，单位为 g/kWh，计算方法如下：

$$PM = 3600 \times \frac{M}{RTP} \tag{5-1}$$

式中，PM 为颗粒物质量排放率（g/kWh）；M 为滤纸采样前后称重质量差（g）；R 为采样系统柴油机排气采样比；T 为采样时间（s）；P 为柴油机功率（kW）。

PM 测试的试验工况为转速 1400r/min 最大转矩工况和欧洲稳态测试循环（European Steady – state Cycle，ESC 测试循环），PM 由颗粒物采样系统和超微量天平测得，试验方法和采样条件均固定。

图 5-16 所示为柴油机燃用不同比例生物柴油及纯柴油在转速 1400r/min 最大转矩工况和 ESC 测试循环下的 PM 排放。从图 5-16 可见，与纯柴油相比，不同比例生物柴油的 PM 排放均不同程度降低。随着生物柴油混合比的升高，B0、B10、B20 和 B50 的 PM 排放依次降低。在 1400r/min 的稳态工况下 B10、B20 和 B50 的 PM 降幅分别为 27.6%、37.9% 和 58.6%，在 ESC 测试循环下降幅较稳态略低一些。结果表明，燃用生物柴油混合燃料可不同程度的降低 PM 排放，燃料中生物柴油含量越高，PM 排放的降低作用越显著。

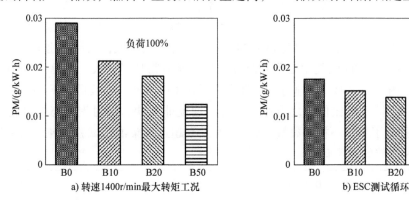

图 5-16　柴油机燃用不同比例生物柴油的 PM 排放

5.3.2　颗粒物数量浓度

1. 颗粒物数量浓度

颗粒物数量排放以数量排放率表示，定义为柴油机输出单位功所排放的颗粒物数量，简称为 PN，单位为个/kWh。颗粒物数量排放率是评价柴油机做功排放代价的参数，被欧 VI 重型车用柴油机排放法规所采用，计算方法如下：

$$PN = \frac{PN_C \times G_{exhv}}{P} \tag{5-2}$$

式中，PN 为颗粒物数量排放率（个/kWh）；

PN$_C$ 为颗粒物数量浓度（个/cm^3），为各粒径区间颗粒物数量浓度之和；

G_{exhv} 为排气体积流量（cm^3/h）；

P 为柴油机功率（kW）。

柴油机排气颗粒物主要以核态（Nuclear Mode）、积聚模态（Accumulation Mode）以及粗粒子模态（Coarse Mode）三种模态存在。核态的粒径为 5 ~ 50nm，属于纳米微粒，主要由挥发性物质和硫化物在稀释和冷凝过程中形成,可能也包括碳核和部分金属化合物。积聚模态微粒粒径一般在 50~1000nm,主要组分为吸附有机物的碳基凝聚物。而粗粒子主要为粒径 >1000nm 的大颗粒物。

图 5-17 所示为燃用不同比例生物柴油在外特性各转速工况下的 PN 排放。由图 5-17 可见,在外特性工况下,随着转速升高,不同试验燃料的总 PN 排放、聚集态和核态 PN 排放均呈升高的趋势,其中 B0 的总 PN 升高率约 17 倍,排放为 2.2×10^{13} ~ 4.0×10^{14} 个 kWh,核态 PN 比例呈先降低后略微升高的趋势。以 B0 为基准,BD100 的总 PN 排放为 8.8×10^{12} ~ 3.7×10^{14} 个/kWh,核态 PN 比例为 36.4%~60.0%;随着转速升高,BD100 的总 PN 排放升高率约 40 倍,核态 PN 比例呈升高趋势。

如图 5-17a、b、c 所示,与纯柴油相比,在外特性下,BD100 的总 PN 排放、聚集态和核态 PN 排放整体降低,核态 PN 比例降低,随着转速升高,BD100 的核态 PN 比例持续升高。说明与 B0 相比,BD100 具有降低总 PN、聚集态和核态 PN 排放的影响,外特性下的总 PN 最大降低幅度约 75%,核态 PN 比例在低转速下降低,在中、高转速下升高均非常明显。主要原因有以下两方面:一方面,生物柴油中的氧促进了对炭烟颗粒的氧化作用,致使总 PN 排放降低;另一方面,BD100 的排气颗粒物中可溶性有机物(SOF)的含量有所增加,核态 PN 比例随转速的变化规律主要与 SOF 的吸附、凝并作用有关,在低转速工况下,小粒径 SOF 颗粒物有较充足的时间发生吸附和凝并作用,颗粒物粒径长大,使总 PN 和核态 PN 减少,核态 PN 比例降低,随着转速升高,吸附和凝并作用削弱,小粒径 SOF 颗粒物以独立形式排出,核态 PN 排放和比例随之升高,且升高速度非常快,同时聚集态颗粒物峰值削弱,因氧化作用抑制了炭烟颗粒的数量,总 PN 并没有超过纯柴油,试验用纯生物柴油的硫含量较低,对 PN 排放的影响有限。

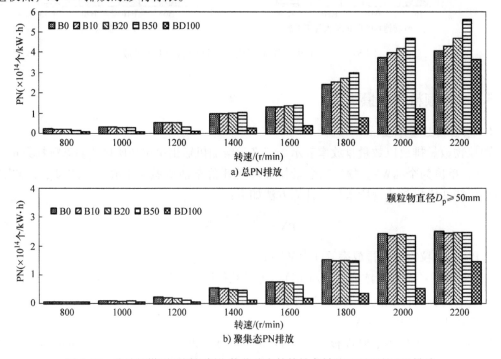

图 5-17 柴油机燃用不同比例生物柴油在外特性各转速工况下的 PN 排放

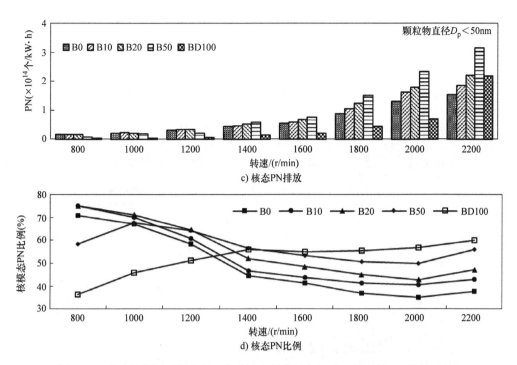

c) 核态PN排放

d) 核态PN比例

图 5-17　柴油机燃用不同比例生物柴油在外特性各转速工况下的 PN 排放（续）

生物柴油混合燃料在外特性工况下对 PN 排放的主要影响是使核态 PN 排放和比例升高，从而引起总 PN 排放升高，对聚集态 PN 则有降低作用，随着生物柴油混合比升高，上述影响作用越显著，随着转速升高，总 PN 和核态 PN 排放的升高幅度增大，聚集态 PN 的降低幅度减小。核态 PN 和比例的升高主要由 SOF 颗粒物排放增加引起，聚集态 PN 的降低主要是由生物柴油中的氧促进颗粒物氧化作用引起。B10 和 B20 的生物柴油混合比较低，燃烧产物和排气颗粒物成分与 B0 较为接近，PN 虽发生变化，但粒径分布的特征与 B0 相似。高混合比生物柴油混合燃料 B50 则同时兼具了 B10、B20 和 BD100 对 PN 排放的影响特点，其排气颗粒物中可能具有较高的 SOF 含量。在低转速工况下，小粒径 SOF 颗粒物的吸附和凝并作用增强，此时倾向于 BD100 的特点；在高转速工况下，炭烟排放恶化，小粒径 SOF 颗粒物的吸附和凝并作用削弱，此时倾向于生物柴油混合燃料的特点。

图 5-18 和图 5-19 所示分别为燃用不同比例生物柴油及纯柴油在最大转矩转速和额定转速负荷特性工况下的 PN 排放。随着负荷升高，不同燃料的 PN 排放均呈先降低后升高的趋势，核态 PN 比例均呈降低趋势，以纯柴油为基准，纯生物柴油随着负荷升高，核态 PN 比例呈波动降低的趋势。与 B0 相比，在负荷特性各工况下总 PN、聚集态和核态 PN 排放整体降低，在中等负荷工况下，降幅达到最大。原因主要在于生物柴油会引起颗粒物中炭烟减少和 SOF 增多，SOF 的吸附和凝并作用引起 PN 的聚集区间向粒径 200nm 附近区间转移，随着负荷升高，SOF 排放减少，排气温度升高，氧化作用增强，对 PN 排放的降低作用进一步增强，在高负荷工况下，特别是高转速 2200r/min 工况下，炭烟排放恶化，氧化作用使炭烟颗粒细化，吸附和凝并作用削弱，致使高转速、高负荷工况下的核态 PN 回升，核态 PN 比例升高。

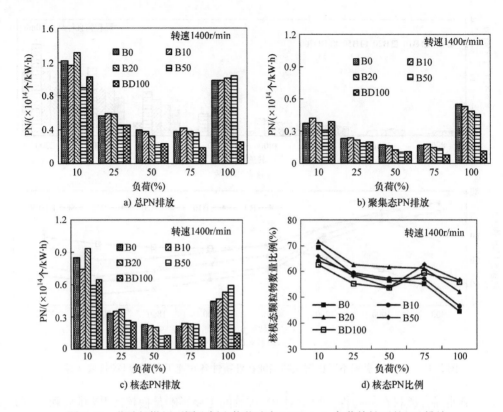

图 5-18　柴油机燃用不同比例生物柴油在 1400r/min 负荷特性下的 PN 排放

随着柴油机负荷升高，生物柴油混合燃料 B10、B20 和 B50 的核态 PN 比例均呈降低趋势，B50 在转速 1400r/min 下的核态 PN 比例呈类似 BD100 曲线的波动降低趋势。与 B0 相比，B10 和 B20 的总 PN 和核态 PN 排放呈升高趋势，B50 的总 PN 和核态 PN 排放整体表现为在低负荷工况下降低，在高负荷工况下升高的趋势，总 PN 排放的最大升高幅度分别为10.2%、20.4% 和 39.1%，B10、B20 和 B50 的聚集态 PN 排放均有所降低，核态 PN 比例均升高；随着生物柴油混合比升高，核态 PN 比例升高幅度增大，PN 排放的升高和降低幅度在高负荷工况下呈增大的趋势，B50 的 PN 排放在中、低负荷工况下更接近 BD100 的水平。随着负荷升高，在高负荷下更接近 B20 的水平。高混合比生物柴油 B50 在低负荷工况下对炭烟的氧化作用强，SOF 排放增多，此时倾向于纯生物柴油 BD100 的特点；在高负荷工况下，特别是高转速 2200r/min 工况下，炭烟排放恶化，吸附和凝并作用削弱。

表 5-2 所列为不同比例生物柴油对柴油机 PN 排放的影响规律。其中包括 B10、B20、B50 和 BD100，基准燃料为 B0，影响因素包括柴油机工况和生物柴油混合比。由表 5-2 可见，与 B0 相比，BD100 的总 PN、核态和聚集态 PN 均降低；随着转速升高，总 PN 和核态 PN 的降低幅度减小，聚集态颗粒物的降低幅度增大；随着负荷升高，总 PN、核态和聚集态 PN 的降低幅度均增大。B10 和 B20 的总 PN 和核态 PN 均升高，聚集态 PN 降低；随着转速升高，总 PN 和核态 PN 的升高幅度增大，聚集态 PN 的降低幅度减小；随着负荷升高，总 PN 和核态 PN 的升高幅度增大。B50 在低转速和低负荷工况下对 PN 的影响趋势与 BD100 相似。随着生物柴油混合比升高，各生物柴油混合燃料对 PN 的影响均呈增强的趋势。

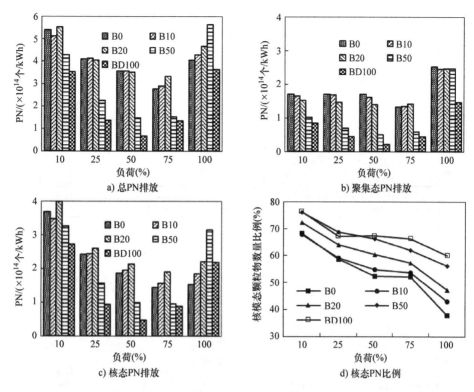

图 5-19　柴油机燃用不同比例生物柴油在 2200r/min 负荷特性下的 PN 排放

表5-2　不同比例生物柴油对柴油机 PN 排放的影响规律

生物柴油颗粒物排放影响因素			B10、B20			B50			BD100		
			PN	PN_N	PN_A	PN	PN_N	PN_A	PN	PN_N	PN_A
工况	转速↑	低	+ ↑	+ ↑	− ↓	− ↓	− ↓	− ↓	− ↓	− ↓	− ↑
		高				+ ↑	+ ↑	− ↓			
	负荷↑	低	+ ↑	+ ↑	− ~	− ↑	− ↑	− ~	− ↑	− ↑	− ↑
		高				+ ↑	+ ↑	− ~			
混合比↑	低转低负荷		+ ↑	+ ↑	− ↑	− ↑	− ↑	− ↑	− ↑	− ↑	− ↑
	高转高负荷					+ ↑	+ ↑	− ↑			

注：PN 表示总 PN，PN_N表示核态 PN，PN_A表示聚集态 PN；
　　+ 表示比 B0 的排放水平升高，− 表示比 B0 的排放水平降低；
　　↑表示增大的变化趋势，↓表示减小的变化趋势，~ 表示波动的变化趋势。

2. 颗粒物数量浓度粒径分布

图 5-20 所示为柴油机燃用不同比例生物柴油及纯柴油在外特性各转速工况下的 PN 浓度粒径分布。BD100 的 PN 浓度粒径分布包括中、低转速下的双峰对数分布和高转速下的单峰对数分布，与 B0 相比变化很大。在中低转速下，BD100 的 PN 浓度粒径分布表现为双峰对数分布，在中高转速下粒径分布为仅包含粒径 45nm 一处峰值的单峰对数分布。BD100 和 B0 的 PN 浓度粒径分布曲线在粒径 100 ~ 200nm 区间内交叉，以交叉点为界，BD100 在左侧小粒径区间内的 PN 浓度降低，在右侧大粒径区间内的 PN 浓度升高，其中粒径大于 200nm 区间的升高最明显，随着转速升高，PN 浓度的变化幅度减小，即 BD100 的粒径分布曲线向

B0 靠拢，但最终并未完全收敛，同时交叉点向大粒径方向转移。BD100 在外特性工况下引起了小粒径 PN 浓度的降低和大粒径 PN 浓度的升高，分界点位于粒径100～200nm 区间，与纯柴油之间存在"撬棒"式的关系。

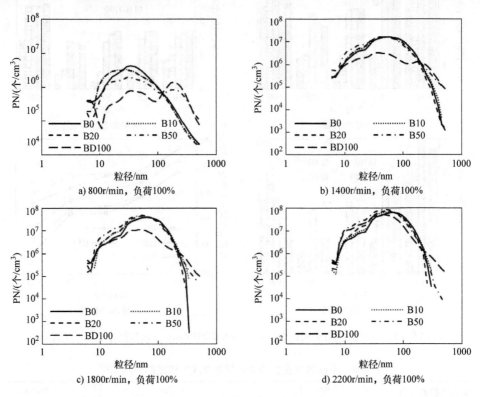

图 5-20　柴油机燃用不同比例生物柴油及纯柴油在外特性各转速工况下的 PN 浓度粒径分布

　　低混合比生物柴油混合燃料 B10 和 B20 的 PN 浓度粒径分布与 B0 相似，高混合比生物柴油混合燃料 B50 的 PN 浓度粒径分布则与 BD100 相似。随着转速升高，峰值升高，峰值对应的粒径向大粒径方向转移。B10、B20 和 B0 的 PN 浓度粒径分布曲线在粒径 30～70nm 区间内交叉，以交叉点为界，随着生物柴油混合比升高，左侧小粒径区间内的 PN 浓度升高，升高幅度随转速升高呈增大的趋势，右侧大粒径区间内的 PN 浓度降低，降低幅度随转速升高呈减小的趋势，交叉点随转速升高向大粒径方向转移。与 B0 相比，B10 和 B20 在外特性工况下引起了小粒径 PN 浓度升高和大粒径 PN 浓度降低，分界点位于粒径 30～70nm 区间，与 B0 之间存在"撬棒"式关系，趋势与 BD100 相反。B50 和 B0 的 PN 浓度粒径分布曲线同时存在两处交叉，分别称之为低交叉点和高交叉点，与 B10、B20 和 BD100 同 B0 的交叉点吻合。在高交叉点左侧小粒径区间内数量浓度整体低于 B0 并高于 BD100 的水平，在高交叉点右侧大粒径区间内数量浓度高于 B0 并低于 BD100 的水平；在外特性工况下，高混合比生物柴油混合燃料 B50 的 PN 浓度粒径分布规律以粒径 100～200nm 为过渡区域，在左侧小粒径区间内主要表现出低混合比生物柴油燃料 B10、B20 的特点，在中、高转速工况下引起小粒径 PN 浓度升高和大粒径 PN 浓度降低，在右侧大粒径区间内主要表现出 BD100 的特点，引起大粒径 PN 浓度升高。

　　图 5-21 和图 5-22 所示分别为柴油机燃用不同比例生物柴油及纯柴油在最大转矩转速

1400r/min 和额定转速 2200r/min 负荷特性工况下的 PN 浓度粒径分布。BD100 的 PN 浓度粒径分布在低负荷工况下均表现为双峰对数分布；随着负荷升高，粒径 35nm 处峰值由 10^6 波动升高至 10^7，粒径 200nm 处的峰值降低，并在转速 2200r/min 额定工况下消失，各峰值对应粒径变化不大。与 B0 相比，BD100 在负荷特性工况下引起了小粒径 PN 浓度的降低和大粒径 PN 浓度的升高，与 B0 之间存在"撬棒"式关系，在中、低负荷工况下，出现了粒径小于 10nm 以下 PN 浓度的升高的现象。

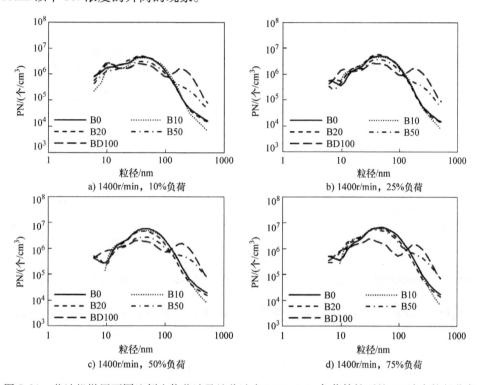

图 5-21　柴油机燃用不同比例生物柴油及纯柴油在 1400r/min 负荷特性下的 PN 浓度粒径分布

　　B10、B20 和 B50 的 PN 浓度粒径分布均表现为与 B0 相似的单峰对数分布，随着负荷升高，峰值升高，峰值对应粒径增大。随着生物柴油混合比升高，B10、B20 在左侧小粒径区间内的 PN 浓度升高，在右侧大粒径区间内的 PN 浓度降低，升高和降低幅度随负荷变化的趋势不明显。而相较 B0，B50 在左侧小粒径区间内的 PN 浓度降低，在右侧大粒径区间内的 PN 浓度升高。在负荷特性工况下，B0、B10 和 B20 随着生物柴油混合比升高，小粒径区间内的 PN 浓度升高，大粒径区间内的 PN 浓度降低，PN 浓度粒径分布存在"撬棒"式关系，趋势与 BD100 相反。B50 在不同工况下过渡性地表现出 B10、B20 和 BD100 的影响特点，在低转速和低负荷工况下，B50 引起了小粒径 PN 浓度的降低和大粒径 PN 浓度的升高，与 BD100 的特点相似，随着转速和负荷的升高，B50 在小粒径区间内的 PN 浓度迅速升高，逐渐表现出 B10 和 B20 的特点。

3. 颗粒物几何平均粒径

　　颗粒物几何平均粒径是利用统计学中几何平均值的原理，由 PN 浓度及其对应的粒径计算而得到，是 PN 浓度粒径分布的一种平均化表现形式，可直观地反映出颗粒物的粒径分布

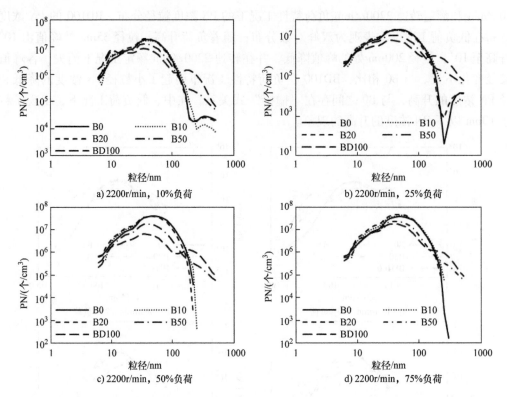

a) 2200r/min，10%负荷

b) 2200r/min，25%负荷

c) 2200r/min，50%负荷

d) 2200r/min，75%负荷

图 5-22　柴油机燃用不同比例生物柴油及纯柴油在 2200r/min 负荷特性下的 PN 浓度粒径分布

情况，是评价柴油机颗粒物排放特性的重要指标之一。颗粒物几何平均粒径的计算公式如下：

$$Dg = \exp\left(\frac{\sum n_i \ln d_i}{N}\right) \tag{5-3}$$

式中，Dg 为颗粒物几何平均粒径（nm）；d_i 为第 i 个粒径区间的特征粒径（nm）；n_i 为第 i 个特征粒径对应的颗粒物数量浓度（#cm³）；N 为总颗粒物数量浓度（#/cm³），即 $\sum n_i$。

图 5-23 所示为柴油机燃用不同比例生物柴油及纯柴油在外特性和负荷特性工况下的几何平均粒径。B0、B10、B20 的几何平均粒径随工况变化规律基本一致，随着转速和负荷升高，几何平均粒径均增大，总体变化范围集中在 30 ~ 55nm 区间。与 B0 相比，B10 和 B20 的几何平均粒径整体依次减小。高混合比生物柴油混合燃料 B50 的几何平均粒径在低转速和中、低负荷工况下偏大，整体变化趋势受转速和负荷的影响较弱，集中在 30 ~ 45nm 区间内波动。B50 总体表现出几何平均粒径减小的影响趋势。BD100 在低转速和中、高负荷工况下具有较大的几何平均粒径，主要受转速变化的影响较大。在外特性工况下，随转速升高，BD100 的几何平均粒径明显减小了近 50%；在负荷特性工况下，随负荷升高，BD100 的几何平均粒径增大，整体上弱于转速的影响。BD100 的几何平均粒径平均值比 B0 增大了 2.8%。几何平均粒径与核态 PN 比例存在对应关系，对比图 5-17 ~ 图 5-23 可以发现，随着工况的变化，各试验燃料的几何平均粒径变化规律与其核态 PN 比例变化规律基本呈相反的趋势；在相同工况下，各试验燃料之间的几何平均粒径高低次序与其核态 PN 比例高低次序基本呈相反的关系。由此可见，几何平均粒径主要受核态 PN 比例的影响。

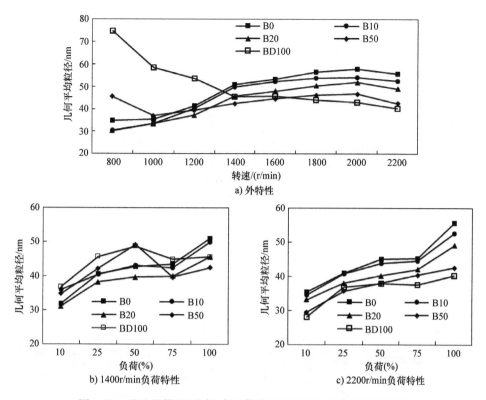

图 5-23　柴油机燃用不同比例生物柴油及纯柴油的几何平均粒径

5.3.3　烟度

　　烟度反映了柴油机排气的能见度，与颗粒物体积浓度存在一定关系。图 5-24 所示为柴油机燃用不同比例生物柴油及纯柴油在外特性和负荷特性工况下的烟度。在外特性工况下，随着转速升高，不同试验燃料的烟度均呈升高的趋势；随着负荷升高，不同试验燃料的烟度均呈升高的趋势，在负荷比 75% ~ 100% 处的升高幅度较大。

　　不同试验燃料的烟度相比，在外特性和负荷特性试验工况下，随着生物柴油混合比的升高，烟度整体上依次降低，与纯柴油相比，不同比例生物柴油的烟度均不同程度降低，变化幅度在中、高转速外特性工况和高负荷工况下最显著。与 B0 相比，燃用纯生物柴油或生物柴油混合燃料可不同程度的降低烟度，燃料中生物柴油含量越高，烟度的降低作用越显著。

　　烟度与颗粒物体积浓度存在关系，可以发现，随着转速和负荷的变化，B0、B10、B20 烟度变化规律与其总颗粒物体积浓度和聚集态颗粒物体积浓度变化规律基本一致；在相同工况下，B0、B10、B20 之间烟度的高低次序与其总颗粒物体积浓度和聚集态颗粒物体积浓度的高低次序基本一致。可见，烟度与颗粒物体积浓度之间存在相同变化趋势的关联性规律，烟度主要受粒径较大的聚集态颗粒物体积浓度的影响。而 B50 和 BD100 的烟度与其颗粒物体积浓度关联性较特殊，与其他试验燃料相比，B50 和 BD100 在低转速和低负荷工况下的烟度较低，而在此类工况下 B50 和 BD100 的颗粒物体积浓度较高。由此可见，B50 和 BD100 的颗粒物中存在占有较大体积却无法被烟度计检测到的部分，这部分颗粒物或不影响排气的能见度，或属于挥发性成分。

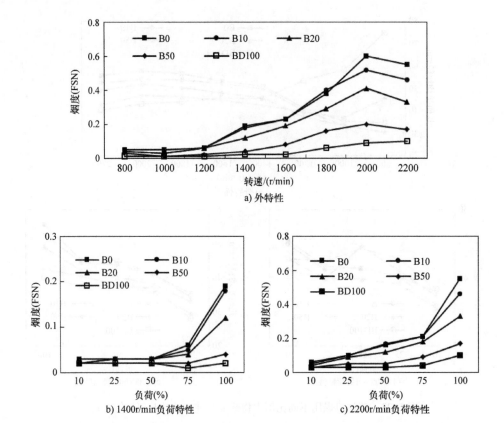

a) 外特性

b) 1400r/min负荷特性

c) 2200r/min负荷特性

图 5-24 柴油机燃用不同比例生物柴油及纯柴油的烟度

5.3.4 无机离子

柴油机的颗粒物排放对环境和健康都具有危害性，在影响能见度的同时，柴油机排气中附集的无机离子会影响超细颗粒物数量排放，针对柴油燃用生物柴油后颗粒物成分的变化进行深入研究，对解决柴油机排气污染问题具有重要意义。

1. 无机离子排放特性

图 5-25 所示为柴油机燃用 B0 和 B20 在最大转矩工况转速 1400r/min 下的颗粒相无机离子质量排放。图 5-25a 为颗粒物中的无机离子质量比，图 5-25b 为颗粒相无机离子质量排放率，单位为 mg/kW·h，无机离子质量比和质量排放率的计算方法见式（5-4）~式(5-6)：

$$M_I = \sum M_i \tag{5-4}$$

$$C_I = M_I / M_S \tag{5-5}$$

$$M_{ion} = C \times PM \tag{5-6}$$

式中，M_I 为颗粒物样本中无机离子总质量（mg）；M_i 为不同成分无机离子质量（mg）；C_I 为颗粒物中的无机离子质量比（mg/mg）；M_S 为颗粒物样本质量（mg）；M_{ion} 为颗粒相无机离子质量排放率（mg/kW·h）；PM 为颗粒物质量排放率（g/kW·h）。

由图 5-25 可见，柴油机燃用 B0 和 B20 排放的颗粒物中，无机离子所占质量比分别为 12.4% 和 13.7%，与 B0 相比，B20 的无机离子质量比略有升高，变化幅度较小。B0 和 B20

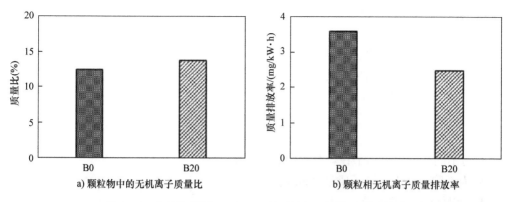

图 5-25　柴油机燃用 B0 和 B20 的颗粒相无机离子质量排放

的颗粒相无机离子质量排放率分别为 3.6mg/kW·h 和 2.5mg/kW·h，与 B0 相比，B20 的无机离子质量排放率降低 30.6%，与 PM 排放的降低幅度 37.9% 相比略小。由此可见，与 B0 相比，B20 的颗粒相无机离子质量比变化幅度很小，受 PM 排放降低的影响，无机离子质量排放率降低了 30.6%。生物柴油对无机离子质量比的影响有限，无机离子质量排放率随 PM 排放同步降低。

2. 颗粒相无机成分

为了研究不同成分无机离子之间的质量比例，将上述 8 种无机离子的质量分别与无机离子总质量做比值，进行归一化处理，得到不同成分无机离子占总质量的比例分布，不考虑 PM 排放对分布特性的影响，计算方法如下：

$$C_i = M_i / \sum M_i \tag{5-7}$$

式中，C_i 为不同成分占无机离子总质量比例；M_i 为不同成分无机离子质量（mg）。

图 5-26 所示为柴油机燃用 B0 和 B20 在转速 1400r/min 最大转矩工况下的颗粒相无机离子成分比例分布。由图 5-26 可见，B0 和 B20 的颗粒相无机离子成分比例分布整体相似，不同成分占无机离子总质量的比例由高至低依次为 NO_3^-、Na^+、K^+、NH_4^+、Cl^-、Ca^{2+}、SO_4^{2-} 和 Mg^{2+}，其中，NO_3^- 和 Na^+ 的比例很高，可占无机离子总质量约 78%，SO_4^{2-} 的比例约占 2%。与纯柴油 B0 相比，B20 主要引起了 NO_3^- 和 NH_4^+ 的比例升高，升高幅度分别为

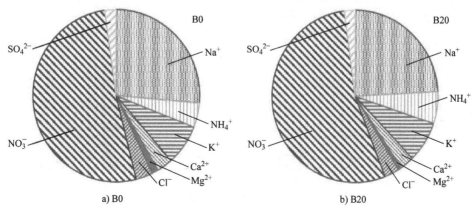

图 5-26　柴油机燃用 B0 和 B20 的颗粒相无机离子成分比例分布

2.1 和 1.4 个百分点，相应 Na^+、Cl^- 和 Mg^{2+} 的比例降低，K^+、Ca^{2+} 和 SO_4^{2-} 的比例变化不大。

图 5-27 所示为柴油机燃用 B0 和 B20 在转速 1400r/min 最大转矩工况下的不同成分颗粒相无机离子排放，包括不同成分无机离子在颗粒物中的质量比和质量排放率，计算方法如式 (5-8) 和式 (5-9) 所示：

$$C_i = M_i/M_S \tag{5-8}$$
$$M_{ioni} = C_i \times PM \tag{5-9}$$

式中，C_i 为不同成分无机离子在颗粒物中的质量比；

M_i 为不同成分无机离子质量（mg）；

M_S 为颗粒物样本质量（mg）；

M_{ioni} 为不同成分无机离子质量排放率（mg/kW·h）；

PM 为颗粒物质量排放率（g/kW·h）。

由图 5-27 可知，B0 的颗粒相无机离子中，NO_3^- 和 Na^+ 的排放最高，Mg^{2+} 的排放最低。B20 的颗粒相无机离子中，NO_3^- 和 Na^+ 的排放最高；Mg^{2+} 的排放最低。B0 和 B20 的不同成分无机离子排放规律整体相似，均为 NO_3^- 和 Na^+ 排放最高，Mg^{2+} 排放最低，与 B0 相比，B20 的 NO_3^- 和 NH_4^+ 质量比升高较明显，SO_4^{2-} 质量比仅升高了 0.01 个百分点，变化幅度很小，B20 的不同成分无机离子质量排放率均降低，主要受 PM 排放降低的影响。B20 不会显著的影响颗粒物中不同成分无机离子的质量比例分布规律，可能引起 NO_3^- 和 NH_4^+ 等

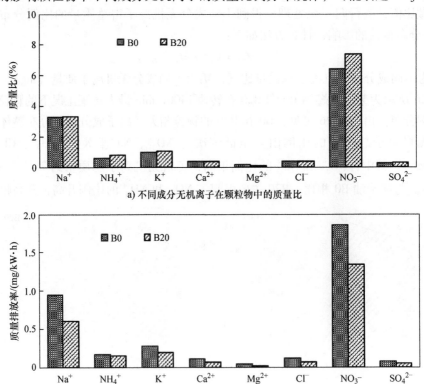

图 5-27　柴油机燃用 B0 和 B20 的不同成分颗粒相无机离子排放

氮、铵类离子的质量比升高，若硫含量控制得当，生物柴油的 SO_4^{2-} 排放不会恶化，受 B20 的 PM 排放降低作用影响，不同成分无机离子的质量排放率均呈降低的趋势。

5.3.5 多环芳烃

柴油机颗粒物排放的 SOF 中很多组分都具有毒性，其中以 PAHs 的毒性最为突出。PAHs 以副产物杂质的形式广泛存在于燃料和润滑油产品中，由于化学性质较稳定，在燃烧过程中不易分解，一部分会随尾气排出；同时在燃烧过程中也会由于燃料会凝聚生成 PAHs。PAHs 作为燃料和润滑油中的有害成分，其含量受到限制。

1. 多环芳烃排放特性

图 5-28 所示为柴油机燃用 B0 和 B20 在转速 1400r/min 最大转矩工况下的颗粒相 PAHs 排放。由图 5-28 可见，与 B0 相比，B20 的颗粒相 PAHs 质量比升高，升高幅度为 11.9%，与同工况下核态颗粒物体积排放 10.6% 的升高幅度相近，可能与之存在关联。与 B0 相比，B20 的颗粒相 PAHs 质量排放率降低 29.8%，与无机离子质量排放 30.0% 的降低幅度相近，与 PM 排放的降低幅度 37.9% 相比略小。由此可见，与 B0 相比，B20 的颗粒相 PAHs 质量比升高，可能与核态颗粒物排放升高存在关联，受 PM 排放降低的影响，颗粒相 PAHs 质量排放率降低了 29.8%。生物柴油具有引起 PAHs 质量比升高的影响趋势，PAHs 质量排放率随 PM 排放同步降低。

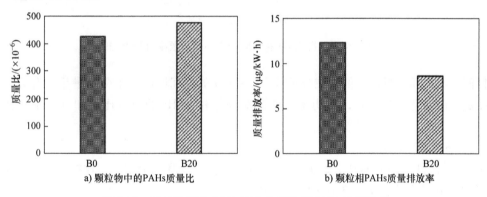

a) 颗粒物中的PAHs质量比   b) 颗粒相PAHs质量排放率

图 5-28 柴油机燃用 B0 和 B20 的颗粒相 PAHs 质量排放

2. 多环芳烃成分

图 5-29 所示为柴油机燃用 B0 和 B20 在转速 1400r/min 最大转矩工况下的不同成分颗粒相 PAHs 排放。由图 5-29 可见，B0 的颗粒相 PAHs 中，Phe、Pyr 和 Flua 的排放较高，其次 BghiP、Flu、IND 和 Ant 也占有一定比例，质量比和排放率较高的成分主要分布在分子量较低和较高的两段区间内。B20 的颗粒相 PAHs 中，Phe、Pyr 和 Flua 的排放较高，其次 BeP、BghiP、BaP、Flu 和 Ant 也占有一定比例。与 B0 相比，B20 的 PAHs 中有 10 种组分的质量比和排放率升高，包括分子量 202 ~ 276 的 Flua、Pyr、BghiF、BcdP、BaA、Chr、BbF + BkF、BeP、BaP、Ath，其中 Pyr 升高 70×10^{-6} 幅度最大，有 8 种组分的质量比降低，包括分子量 152 ~ 178 的 Acpy、Acp、Flu、Phe、Ant 和分子量 276 ~ 278 的 IND、BghiP、DBA，其中 Phe 降低 38×10^{-6} 幅度最大，质量排放率的变化趋势与之基本一致，变化幅度多在 20% 以上。

B20 对颗粒相 PAHs 成分的影响趋势为：在分子量 152 ~ 178 和 276 ~ 278 的较低和较高

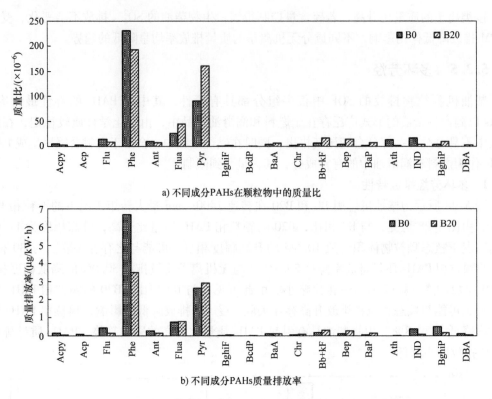

a) 不同成分PAHs在颗粒物中的质量比

b) 不同成分PAHs质量排放率

图 5-29　柴油机燃用 B0 和 B20 的不同成分颗粒相 PAHs 排放

两段区间内组分质量排放降低，在分子量 202～276 的中间区间内组分质量排放升高，质量比和排放率的变化趋势一致，说明生物柴油对颗粒相 PAHs 的成分比例和排放率存在明显影响。

3. 多环芳烃环数分布

柴油机排气所含 PAHs 中，2 环～3 环主要为气相，3 环以上主要为颗粒相，本节所分析的 19 种 PAHs 成分中涵盖了 3 环～6 环。

图 5-30 所示为柴油机燃用 B0 和 B20 在最大转矩工况转速 1400r/min 下的颗粒相 PAHs 环数分布，表示不同环数组分占 PAHs 总质量的比例。由图 5-30 可见，B0 的 PAHs 中，3 环组分占较大比例，随着环数增加，所占质量比例减小。B20 的 PAHs 中，3 环和 4 环组分占较大比例，随着环数增加，所占质量比例减小，6 环组分比例很低。与 B0 相比，B20 的 3 环和 6 环组分比例降低，4 环和 5 环组分比例升高。

图 5-31 所示为柴油机燃用 B0 和 B20 在最大转矩工况转速 1400r/min 下的不同环数 PAHs 质量排放。由图 5-31 可见，B0 和 B20 的颗粒物排放的 PAHs，均随着环数增加，质量比降低，质量排放率降低。与 B0 相比，B20 颗粒物中的 3 环和 6 环组分质量比分别降低，4 环和 5 环组分质量比分别升高，说明 B20 颗粒物中的 PAHs 升高主要来自 4 环和 5 环组分。PAHs 中来自未燃燃料组分主要为 3 环、4 环和 5 环，来源于润滑油的组分主要为 5 环和 6 环，生物柴油的碳链通常比纯柴油更长。由此可知，燃用生物柴油时，PAHs 的环数倾向于由 3 环增加至 4 环和 5 环，主要来源为未燃尽的生物柴油燃料。

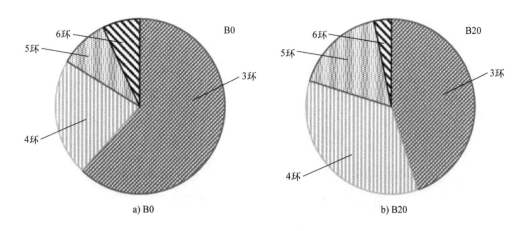

图 5-30　柴油机燃用 B0 和 B20 的颗粒相 PAHs 环数分布

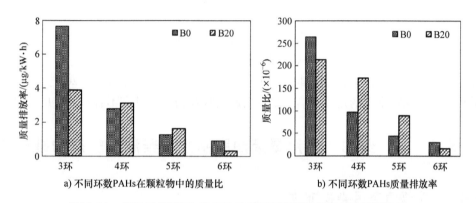

a) 不同环数 PAHs 在颗粒物中的质量比　　　b) 不同环数 PAHs 质量排放率

图 5-31　柴油机燃用 B0 和 B20 的不同环数颗粒相 PAHs 质量排放

4. 颗粒物毒性

柴油机尾气对人体具有危害性，世界卫生组织下属国际癌症研究机构于的最新声明中表示，决定将柴油机尾气致癌性由 2A 组提升至 1 组[2]，代表与癌症具有明确关联性。柴油机尾气致癌性的主要来源之一是 PAHs，不同成分 PAHs 具有的致癌毒性不同，苯并［a］芘（BaP）是已被公认的具有强致癌性的 PAHs 代表，Nisbet 和 LaGoy[3] 以 BaP 为基准，提出不同 PAHs 的毒性相当因子 TEF（Toxiclogy Equivalent Factor）。

等效毒性当量 T_E（Toxiclogy Equivalent）是在 TEF 基础上建立起来的评价柴油机颗粒物毒性的经典方法，T_E 的定义如下：

$$T_E = \sum A_i \times TEF_i \tag{5-10}$$

式中，A_i 为第 i 种 PAHs 的含量；TEF_i 为第 i 种 PAHs 的毒性当量因子；T_E 为毒性当量，数值越高，毒性越强。

采用毒性当量 T_E 对不同后处理装置下游的颗粒物毒性进行评价，将不同成分 PAHs 在颗粒物中的质量比和质量排放率分别作为 A_i 代入式（5-10）计算，分别得到颗粒物毒性当量 T_{EC} 和排放率毒性当量 T_{EM}，如图 5-32 所示。其中，T_{EC} 反映了颗粒物本身的毒性，T_{EM} 反映了柴油机尾气的毒性排放率。

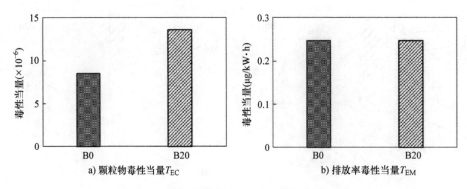

图 5-32　柴油机燃用 B0 和 B20 的颗粒物毒性

由图 5-32 可见，B0 和 B20 的颗粒物毒性当量分别为 8.5 和 13.6，与 B0 相比，B20 的颗粒物毒性当量升高 60%，说明 B20 引起颗粒物毒性增强。TEC 与 PAHs 组分密切相关，BaP、DBA、IND、BbF 和 BkF 等 5 环和 6 环的大分子量组分具有较高的 TEF，对毒性当量贡献较大，B20 的颗粒物毒性当量升高主要归因于 BaP、BbF 和 BkF 的排放增加，Flua、Pyr、BaA 和 Chr 的排放增加也有一定贡献。而 B0 与 B20 的排放率毒性当量相差不大，B20 的 PM 排放降低一定程度上补偿了颗粒物毒性的升高。从排放源的角度而言，B20 与 B0 的排放毒性水平相当，但从污染源的角度而言，B20 引起的颗粒物毒性升高不容忽视，应予以解决。

5.4　柴油机燃用餐废油脂制生物柴油的气态物排放特性

5.4.1　常规气态污染物排放

1. NO_x

NO_x 是燃烧过程中生成的氮的各种氧化物的总称，它包括 NO、NO_2、N_2O_4、N_2O、N_2O_3 和 N_2O_5 等。其中 NO 的量占多数，N_2O 次之，其余的量很少。NO_x 是地面形成光化学烟雾的主要因素之一，包括 NO 和 NO_2；NO 是无色气体，在空气中被氧化成 NO_2，当体积浓度含量超过 1.5×10^7 时，与血红蛋白结合，体积浓度含量超过 2.0×10^7 时，会影响心肺功能；NO_2 具有强烈的刺激气味，对肺和心肌有很强的损害作用；此外，N_2O 还是温室气体的重要组成部分。

图 5-33 所示为柴油机在外特性下燃用不同掺混比例生物柴油的 NO_x 排放。随着转速升高，NO_x 排放基本上呈降低趋势。高温、富氧、高温持续一定时间是 NO_x 产生的条件。高转速时，柴油机燃烧虽然循环供油量增加，但是高温持续时间短，所以 NO_x 排放在高转速下较低。低转速时，空气流量较小，缸内过量空气系数低，而生物柴油较高的含氧量使得 NO_x 排放增加。当生物柴油掺混比例为 5%、10% 和 20% 时，NO_x 排放在外特性下相近，当生物柴油掺混比例为 50% 和 100% 时，NO_x 排放显著增加，800r/min 时，BD100 的 NO_x 排放为 2.498×10^{-3}，B50 的 NO_x 排放 2.216×10^{-3}，相比于 B0 的 NO_x 排放 1.997×10^{-3}，B50 和 BD100 的 NO_x 排放分别增加了 11.0% 和 25.0%。这是由于生物柴油本身含氧量比柴油高，这相当于增加了燃烧过程中的氧的供给，使得 NO_x 排放增加。

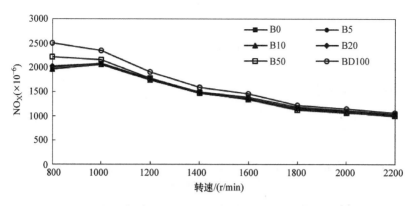

图 5-33 柴油机燃用不同比例生物柴油外特性下的 NO_X 排放

图 5-34 所示为柴油机在标定转速 2200r/min 和最大转矩转速 1400r/min 负荷特性下燃用不同掺混比例生物柴油的 NO_X 排放。无论是在 1400r/min，还是 2200r/min 转速下，随着负荷的增加，NO_X 排放增加。因为低负荷时，缸内温度较低，随着负荷的增加，循环供油量增加，缸内温度升高，NO_X 排放上升。同一负荷下，BD100 的 NO_X 排放最高，B0、B5、B10、B20、B50 的 NO_X 排放相差不大。这可能是生物柴油的含氧量高于柴油，使得燃烧时缸内氧的供给增加，两方面因素使得 B0、B5、B10、B20、B50 的 NO_X 排放相差不大。

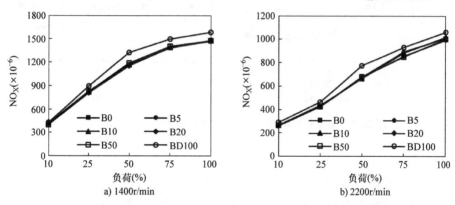

图 5-34 柴油机燃用不同比例生物柴油负荷特性下的 NO_X 排放

2. HC

HC 包括未燃和未完全燃烧的燃油、润滑油及其裂解和部分氧化产物，如烷烃、烯烃、芳香烃、醛、酮、酸等数百种成分。烷烃基本上无味，对人体健康不产生直接影响。烯烃略带甜味，有麻醉作用，对黏膜有刺激，经代谢转化会变成对基因有毒的环氧衍生物。芳香烃对血液和神经系统有害，特别是 PAHs 及其衍生物有强致癌作用。醛类是刺激性物质，对眼、呼吸道、血液有毒害。烃类成分还是引起光化学烟雾的主要物质。图 5-35 为柴油机在外特性下燃用不同掺混比例生物柴油的 HC 排放。在外特性下，除了 B5，各种生物柴油的 HC 排放变化范围不大，都在 $2 \times 10^{-6} \sim 4 \times 10^{-6}$ 之间。

图 5-36 所示为柴油机在负荷特性下燃用不同掺混比例生物柴油的 HC 排放。转速为 1400r/min 时，随着负荷增加，HC 排放基本上呈现降低趋势。转速为 2200r/min 时，随着负

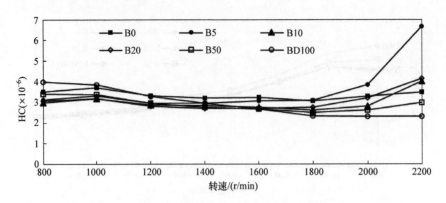

图 5-35　柴油机燃用不同比例生物柴油外特性下的 HC 排放

荷增加，HC 排放先降低，50% 负荷时最低，之后升高。低负荷时，缸内温度太低和混合气浓度太稀超出了稀燃极限，导致 HC 排放增加。

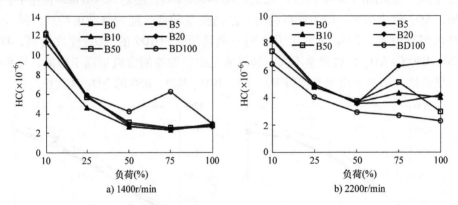

图 5-36　柴油机燃用不同比例生物柴油负荷特性下的 HC 排放

3. CO

CO 是无色、无臭、有窒息性的毒性气体。CO 与血红素蛋白的亲和力比氧气大 300 倍左右，会阻碍人体正常氧气运输，且会与血红蛋白素结合形成碳氧血红素蛋白，其存在影响氧合血红蛋白的解离，阻碍了氧的释放，导致低氧血症，使心脏、头脑等重要器官严重缺氧，引起头晕、恶心、头痛等症状，轻度中毒将使中枢神经受损，严重时会使心血管功能丧失，直至死亡。图 5-37 为柴油机在外特性下燃用不同掺混比例生物柴油的 CO 排放。随着转速升高，CO 排放显著降低。随着生物柴油掺混比例的增加，CO 排放呈现先升高后降低的趋势，当转速为 800~1400r/min 时，B5 和 B10 的 CO 排放最大，BD100 的 CO 排放最小；当转速为 1400~2200r/min 时，B0、B5、B10、B20 的 CO 排放非常接近。低速时，过量空气系数较小，缸内燃烧缺氧，所以 CO 排放较高。由于生物柴油含氧量较高，氧浓度的提高增大了燃烧效率，有助于燃料的充分燃烧，所以 BD100 的 CO 排放最低，不超过 100×10^{-6}。此外，生物柴油的十六烷值高于柴油，较高的十六烷值能降低着火延迟期并由此降低在预混合燃烧期内的燃油燃烧量。这会降低油气混合的不一致性，从而使燃烧更为完全并降低 CO 排放[4]。

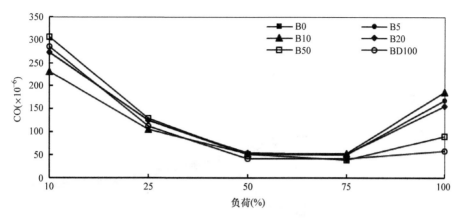

图 5-37　柴油机燃用不同比例生物柴油外特性下的 CO 排放

图 5-38 所示为柴油机在负荷特性下燃用不同掺混比例生物柴油的 CO 排放。随着负荷增加，CO 排放先降低，在 75% 达到最低值，之后又升高，呈现凹陷状。在同一负荷下，随着生物柴油掺混比例的增加，CO 排放呈现降低趋势，这一点在标定转速 2200r/min 的各个负荷下比较明显。低负荷时，过低的缸内局部温度过低和过稀的混合气导致 CO 无法氧化成 CO_2。全负荷时，缸内混合气加浓，局部缺氧严重，使得 CO 难于进一步氧化成 CO_2。

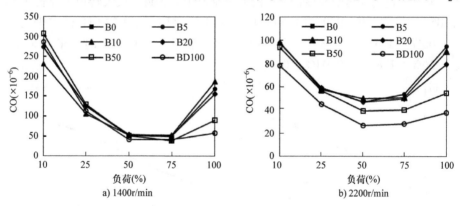

a) 1400r/min　　　　　　　　b) 2200r/min

图 5-38　柴油机燃用不同比例生物柴油负荷特性下的 CO 排放

5.4.2　非常规气态物排放

1. CO_2

作为温室气体重要组成部分的 CO_2 也是柴油机气态排放物之一，近年来的研究普遍认为，由于 CO_2 的保温作用，逐渐使地球表面温度升高，即温室效应。随着全球变暖趋势的加剧，CO_2 排放得到越来越多的关注。

图 5-39 所示为柴油机在外特性下燃用不同掺混比例生物柴油的 CO_2 排放。随着柴油机转速的提高，CO_2 百分比排放浓度逐渐降低。当柴油机转速高于 1600r/min 时，各种生物柴油混合燃料的 CO_2 排放浓度十分接近。当柴油机转速低于 1600r/min 时，随着生物柴油掺混比例的增加，CO_2 浓度有一定幅度的减少，在 800r/min 时，B0 的 CO_2 排放浓度为 10.67%，

相比于 BD100 的 CO_2 排放浓度 10.26%，增加了 3.96%，这是由于生物柴油含碳量较低的原因。

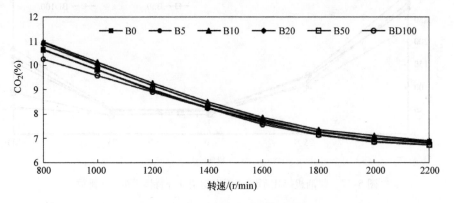

图 5-39　柴油机燃用不同比例生物柴油外特性下的 CO_2 排放

图 5-40 所示为柴油机在负荷特性下燃用不同掺混比例生物柴油的 CO_2 排放。无论是最大转矩转速 1400r/min，还是标定转速 2200r/min，随着负荷的增加，CO_2 排放浓度也线性增加。随着负荷升高，循环供油量增加，参与燃烧的碳相应增加，导致 CO_2 排放增加。在同一负荷下，不同掺混比的生物柴油混合燃料的 CO_2 排放十分接近。最大转矩工况转速 1400r/min 时，燃用 B5、B10、B20、B50 和 BD100 的 CO_2 排放比燃用 B0 的 CO_2 排放平均分别降低 1.52%、1.06%、1.35%、1.80%、0.53%；额定转速 2200r/min 时，平均降幅分别为 2.03%、1.36%、1.85%、2.04%、0.87%。

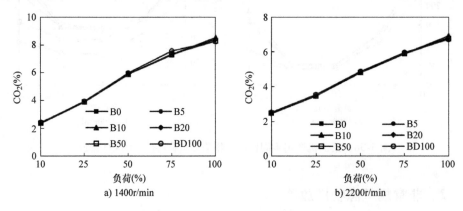

图 5-40　柴油机燃用不同比例生物柴油负荷特性下的 CO_2 排放

2. SO_2

柴油机尾气中硫氧化物的主要成分是 SO_2，它是导致酸雨的主要物质。SO_2 对人体危害主要是刺激呼吸道和眼睛，如对柴油机尾气的 SO_2 不加以控制，可能引起和加重呼吸系统和心血管疾病，严重时可危及生命。柴油机尾气中 SO_2 的产生来源于燃油中硫的氧化产物。

图 5-41 所示为柴油机在外特性下燃用不同掺混比例生物柴油的醛类排放。随着转速增加，SO_2 排放呈现减小趋势。相同转速下 B0 和 BD100 的 SO_2 排放较低，B50 的 SO_2 排放最高。外特性下，各种生物柴油混合燃料的 SO_2 排放均很低，在 9×10^{-6} 以内。

图 5-42 所示为柴油机在负荷特性下燃用不同掺混比例生物柴油的 SO_2 排放。在低负荷时，SO_2 排放较低，不超过 4×10^{-6}，这是由于低负荷时喷油量较少，随着负荷增加，喷油量增加，导致 SO_2 排放增加。试验中使用的柴油基本不含硫，BD100 含硫量为 48×10^{-6}，生物柴油混合燃料的硫含量随着生物柴油配比的增加近似呈线性增加。由于生物柴油的添加，SO_2 排放有一定上升，但是上升幅度较小，在 1×10^{-6} 以内。

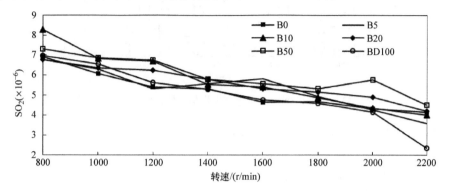

图 5-41 柴油机燃用不同比例生物柴油外特性下的 SO_2 排放

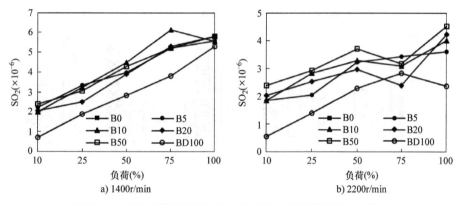

a) 1400r/min　　　　　　　　b) 2200r/min

图 5-42 柴油机燃用不同比例生物柴油负荷特性下的 SO_2 排放

3. 醛类

醛类中的甲醛、乙醛在大气中存在的时间很短，极易转化成其他的二次空气污染物。它们刺激人的皮肤、眼睛和嗅觉黏膜，被认为是神经毒物，甚至是致癌物质，严重危害人体的健康[5]。试验中检测到的醛类排放包括甲醛、乙醛和丙醛，由于检测到的甲醛和丙醛浓度较低，本节将三种醛类排放合并给出。

图 5-43 所示为柴油机在外特性下燃用不同掺混比例生物柴油的醛类排放。在外特性下，醛类排放没有明显规律。由于不同掺混比例的生物柴油混合燃料的醛类排放较低，不超过 4×10^{-6}，所以整体波动百分比较大。总体来说，当转速在 $1400 \sim 2000 \mathrm{r/min}$ 时，醛类排放出现峰值，B10、B50、BD100 呈现双峰分布；低转速下，醛类排放较低，大多低于 1.5×10^{-6}。相比于 B0，不同掺混比例的生物柴油混合燃料的醛类排放大多降低。生物柴油的主要成分是脂肪酸甲酯，生物柴油中的酯基分子是醛类生成的重要原因[6-8]。由于生物柴油是含氧原料，这使得醛类被氧化的概率增加，所以掺混生物柴油后，醛类排放下降。

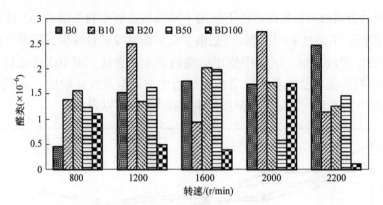

图 5-43 柴油机燃用不同比例生物柴油外特性下的醛类排放

图 5-44 所示为柴油机在负荷特性下燃用不同掺混比例生物柴油的醛类排放。随着负荷的增加，醛类排放规律比较复杂。总体来看，2200r/min 负荷特性下醛类排放高于1400r/min 负荷特性下醛类排放。这是由于高速时，油气混合时间短，混合质量差，导致醛类生成量增多，且再次被转化的概率降低。

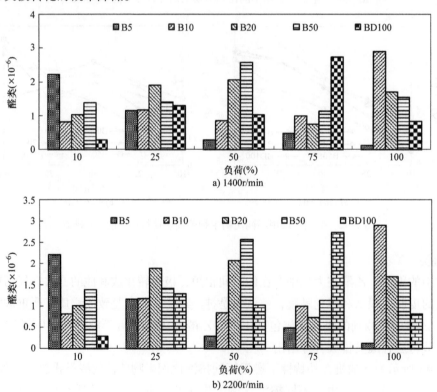

图 5-44 柴油机燃用不同比例生物柴油负荷特性下的醛类排放

参 考 文 献

［1］ EPA Bulleton. Draft technical support document：Control of emissions of hazardous air pollutants from motor ve-
hicles and motor vehicles fuels ［R］. EPA420 - D - 00 - 003, 2000.

［2］ World Health Organization. Diesel engine exhaust carcinogenic［EB/OL］. http：//www. paho. org，2012. 6. 12.

［3］ NISBET C, LaGOY P. Toxic Equivalency Factors（TEFs）for Polycyclic Aromatic Hydrocarbons（PAHs）［J］. Regulatory Toxicology and Pharmacology, 1992, 16（3）：290 – 300.

［4］ PAUL W S, DARRICK D Z, ROBERT W W, DAVID B K, Exhaust Particle Number and Size Distributions with Conventional and Fischer – Tropsch Diesel Fuels［J］. SAE Technical Paper, 2002（01）：2727.

［5］ 李博. 发动机燃用生物柴油的颗粒物排放特性研究［D］. 上海，同济大学，2009：56 – 57.

［6］ PANG X, SHI X, MU Y, et al. Characteristics of carbonyl compounds emission from a diesel – engine using biodiesel – ethanol – diesel as fuel［J］. Atmos Environ, 2006（40）：7057 – 7065.

［7］ SERGIO M C, GRACIELA A. Carbonyl emissions in diesel and biodiesel exhaust［J］. Atmos Environ, 2008（42）：769 – 775.

［8］ GEORGIOS F, GEORGIOS K, et al. Effects of biodiesel on passenger car fuel consumption, regulated and non – regulated pollutant emissions over legislated and real – world driving cycles［J］. Fuel, 2009（05）：120 – 128.

［9］ 姚笛. 基于替代燃料的柴油机颗粒物排放特性及控制技术研究［D］. 上海：同济大学，2013：62 – 98.

［10］ 强蔷. 国 V 排放生物柴油专用发动机的性能研究［D］. 上海：同济大学，2013；42 – 504.

［11］ 谭丕强，郑源飞，胡志远，楼狄明. 发动机燃用纯 GTL 柴油与纯生物柴油的性能及排放特性［J］. 太阳能学报，2016，37（08）：2160 – 2166.

［12］ 楼狄明，谭丕强. 柴油机使用生物柴油的研究现状和展望［J］. 汽车安全与节能学报，2016，7（02）：123 – 134.

［13］ 楼狄明，徐宁，谭丕强，等. 废气再循环对燃用生物柴油发动机排放的影响［J］. 同济大学学报（自然科学版），2016，44（02）：291 – 297.

［14］ 楼狄明，孔德立，强蔷，等. 国 V 柴油机燃用柴油/生物柴油排放性能试验［J］. 农业机械学报，2014，45（09）：25 – 30.

［15］ 张涛，楼狄明，孔德立，等. 生物柴油在国 V 排放重型车用柴油机上的燃烧试验［J］. 车用发动机，2013（06）：20 – 24.

［16］ 谭丕强，胡志远，楼狄明. 生物柴油发动机非常规排放的 FTIR 检测［J］. 光谱学与光谱分析，2012，32（02）：360 – 363.

［17］ 楼狄明，胡炜，谭丕强，等. 发动机燃用生物柴油稳态工况颗粒粒径分布［J］. 内燃机工程，2011，32（05）：16 – 22.

［18］ 谭丕强，楼狄明，胡志远. 发动机燃用生物柴油的核态颗粒排放［J］. 工程热物理学报，2010，31（07）：1231 – 1234.

［19］ 谭丕强，胡志远，楼狄明. 车用发动机燃用生物柴油的颗粒数量排放［J］. 汽车安全与节能学报，2010，1（01）：83 – 88.

［20］ 杨蓉，楼狄明，谭丕强，等. 重型增压柴油机瞬变工况的燃烧阶段特性研究［J］. 内燃机工程，2015，36（04）：41 – 45 + 52.

［21］ 胡志远，谢亚飞，谭丕强，楼狄明. 燃油喷射参数对发动机燃用生物柴油 BD20 燃烧特性的影响［J］. 内燃机工程，2015，36（06）：38 – 44.

第6章

柴油机燃用餐废油脂制生物柴油的性能优化

餐废油脂制生物柴油不同于石化柴油的特性，造成柴油机燃用生物柴油后燃烧和排放特性不同于石化柴油。所以，在未经改装的柴油机上燃用生物柴油后带来上述优点的同时，亦会导致一些亟待解决的技术问题：燃用生物柴油后导致柴油机的动力性能下降；NO_X 排放上升的同时，NO_X 和颗粒物排放的权衡关系相比石化柴油更加明显；PM 下降的同时 PN 和体积浓度上升，而且对人体健康有害的小粒径核态 PN 大幅增加。

本章系统地研究燃油系统参数对某柴油机燃用 B20 的动力性、经济性、污染物气体排放、颗粒排放的变化规律的影响，研究高压共轨柴油柴油机燃用 B20 的优化标定，以燃油经济性、动力性、排放特性为目标，采用多因素同时调节的标定方式，基于先进的 DoE 试验设计技术、拟合数学模型和优化试验标定的方法，研究柴油机在指定工况点的全局优化结果，验证生物柴油专用柴油机技术的可行性，并为柴油机标定技术提供更广阔的思路。

6.1　概述

本章研究的是柴油机高压共轨燃油喷射系统多次喷射的优化标定，在原有柴油机 ECU 喷油控制参数的基础上，主要调节的喷油参数有总喷油量（QFIN）、共轨燃油喷射压力（PFIN）、主喷定时（TFIN）、预喷间隔（TINT）、预喷油量（QPRE）、后喷间隔（TINTA）和后喷油量（QAFTER）这 7 个因素[1]。图 6-1 所示为柴油机高压共轨燃油喷射系统多次喷射示意图。

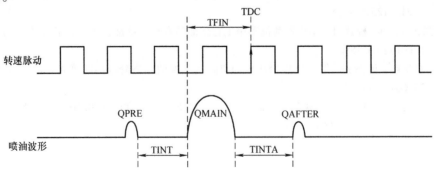

图 6-1　柴油机高压共轨燃油喷射系统多次喷射示意图

高压共轨燃油喷射系统的部分名词解释及换算关系如下：

1）共轨燃油喷射压力（PFIN），指高压共轨管内燃油的压力，也就是燃油的喷射压力，单位是 MPa。

2）主喷定时（TFIN），也就是喷油提前角，指喷油器开始喷油时刻提前于活塞到达上止点（TDC）时刻的角度，单位是° CA。

3）预喷间隔（TINT），指预喷射结束到主喷射开始之间间隔的时间，单位是 μs。

4）后喷间隔（TINTA），指主喷射结束后到后喷射开始之间的时间间隔，单位是 μs。

以 μs 单位的预喷间隔（TINT）和以曲轴转角为单位的预喷间隔（$TINT_{CA}$）存在一定的换算关系。如式（6-1）所示，其中 NE 表示柴油机转速：

$$TINT_{CA} = NE \times TINT/60 \times 360 \times 1000 \tag{6-1}$$

5）主喷油量（QMAIN），指单位柴油机工作循环内主喷过程中喷油器所喷射的燃油质量，单位是 mm^3/st。

6）预喷油量（QPRE），指单位柴油机工作循环内预喷过程中喷油器所喷射的燃油质量，单位是 mm^3/st。

7）后喷油量（QAFTER），指单位柴油机工作循环内后喷过程中喷油器所喷射的燃油质量，单位是 mm^3/st。

8）总喷油量（QFIN），指单位柴油机工作循环内喷油器总的喷油质量，单位是 mm^3/st。

在柴油机标定过程中，高压共轨系统默认保证总喷油量不变，分别调节预喷油量和后喷油量，主喷油量将自动相应减少。其关系如式（6-2）所示：

$$QFIN = QPRE + QMAIN + QAFTER \tag{6-2}$$

6.2　基于喷油单变量的柴油机燃用生物柴油的性能影响

6.2.1　喷油参数对柴油机燃用生物柴油燃烧特性的影响

本节对试验柴油机燃用 B20 在转速 1314r/min 和转速 1640r/min 负荷特性下不同喷油参数下进行了柴油机燃烧性能台架试验。下面选取柴油机转速为 1314r/min 负荷 25％，以及柴油机转速为 1640r/min 负荷 75％ 的 2 个典型工况对柴油机进行燃烧分析研究。

涉及的喷油参数有六个：PFIN、TFIN、TINT、QPRE、TINTA 和 QAFTER，燃烧特性参数有四个：缸内压力（MPa）、压力升高率（MPa）、累积放热率（kJ/m^3）、瞬时放热率（kJ/m^3）。

1. 共轨燃油喷射压力

图 6-2 为柴油机燃用 B20 在转速 1314r/min，负荷 25％；转速 1640r/min，负荷 75％ 的工况下，不同共轨燃油喷射压力对柴油机缸内压力、缸内压力升高率、瞬时放热率和累计放热率的影响。由图 6-2 可见，随着共轨燃油喷射压力的增大，缸内最高压力明显增加，缸内压力峰值对应的曲轴转角相位提前；缸内压力升高率也增加明显，柴油机燃烧变得粗暴，压力升高率峰值对应的曲轴转角相位也有提前；瞬时放热率峰值增加明显，且瞬时放热率峰值对应的曲轴转角相位提前。在转速 1314r/min，25％ 负荷时随着共轨燃油喷射压力的增大，

累计放热率增加明显。

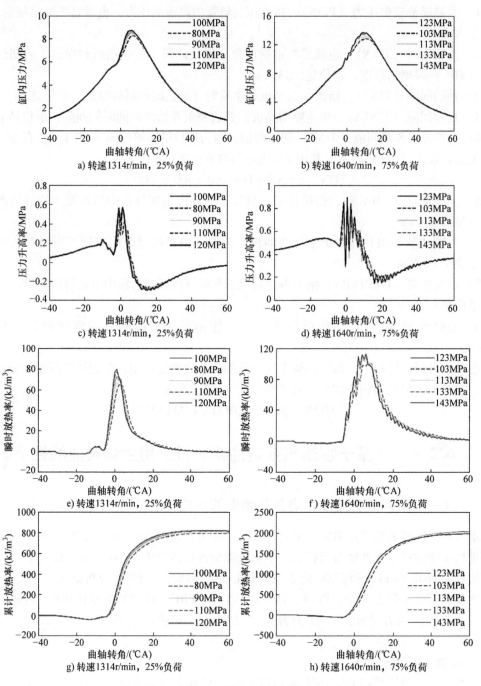

图 6-2　共轨燃油喷射压力对柴油机燃烧特性的影响（见彩插）

2. 主喷定时

图 6-3 为柴油机燃用 B20 在转速 1314r/min，负荷 25%；转速 1640r/min，负荷 75% 的工况下，不同主喷定时对柴油机缸内压力、缸内压力升高率、瞬时放热率和累计放热率的影响。由图可见，随着主喷定时提前，缸内最高压力明显减小，气缸缸内压力上升变得缓慢；

缸内压力升高率峰值减小明显；瞬时放热率曲线和累计放热率曲线都往右移，瞬时放热率峰值变化不大，累计放热率峰值增加明显。

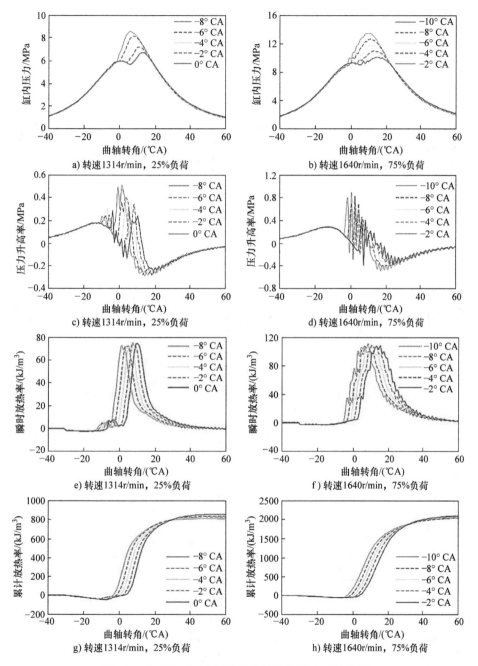

图6-3 主喷定时对柴油机燃烧特性的影响（见彩插）

3. 预喷定时

图6-4所示为柴油机燃用B20在转速1314r/min，负荷25%；转速1640r/min，负荷75%的工况下，不同预喷定时对柴油机缸内压力、缸内压力升高率、瞬时放热率和累计放热率的影响。由图6-4可见，1314r/min，25%负荷时，随着预喷定时从4°CA推迟到20°CA，

缸内最高压力减小，缸内最高压力对应的曲轴转角相位推迟。缸内压力升高率峰值随着预喷定时的增加而增加，预喷定时为4°CA时，在上止点前4°CA附近缸内压力升高率出现小的峰值；瞬时放热率峰值增大，累计放热率峰值减小。转速1640r/min，75%负荷时，随着预喷定时从2°CA增加到16°CA，缸内最高压力减小，缸内压力升高率峰值是先增大、后减小。随着预喷定时的增加，瞬时放热率峰值变化不明显，累计放热率明显减小。对于缸内压力而言，预喷定时为4°CA时缸内压力峰值最大。

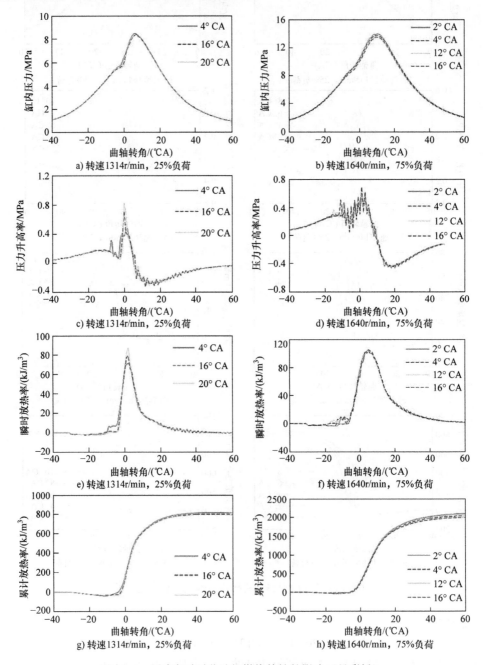

图6-4 预喷定时对柴油机燃烧特性的影响（见彩插）

4. 预喷油量

图6-5所示为柴油机燃用B20在转速1314r/min，负荷25%；转速1640r/min，负荷75%的工况下，不同预喷油量对柴油机缸内压力、缸内压力升高率、瞬时放热率和累计放热率的影响。由图6-5可见，随着预喷油量的增加，缸内最高压力明显增加。缸内压力升高率峰值随着预喷油量的增加而减小。然而在上止点前10°CA附近出现小的峰值，且此峰值随着预喷油量的增加而增加；瞬时放热率峰值明显减小，且会在上止点前12°CA附近出现小

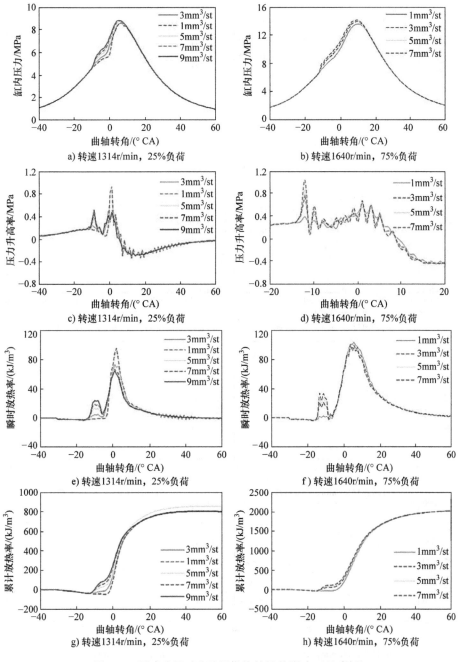

图6-5 预喷油量对柴油机燃烧特性的影响（见彩插）

的峰值，且此峰值随着预喷油量的增加而增加，累计放热率在柴油机燃烧的前期有大幅提高，燃烧末期的变化不大，只有转速 1314r/min，25% 负荷时，且预喷油量为 5mm³/st 时，后期累计放热率有明显提高。

5. 后喷定时

图 6-6 所示为柴油机燃用 B20 在转速 1314r/min，负荷 25%；转速 1640r/min 负荷 75%的工况下，不同后喷定时对柴油机缸内压力、缸内压力升高率、瞬时放热率和累计放热率的

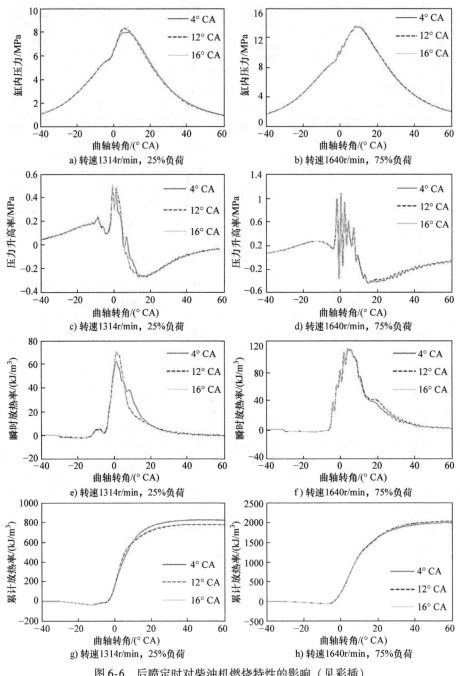

图 6-6　后喷定时对柴油机燃烧特性的影响（见彩插）

影响。由图 6-6 可见，转速 1314r/min，25% 负荷时，随着后喷定时的增加，缸内最高压力增加。缸内压力升高率峰值随着后喷间隔的增加而增加，随着后喷间隔的增加，瞬时放热率峰值明显增大。累计放热率在燃烧的前期变化不大，后期累计放热率随着后喷间隔的增加先明显减小后微幅增加。转速 1640r/min，75% 负荷时，不同后喷间隔下柴油机燃烧前期缸内压力和压力升高率曲线基本重合。随着后喷间隔的增加，瞬时放热率峰值变化不大。累计放热率在燃烧的前期变化不大，后期累计放热率随着后喷间隔的增加先明显增加然后微幅减小。

6. 后喷油量

图 6-7 所示为柴油机燃用 B20 在转速 1314r/min，负荷 25%；转速 1640r/min，负荷 75% 的工况下，不同后喷油量对柴油机缸内压力、缸内压力升高率、瞬时放热率和累计放热率的影响。由图 6-7 可见，转速 1314r/min，25% 负荷时，及转速 1640r/min，75% 负荷时，随着后喷油量的增加，燃烧前期缸内压力和缸内压力升高率变化不大。转速 1314r/min，25% 负荷时，随着后喷油量的增加，柴油机燃烧前期瞬时放热率变化不大，由于后喷射的作用，在柴油机燃烧放热后期的上止点后 12° CA 出现一个小的峰值，此峰值随着后喷油量的增加而增加。累计放热率无明显规律。转速 1640r/min，75% 负荷时，随着后喷油量的增加，柴油机燃烧前期瞬时发热量变化不大，燃烧后期瞬时放热率峰值明显增加，累计放热率在柴油机燃烧的前期有变化不大，燃烧末期先增大后减小。

6.2.2 喷油参数对柴油机燃用生物柴油经济性的影响

1. 共轨燃油喷射压力

图 6-8 所示为柴油机燃用 B20 在转速 1314r/min，负荷 25%；转速 1640r/min，负荷 75%

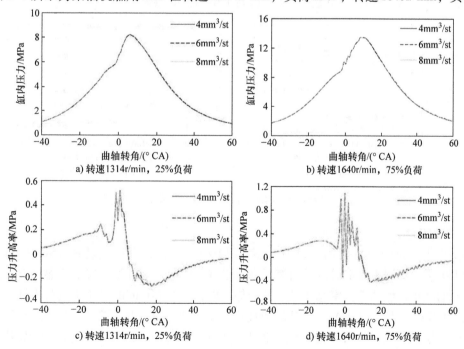

a) 转速1314r/min, 25%负荷

b) 转速1640r/min, 75%负荷

c) 转速1314r/min, 25%负荷

d) 转速1640r/min, 75%负荷

图 6-7 后喷油量对柴油机燃烧特性的影响（见彩插）

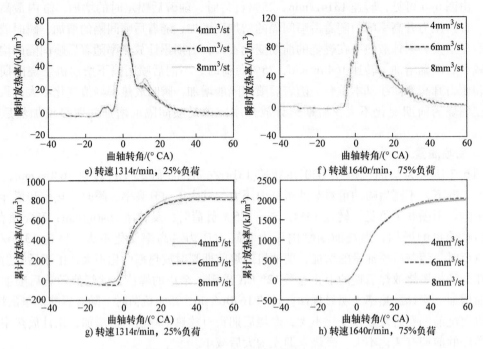

e) 转速1314r/min，25%负荷   f) 转速1640r/min，75%负荷

g) 转速1314r/min，25%负荷   h) 转速1640r/min，75%负荷

图6-7　后喷油量对柴油机燃烧特性的影响（见彩插）（续）

的工况下，不同共轨燃油喷射压力对燃油消耗率的影响。由图6-8可见，柴油机燃用B20，随着共轨燃油喷射压力的增加，燃油消耗率总体呈下降趋势，这主要是因为共轨燃油喷射压力的增加，缸内油气混合得到改善，从而提高了柴油机的热效率。

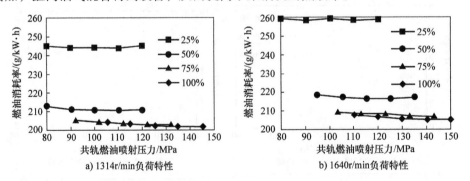

a) 1314r/min负荷特性   b) 1640r/min负荷特性

图6-8　共轨燃油喷射压力对柴油机燃油消耗率的影响

2. 主喷定时

图6-9所示为柴油机燃用B20在转速1314r/min，负荷25%；转速1640r/min，负荷75%的工况下，不同主喷定时对燃油消耗率的影响。由图6-9可见，柴油机燃用B20，随着主喷定时的减小，燃油消耗率总体呈上升趋势。以转速1314r/min，100%负荷为例，当主喷定时从-9°CA推迟至-1°CA后，燃油消耗率从202.4g/kW·h上升至207.8g/kW·h。这主要是因为推迟喷油，使得柴油机燃烧推迟到膨胀行程，导致热效率下降，从而引起油耗增加。

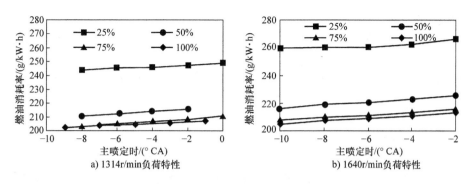

图 6-9　主喷定时对柴油机燃油消耗率的影响

3. 预喷定时

图 6-10 所示为柴油机燃用 B20 在转速 1314r/min，负荷 25%；转速 1640r/min，负荷 75% 的工况下，不同预喷定时对燃油消耗率的影响。由图 6-10 可见，柴油机燃用 B20，随着预喷定时的增加，燃油消耗率变化不大，说明预喷定时对于柴油机的经济性影响非常有限。

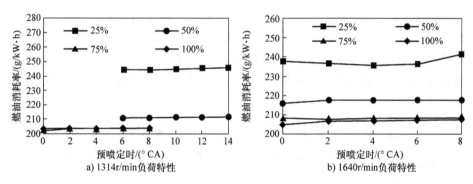

图 6-10　预喷定时对柴油机燃油消耗率的影响

4. 预喷油量

图 6-11 所示为柴油机燃用 B20 在转速 1314r/min，负荷 25%；转速 1640r/min，负荷 75% 的工况下，不同预喷油量对燃油消耗率的影响。由图 6-11 可见，柴油机燃用 B20，随着预喷油量的增加，燃油消耗率变化不大，说明预喷油量对于柴油机的经济性影响非常有限。

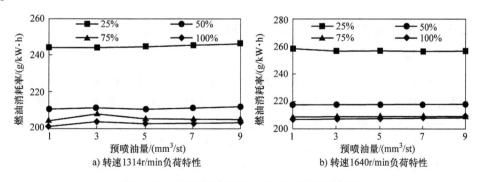

图 6-11　预喷油量对柴油机燃油消耗率的影响

5. 后喷定时

图 6-12 所示为柴油机燃用 B20 在转速 1314r/min，负荷 25%；转速 1640r/min，负荷 75% 的工况下，不同后喷定时对燃油消耗率的影响。由图 6-12 可见，柴油机燃用 B20，随着后喷定时的推迟，燃油消耗率先增加后减小，但变化不大，说明后喷定时对于柴油机的经济性影响非常有限。

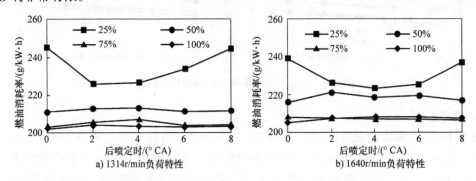

a) 1314r/min 负荷特性　　　　　　b) 1640r/min 负荷特性

图 6-12　后喷定时对柴油机燃油消耗率的影响

6. 后喷油量

图 6-13 所示为柴油机燃用 B20 在转速 1314r/min，负荷 25%；转速 1640r/min，负荷 75% 的工况下，不同后喷油量对燃油消耗率的影响。由图 6-13 可见，柴油机燃用 B20，随着后喷油量的增加，燃油消耗率有轻微的上升，但变化不大，说明后喷油量对于柴油机的经济性影响非常有限。

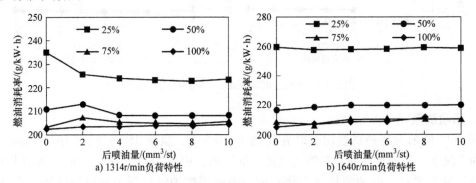

a) 1314r/min 负荷特性　　　　　　b) 1640r/min 负荷特性

图 6-13　后喷油量对柴油机燃油消耗率的影响

6.2.3　喷油参数对柴油机燃用生物柴油气态物排放的影响

1. 共轨燃油喷射压力

图 6-14 所示为柴油机在不同共轨燃油喷射压力下燃用 B20 在转速 1314r/min 和 1640r/min 负荷特性下 HC、CO 和 NO_X 的排放试验结果。由图 6-14 可以看出，随着轨压的上升，转速 1314r/min，25%、50% 和 75% 负荷时，HC 排放下降，转速 1314r/min，100% 负荷时 HC 排放上升。转速 1640r/min 无明显规律。1314r/min 负荷特性下，随着负荷的增加，HC 排放下降。1640r/min 负荷特性下，随着负荷的增加，HC 排放先下降，100% 负荷时又上升；随着轨压的上升，CO 排放下降。1314r/min 负荷特性下，随着负荷的增加，CO 排放先

下降，100% 负荷时又上升至最高。1640r/min 负荷特性下，随着负荷的增加，CO 排放先下降，100% 负荷时又上升。随着轨压的上升，NO$_X$ 排放上升。主要原因是随着轨压的上升，燃油喷射效率随之提高，因此在滞燃期内喷入的燃油量增加，预混燃烧比例增加，缸内最高压力和温度增加，有利于 NO$_X$ 排放的上升。1314r/min 负荷特性下，随着负荷的增加，NO$_X$ 排放上升。1640r/min 负荷特性下，随着负荷的增加，NO$_X$ 排放先上升，1640r/min、100% 负荷时又略有下降。

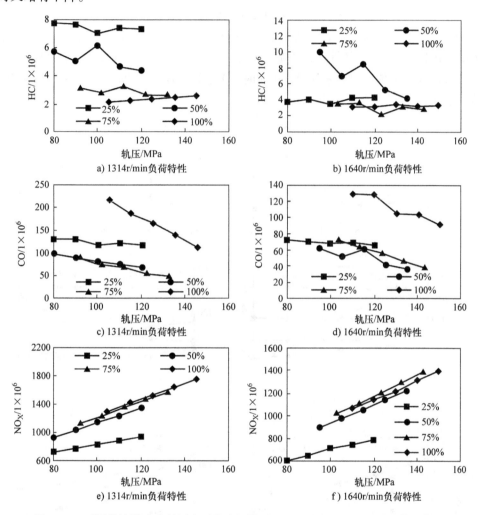

图 6-14　不同共轨燃油喷射压力下柴油机燃用 B20 的 HC、CO、NO$_X$ 的排放特性

2. 主喷定时

图 6-15 所示为柴油机在不同主喷定时下燃用 B20 在转速 1314r/min 和 1640r/min 负荷特性下 HC、CO 和 NO$_X$ 的排放试验结果。由图 6-15a 和 b 可以看出，随着主喷定时的推迟，除低负荷（25%）时 HC 排放上升，其余负荷（50%、75% 和 100%）时 HC 排放下降。拟合转速 1314r/min、100% 负荷和转速 1640r/min、100% 负荷的排放特性曲线，计算出对应主喷定时下的 HC 排放。1314r/min 负荷特性下，主喷定时采用 $-8°$ CA 与 $0°$ CA 相比，25% 负荷的 HC 排放下降 5.7%，50%、75% 和 100% 负荷时 HC 排放上升 83.7%、93.5% 和

22.7%。随着负荷的增加，HC 排放下降。1640r/min 负荷特性下，主喷定时采用 −10°CA 与 −2°CA 相比，25% 负荷时 HC 排放下降 58.9%，50%、75% 和 100% 负荷时 HC 排放上升 170.2%、19.2% 和 64.5%。随着负荷的增加，HC 排放先下降，100% 负荷时又上升。

由图 6-15c 和 d 可以看出，随着主喷定时的推迟，除低负荷时 CO 排放上升，其余负荷 CO 排放下降。拟合转速 1314r/min、100% 负荷和转速 1640r/min、100% 负荷的排放特性曲线，计算出对应主喷定时下的 CO 排放。1314r/min 负荷特性下，主喷定时采用 −8°CA 与 0°CA 相比，25% 负荷的 CO 排放下降 3.2%，50%、75% 和 100% 负荷时 CO 排放上升 7.7%、66.9% 和 186.9%。随着负荷的增加，CO 排放下降，100% 负荷时 CO 排放从排放最大值下降。1640r/min 负荷特性下，主喷定时采用 −10°CA 与 −2°CA 相比，25% 负荷时 CO 排放下降 55.2%，50%、75% 和 100% 负荷时 CO 排放上升 186.7%、55.6% 和 154.3%。随着负荷的增加，CO 排放呈下降趋势。

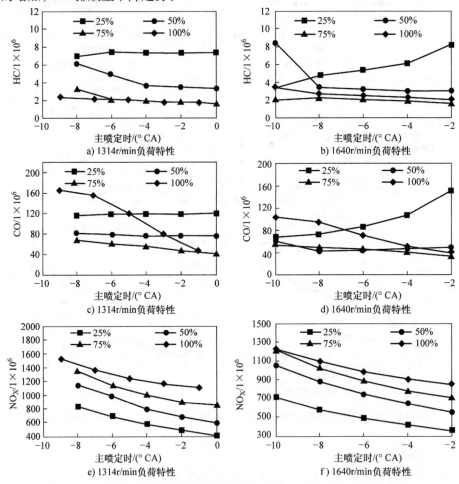

图 6-15 不同主喷定时下柴油机燃用 B20 的 HC、CO、NO_X 的排放特性

随着主喷定时的推迟，NO_X 排放下降。主要原因是主喷定时的推迟使燃烧过程中的最高燃烧温度和最高缸内压力下降，同时使燃烧产物在高温滞留时间缩短，从而抑制了 NO_X 的排放。拟合转速 1314r/min、100% 负荷和转速 1640r/min、100% 负荷的排放特性曲线，计算出对应主喷定时下的 NO_X 排放。1314r/min 负荷特性下，主喷定时采用 −8°CA 与 0°CA

相比，25%、50%、75% 和 100% 负荷的 NO_X 排放上升 100.9%、92.2%、57.9% 和 26.7%。随着负荷的增加，NO_X 排放上升。1640r/min 负荷特性下，主喷定时采用 −10° CA 与 −2° CA 相比，25%、50%、75% 和 100% 负荷的 NO_X 排放上升 96.7%、89.0%、69.5% 和 43.7%。随着负荷的增加，NO_X 排放上升。

3. 预喷间隔

图 6-16 所示为柴油机在不同预喷间隔下燃用 B20 在转速 1314r/min 和 1640r/min 负荷特性下 HC、CO 和 NO_X 的排放试验结果。由图 6-16 可以看出，随着预喷间隔的推迟，除低负荷时 HC 排放上升，其余负荷时 HC 排放基本不受预喷间隔的影响。1314r/min 负荷特性下，随着负荷的增加，HC 排放先下降，100% 负荷时又上升。1640r/min 负荷特性下，随着负荷的增加，HC 排放先下降，100% 负荷时又上升。随着预喷间隔的推迟，CO 排放呈上升趋势。1314r/min 负荷特性下，随着负荷的增加，CO 排放先下降，75%、100% 负荷时又上升。1640r/min 负荷特性下，随着负荷的增加，CO 排放先下降，75%、100% 负荷时又上升。预喷间隔对于 NO_X 排放影响不大。1314r/min 负荷特性下，随着负荷的增加，NO_X 排放上升。1640r/min 负荷特性下，随着负荷的增加，NO_X 排放上升。

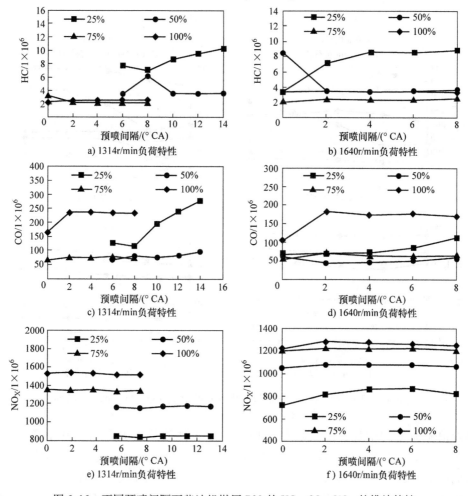

图 6-16　不同预喷间隔下柴油机燃用 B20 的 HC、CO、NO_X 的排放特性

4. 预喷油量

图 6-17 所示为柴油机在不同预喷油量下燃用 B20 在转速 1314r/min 和 1640r/min 负荷特性下 HC、CO 和 NO_X 的排放试验结果。由图 6-17 可以看出，随着预喷油量的增加，转速 1314r/min 无明显规律。转速 1640r/min 下，HC 排放上升。主要原因是预喷油量增加一定程度上相当于主喷提前，造成燃烧的爆燃倾向增大，导致 HC 排放上升。1314r/min 负荷特性下，预喷油量采用 $1mm^3/st$ 和 $9mm^3/st$ 相比，25%、50%、75% 和 100% 负荷的 HC 排放下降 36.1%、23.1%、13.0% 和 0.6%；随着负荷的增加，HC 排放先下降，100% 负荷时又上升；与 25% 负荷相比，50%、75% 和 100% 负荷的平均降幅为 53.4%、71.5% 和 51.2%。1640r/min 负荷特性下，随着负荷的增加，HC 排放先下降，100% 负荷时又上升。

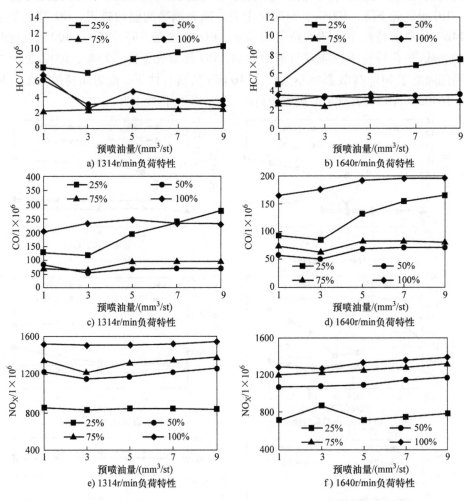

图 6-17 不同预喷油量下柴油机燃用 B20 的 HC、CO、NO_X 的排放特性

随着预喷油量的增加，除高负荷（100%）CO 排放呈上升趋势，其余负荷（25%、50% 和 75%）CO 排放先下降后上升。主要原因是预喷油量增加一定程度上相当于主喷提前，造成燃烧的爆燃倾向增大，导致 CO 排放上升。1314r/min 负荷特性下，预喷油量采用 $1mm^3/st$ 和 $9mm^3/st$ 相比，25%、50%、75% 和 100% 负荷的 CO 排放下降 54.0%、

−14.3%、24.4%和11.7%。随着负荷的增加，CO排放先下降，75%、100%负荷时又上升。1640r/min负荷特性下，预喷油量采用1mm³/st和9mm³/st相比，25%、50%、75%和100%负荷的CO排放下降43.8%、20.5%、8.0%和15.8%。随着负荷的增加，CO排放先下降，75%、100%负荷时又上升。

随着预喷油量的增加，除转速1314r/min、25%负荷外，NO_X排放略有上升。主要原因是预喷油量增加一定程度上相当于主喷提前，造成燃烧的爆燃倾向增大，导致NO_X排放上升。1314r/min负荷特性下，预喷油量采用1mm³/st和9mm³/st相比，25%、50%、75%和100%负荷的NO_X排放下降−0.2%、3.9%、3.1和2.5%。随着负荷的增加，NO_X排放上升。1640r/min负荷特性下，预喷油量采用1mm³/st和9mm³/st相比，25%、50%、75%和100%负荷的NO_X排放下降8.8%、8.5%、9.0%和7.7%。随着负荷的增加，NO_X排放上升。

5. 后喷间隔

图6-18所示为柴油机在不同后喷间隔下燃用B20在转速1314r/min和1640r/min负荷特

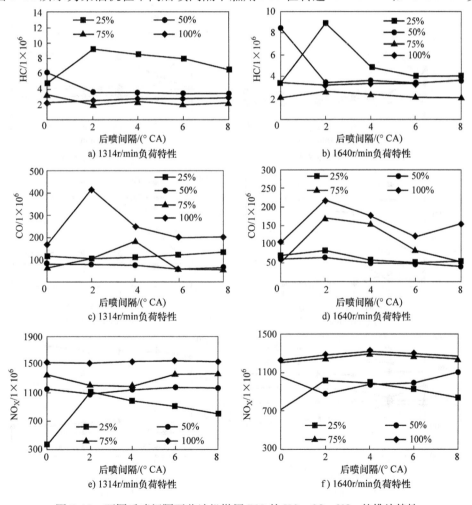

图6-18　不同后喷间隔下柴油机燃用B20的HC、CO、NO_X的排放特性

性下 HC、CO 和 NO$_X$ 的排放试验结果。由图 6-18a 和 b 可以看出，随着后喷间隔的推迟，转速 1314r/min 下，25% 负荷时 HC 排放先上升后下降，50% 和 75% 负荷时 HC 排放下降，100% 负荷时 HC 排放上升。转速 1640r/min 下，25% 负荷时 HC 排放先上升后下降，50% 负荷 HC 排放下降，75% 和 100% 负荷时 HC 排放持平。1314r/min 负荷特性下，随着负荷的增加，HC 排放先下降，100% 负荷时又略有上升。1640r/min 负荷特性下，随着负荷的增加，HC 排放先下降，100% 负荷时又上升。

随着后喷间隔的推迟，除转速 1314r/min、25% 负荷和转速 1640r/min、100% 负荷外，CO 排放先上升后下降。1314r/min 负荷特性下，随着负荷的增加，CO 排放先下降，100% 负荷时又上升。1640r/min 负荷特性下，随着负荷的增加，CO 排放先下降，75% 和 100% 负荷时又上升。随着后喷间隔的推迟，对于 NO$_X$ 排放无明显规律。1314r/min 负荷特性下，随着负荷的增加，NO$_X$ 排放上升。1640r/min 负荷特性下，随着负荷的增加，NO$_X$ 排放上升。

6. 后喷油量

图 6-19 所示为柴油机在不同后喷油量下燃用 B20 在转速 1314r/min 和 1640r/min 负荷特

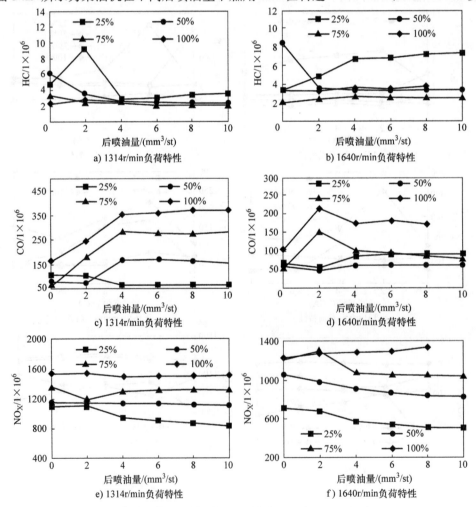

图 6-19　不同后喷油量下柴油机燃用 B20 的 HC、CO、NO$_X$ 的排放特性

性下 HC、CO 和 NO$_X$ 的排放试验结果。由图 6-19 可以看出，随着后喷油量的增加，转速 1314r/min 下，除 25% 负荷外，50% 和 75% 负荷时 HC 排放下降，100% 负荷时 HC 排放持平。转速 1640r/min 下，HC 排放呈上升趋势。1314r/min 负荷特性下，后喷油量采用 0mm³/st 和 10mm³/st 相比，25%、50%、75% 和 100% 负荷时 HC 上升 33.6%、165.7%、56.7% 和 -2.5%。随着负荷的增加，HC 排放先下降，100% 负荷时又略有上升。1640r/min 负荷特性下，后喷油量采用 0mm³/st 和 10mm³/st 相比，25%、50% 和 75% 负荷时 HC 下降 54.9%、-144.5% 和 18.5%。随着负荷的增加，HC 排放先下降，100% 负荷时又上升。

随着后喷油量的增加，转速 1314r/min 下，25% 负荷时 CO 排放下降，50%、75% 和 100% 负荷时 CO 排放上升。转速 1640r/min 下，低负荷（25% 和 50%）时 CO 排放先下降后上升，高负荷（75% 和 100%）时 CO 排放先上升后下降。1314r/min 负荷特性下，后喷油量采用 0mm³/st 和 10mm³/st 相比，25% 负荷时 CO 排放上升 63.8%，50%、75% 和 100% 负荷时 CO 排放下降 48.3%、75.6% 和 55.6%。随着负荷的增加，CO 排放上升。1640r/min 负荷特性下，后喷油量采用 0mm³/st 和 10mm³/st 相比，25%、50% 和 75% 负荷时 CO 排放下降 28.1%、4.1% 和 32.5%。随着负荷的增加，CO 排放先下降后上升。与 25% 负荷相比，50% 负荷时 CO 排放下降 25.0%，75% 和 100% 负荷时 CO 排放上升 24.9% 和 121.4%。

随着后喷油量的增加，转速 1314r/min 下，除 25% 负荷外，后喷油量对于 NO$_X$ 排放影响不大。转速 1640r/min 下，除 100% 负荷时 NO$_X$ 排放上升，其余负荷时 NO$_X$ 排放呈下降趋势。1314r/min 负荷特性下，随着负荷的增加，NO$_X$ 排放上升。1640r/min 负荷特性下，后喷油量采用 0mm³/st 和 10mm³/st 相比，25%、50% 和 75% 负荷时 NO$_X$ 排放上升 41.0%、27.2% 和 15.4%。1640r/min 负荷特性下，随着负荷的增加，NO$_X$ 排放上升。

6.2.4 喷油参数对柴油机燃用生物柴油颗粒物排放的影响

1. 共轨燃油喷射压力

图 6-20 所示为柴油机在不同共轨燃油喷射压力下燃用 B20 在转速 1314r/min 和 1640r/min 负荷特性下 PM 和 PN 的排放试验结果。由图 6-20a 和 b 可以看出，随着轨压的上升，PM 排放下降。1314r/min 负荷特性下，共轨燃油喷射压力采用 120MPa 与 80MPa 相比，25%、50%、75% 和 100% 负荷时 PM 排放浓度下降 35.7%、72.7%、84.5% 和 84.5%。随着负荷的增加，PM 排放上升。1640r/min 负荷特性下，共轨燃油喷射压力采用 120MPa 与 80MPa 相比，25%、50%、75% 和 100% 负荷时 PM 排放浓度下降 62.8%、95.4%、73.1% 和 80.2%。随着负荷的增加，PM 排放上升。主要原因是轨压上升后，燃油混合更加充分，雾化效果更好，有利于燃油的充分燃烧，从而降低了颗粒物的排放。

随着轨压的上升，PN 排放下降。1314r/min 负荷特性下，共轨燃油喷射压力采用 120MPa 与 80MPa 相比，25%、50%、75% 和 100% 负荷时 PN 排放浓度下降 41.1%、77.6%、78.4% 和 77.8%。随着负荷的增加，PN 排放上升。1640r/min 负荷特性下，共轨燃油喷射压力采用 120MPa 与 80MPa 相比，25%、50%、75% 和 100% 负荷时 PN 排放浓度下降 62.8%、71.2%、81.6% 和 74.4%。随着负荷的增加，PN 排放上升。与 25% 负荷相比，50%、75% 和 100% 负荷时平均数量排放浓度上升了四个数量级。

2. 主喷定时

图 6-21 所示为柴油机在不同主喷定时下燃用 B20 在转速 1314r/min 和 1640r/min 负荷特

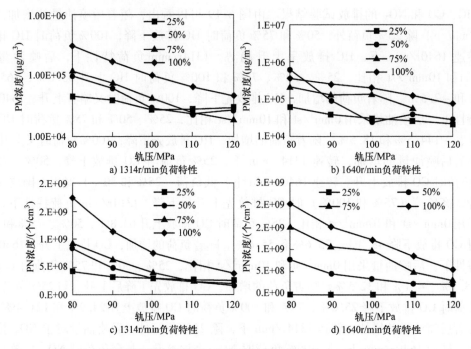

图 6-20　不同共轨燃油喷射压力下柴油机燃用 B20 的 PM 和 PN 排放特性

性下 PM 和 PN 的试验结果。由图 6-21 可以看出，随着主喷定时的推迟，中低负荷时（25%
和 50%）PM 排放上升，中高负荷时（75% 和 100%）PM 排放先上升后下降。1314r/min 负
荷特性下，主喷定时采用 - 8° CA 与 0° CA 相比，25% 和 50% 负荷时 PM 排放浓度下降
56.6% 和 64.6%，75% 和 100% 负荷时 PM 排放浓度上升 - 13.1% 和 72.0%。随着负荷的增

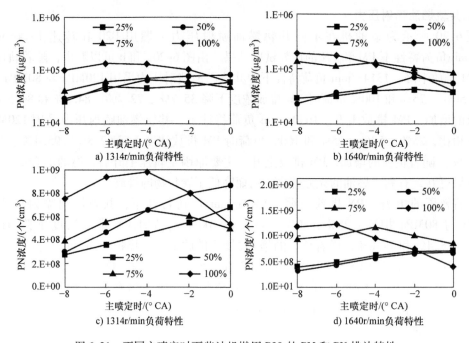

图 6-21　不同主喷定时下柴油机燃用 B20 的 PM 和 PN 排放特性

加，PM 排放上升。1640r/min 负荷特性下，主喷定时采用 - 8° CA 与 0° CA 相比，25% 和 50% 负荷时 PM 排放浓度下降 26.4% 和 55.7%，75% 和 100% 负荷时 PM 排放浓度上升 59.5% 和 377.6%。随着负荷的增加，PM 排放上升。

随着主喷定时的推迟，中低负荷时 PN 排放上升，中高负荷时 PN 排放先上升后下降。1314r/min 负荷特性下，主喷定时采用 - 8° CA 与 0° CA 相比，25% 和 50% 负荷时 PN 排放浓度下降 59.0% 和 65.8%，75% 和 100% 负荷时 PN 排放浓度上升 - 20.1% 和 42.0%。随着负荷的增加，PN 排放上升。1640r/min 负荷特性下，主喷定时采用 - 8° CA 与 0° CA 相比，25% 和 50% 负荷时 PN 排放浓度下降 45.2% 和 54.5%，75% 和 100% 负荷时 PN 排放浓度上升 9.5% 和 190.3%。随着负荷的增加，PN 排放先下降上升。与 25% 负荷相比，50% 负荷时平均数量排放浓度下降 6.9%，75% 和 100% 负荷时平均数量排放浓度上升 80.6% 和 73.5%。

3. 预喷间隔

图 6-22 所示为柴油机在不同预喷间隔下燃用 B20 在转速 1314r/min 和 1640r/min 负荷特性下 PM 和 PN 的排放试验结果。由图 6-22 可以看出，预喷间隔对于 PM 排放影响不大。1314r/min 负荷特性下，随着负荷的增加，PM 排放先上升。1640r/min 负荷特性下，随着负荷的增加，PM 排放先下降后上升。与 25% 负荷相比，50% 负荷时平均质量排放浓度下降 23.2%，75% 和 100% 负荷时平均质量排放浓度上升 224.6% 和 585.6%。

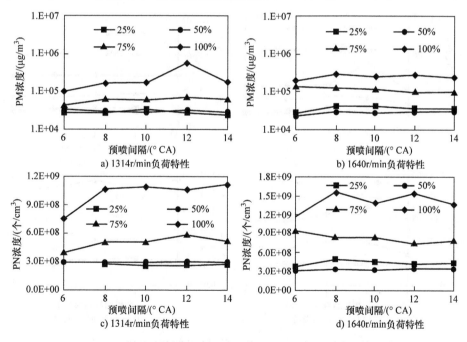

图 6-22　不同预喷间隔下柴油机燃用 B20 的 PM 和 PN 排放特性

随着预喷间隔的推迟，低负荷时（25% 和 50%）对于 PN 排放影响不大，1314r/min 中高负荷时（75% 和 100%），PN 排放上升，1640r/min 中高负荷时（75% 和 100%），PN 排放呈下降趋势。1314r/min 负荷特性下，预喷间隔采用 6° CA 与 14° CA 相比，75% 和 100% 负荷时 PN 排放浓度下降 24.0% 和 32.8%。随着负荷的增加，PN 排放上升。1640r/min 负荷特性下，预喷间隔采用 6° CA 与 14° CA 相比，75% 和 100% 负荷时 PN 排放浓度上升 17.4% 和 −15.2%。随着负荷的增加，PN 排放先下降后上升。与 25% 负荷相比，50% 负荷时平均数量排放浓度下降 23.9%，75% 和 100% 负荷时平均数量排放浓度上升 90.6% 和 217.1%。

4. 预喷油量

图 6-23 所示为柴油机在不同预喷油量下燃用 B20 在转速 1314r/min 和 1640r/min 负荷特性下 PM 和 PN 的排放试验结果。由图 6-23 可以看出，预喷油量对于 PM 排放影响不大。1314r/min 负荷特性下，随着负荷的增加，PM 排放先上升。1640r/min 负荷特性下，随着负荷的增加，PM 排放先下降后上升。与 25% 负荷相比，50% 负荷时平均质量排放浓度下降 9.4%，75% 和 100% 负荷时平均质量排放浓度上升 152.3% 和 776.5%。

随着预喷油量的增加，中低负荷时（25% 和 50%）对于 PN 排放影响不大，1314r/min 中高负荷时（75% 和 100%），PN 排放先上升后下降又上升，1640r/min 中高负荷时（75% 和 100%），PN 排放呈下降趋势。1314r/min 负荷特性下，预喷油量采用 $1mm^3/st$ 和 $9mm^3/st$ 相比，75% 和 100% 负荷时 PN 排放浓度下降 21.0% 和 14.8%。随着负荷的增加，PN 排放上升。1640r/min 负荷特性下，预喷间隔采用 6° CA 与 14° CA 相比，75% 和 100% 负荷时 PN 排放浓度上升 14.5% 和 12.1%。随着负荷的增加，PN 排放先下降后上升。与 25% 负荷相比，50% 负荷时平均数量排放浓度下降 9.4%，75% 和 100% 负荷时平均数量排放浓度上升 75.4% 和 315.5%。

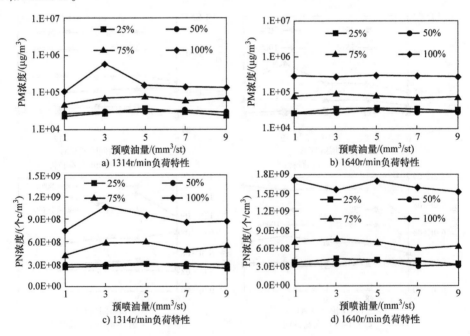

图 6-23 不同预喷油量下柴油机燃用 B20 的 PM 和 PN 排放特性

5. 后喷间隔

图 6-24 所示为柴油机在不同后喷间隔下燃用 B20 在转速 1314r/min 和 1640r/min 负荷特性下 PM 和 PN 的排放试验结果。由图 6-24 可以看出，随着后喷间隔的推迟，1314r/min 中低负荷（25% 和 50%）时 PM 排放先上升后下降，1314r/min 中高负荷（75% 和 100%）时

PM 排放先上升后下降又上升。主要原因是合适大小的后喷间隔有利于主喷阶段未完全燃烧而产生的部分颗粒物发生二次燃烧，从而降低 PM 的排放。1640r/min 时 PM 排放先上升后下降。1314r/min 负荷特性下，后喷间隔采用 0° CA 与 4° CA 相比，25%、50%、75% 和 100% 负荷时 PM 排放浓度下降 71.7%、80.2%、93.4% 和 76.8%。随着负荷的增加，PM 排放上升。1640r/min 负荷特性下，后喷间隔采用 0° CA 与 4° CA 相比，25%、50%、75% 和 100% 负荷时 PM 排放浓度下降 85.8%、86.1%、79.7% 和 58.1%。随着负荷的增加，PM 排放上升。

随着后喷间隔的推迟，1314r/min 中低负荷（25% 和 50%）时 PN 排放先上升后下降，1314r/min 中高负荷（75% 和 100%）时 PN 排放先上升后下降又上升。1640r/min 时 PN 排放先上升后下降。1314r/min 负荷特性下，后喷间隔采用 0° CA 与 4° CA 相比，25%、50%、75% 和 100% 负荷时 PN 排放浓度下降 60.5%、73.2%、86.4% 和 66.2%。随着负荷的增加，PN 排放上升。1640r/min 负荷特性下，后喷间隔采用 0° CA 与 4° CA 相比，25%、50%、75% 和 100% 负荷时 PN 排放浓度下降 75.7%、77.4%、68.2% 和 47.1%。随着负荷的增加，PN 排放先下降后上升。与 25% 负荷相比，50% 负荷时平均数量排放浓度下降 9.1%，75% 和 100% 负荷时平均数量排放浓度上升 74.1% 和 97.4%。

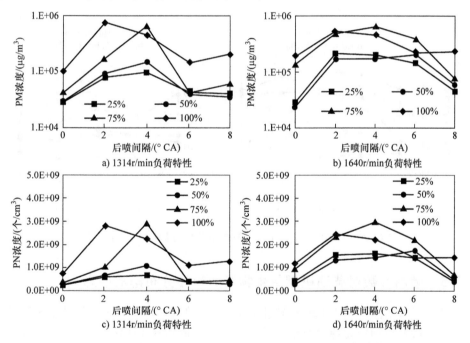

图 6-24 不同后喷间隔下柴油机燃用 B20 的 PM 和 PN 排放特性

6. 后喷油量

图 6-25 所示为柴油机在不同后喷油量下燃用 B20 在转速 1314r/min 和 1640r/min 负荷特性下 PM 和 PN 的排放试验结果。由图 6-25 可以看出，随着后喷油量的增加，1314r/min 时 PM 排放上升，1640r/min 时 PM 排放整体呈上升趋势。主要原因是后喷油量的增加会使缸内后期温度升高，这有利于颗粒物的形成。1314r/min 负荷特性下，后喷油量采用 $2mm^3/st$ 和 $10mm^3/st$ 相比，25%、50%、75% 和 100% 负荷时 PM 排放浓度下降 50.6%、34.4%、

48.4%和54.0%。随着负荷的增加，PM 排放先下降后上升。1640r/min 负荷特性下，后喷油量采用 2mm³/st 和 10mm³/st 相比，25%、50%、75%和 100%负荷时 PM 排放浓度下降 57.8%、90.8%、45.1%和 5.0%。随着负荷的增加，PM 排放上升。

随着后喷油量的增加，除了转速 1314r/min、25%负荷外，1314r/min 时 PN 排放上升，1640r/min 时 PN 排放无明显规律性。1314r/min 负荷特性下，后喷油量采用 2mm³/st 和 10mm³/st相比，25%、50%、75%和 100%负荷时 PN 排放浓度下降 -23.6%、59.6%、13.7%和 22.2%。随着负荷的增加，PN 排放上升。1640r/min 负荷特性下，后喷油量采用 2mm³/st 和 10mm³/st 相比，25%、50%、75%和 100%负荷时 PN 排放浓度下降 47.6%、-6.5%、-33.0%和 20.5%。随着负荷的增加，PN 排放上升。

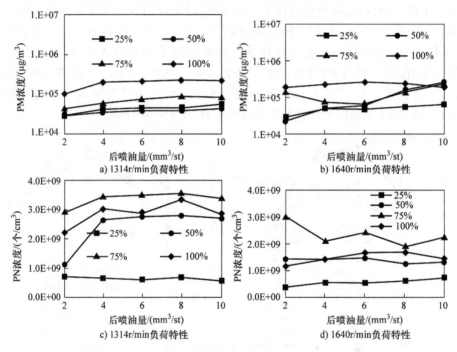

图 6-25　不同后喷油量下柴油机燃用 B20 的 PM 和 PN 排放特性

6.2.5　喷油参数对柴油机燃用生物柴油粒径分布排放的影响

本小节对试验柴油机燃用 B20 在转速 1314r/min 和 1640r/min 负荷特性下不同喷油参数下进行了柴油机颗粒物排放特性的台架试验。下面选取转速 1314r/min、25%负荷，以及转速 1640r/min、75%负荷的 2 个典型工况对柴油机进行颗粒物排放分析研究。

1. 共轨燃油喷射压力

图 6-26 所示为柴油机燃用 B20 在转速 1314r/min、25%负荷及转速 1640r/min、75%负荷的工况下，不同共轨燃油喷射压力对 PN 粒径分布特性的影响。

由图 6-26 可见，在不同共轨燃油喷射压力下，PN 粒径分布呈单峰对数分布趋势。无论是在低速低负荷工况，还是高速高负荷工况，各粒径下颗粒物排放数量均随着共轨燃油喷射压力的增加而减小，粒径分布峰值随共轨燃油喷射压力的增加而明显减小，且在转速 1640r/min、25%负荷下各粒径 PN 减小得更明显。转速 1314r/min、25%负荷时，共轨燃油喷射压力 80MPa、90MPa、100MPa、110MPa、120MPa 的核膜态 PN 占总颗粒物排放数量的 56.1%、58.4%、60.8%、61.0%、63.2%，其 PN 排放粒径峰值分别在 52.3nm、45.3nm、45.3nm、45.3nm、45.3nm。转速 1640r/min、75% 负荷时，共轨燃油喷射压力 103MPa、113MPa、123MPa、133MPa、143MPa 的核膜态 PN 占总颗粒物排放数量的 51.3%、55.7%、52.0%、61.7%、64.8%，其 PN 排放粒径峰值分别在 52.3nm、45.3nm、52.3nm、45.3nm、39.2nm。

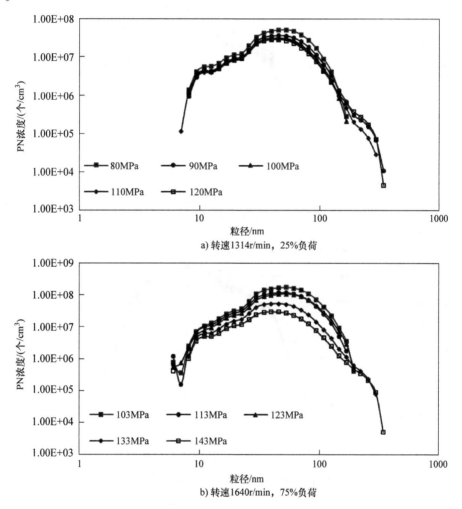

图 6-26　共轨燃油喷射压力对柴油机燃用 B20 的 PN 排放粒径分布特性的影响

2. 主喷定时

图 6-27 所示为柴油机燃用 B20 在转速 1314r/min、25% 负荷及转速 1640r/min、75% 负荷的工况下，不同主喷定时对 PN 粒径分布特性的影响。

由图 6-27 可见，在不同主喷定时下，PN 粒径分布呈单峰性趋势。在低速低负荷工况下，各粒径下颗粒物排放数量均随着主喷定时的减小而增加，粒径分布峰值随主喷定时的减小而明显增加，但在高速高负荷工况下核膜态 PN 随主喷定时变化不明显，且聚集态 PN 整体上随主喷定时的减小而略减少。转速 1314r/min、25% 负荷时，主喷定时 $-8°\sim0°$ CA 的核膜态 PN 占总颗粒物排放数量的 60.8%、58.8%、57.7%、58.1%、58.8%，其 PN 排放粒径峰值分别在 45.3nm、45.3nm、53.3nm、45.3nm、45.3nm。转速 1640r/min、75% 负荷时，主喷定时 −10° ~ −2° CA 的核膜径态 PN 占总颗粒物排放数量的 52.0%、56.9%、56.5%、58.7%、62.6%，其 PN 排放粒径峰值分别在 52.3nm、45.3nm、45.3nm、45.3nm、45.3nm。

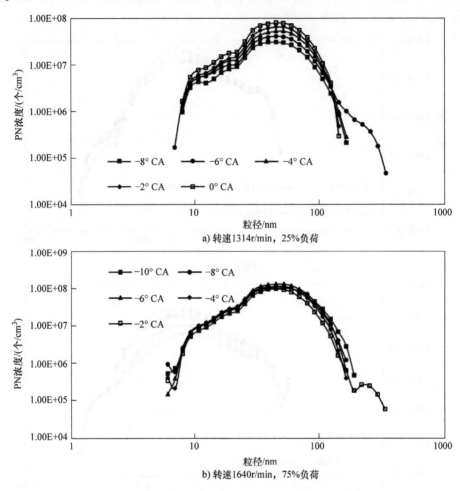

a) 转速1314r/min，25%负荷

b) 转速1640r/min，75%负荷

图 6-27　主喷定时对柴油机燃用 B20 的 PN 排放粒径分布特性的影响

3. 预喷定时

图 6-28 所示为柴油机燃用 B20 在转速 1314r/min、25% 负荷及转速 1640r/min、75% 负荷的工况下，不同预喷定时对 PN 排放粒径分布特性的影响。

由图 6-28 可见，在不同预喷提前角下，PN 粒径分布整体上呈单峰性趋势。在低速低负荷和高速高负荷工况下，各粒径 PN 随预喷提前角的变化不明显，但当预喷提前角过小（小于 4° CA）或过大（大于 16° CA）时，各粒径下 PN 明显减小。转速 1314r/min、25% 负荷时，预喷提前角 4° ~ 20° CA 的核膜态 PN 占总颗粒物排放数量的 41.4%、60.0%、60.8%、60.1%、63.5%、64.0%、40.4%、50.8%，其 PN 排放粒径峰值分别在 45.3nm、45.3nm、45.3nm、45.3nm、39.2nm、53.3nm、53.3nm。转速 1640r/min、75% 负荷时，预喷提前角

0°～16° CA 的核膜态 PN 占总颗粒物排放数量的 52.0%、53.8%、54.9%、55.3%、55.8%、42.3%、36.3%，其 PN 排放峰值分别在 53.3nm、53.3nm、53.3nm、53.3nm、53.3nm、60.4nm、60.4nm。

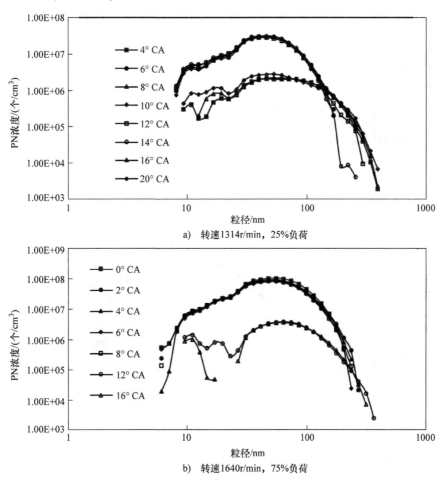

a)　转速1314r/min，25%负荷

b)　转速1640r/min，75%负荷

图 6-28　预喷定时对柴油机燃用 B20 的 PN 排放粒径分布特性的影响

4. 预喷油量

图 6-29 所示为柴油机燃用 B20 在转速 1314r/min、25%负荷及转速 1640r/min、75%负荷的工况下，不同预喷油量对 PN 排放粒径分布特性的影响。

由图 6-29 可见，在不同预喷油量下，PN 粒径分布整体上呈单峰性趋势。在低速低负荷工况下，不同的预喷油量对 PN 粒径分布基本没有影响，各粒径下 PN 基本不变。在高速高负荷下，各粒径下 PN 排放随预喷油量的增加逐渐减少。转速 1314r/min、25%负荷时，预喷油量 1～9mm³/st 的核膜态 PN 占总颗粒物排放数量的 66.7%、60.8%、60.1%、59.2%、59.0%，其 PN 排放粒径峰值分别在 39.2nm、45.3nm、45.3nm、45.3nm、45.3nm。转速 1640r/min、75%负荷时，预喷油量 0～9mm³/st 的核膜态 PN 占总颗粒物排放数量的 52.0%、57.2%、56.3%、56.5%、57.0%，其 PN 排放粒径峰值分别在 52.3nm、45.3nm、45.3nm、45.3nm、45.3nm。

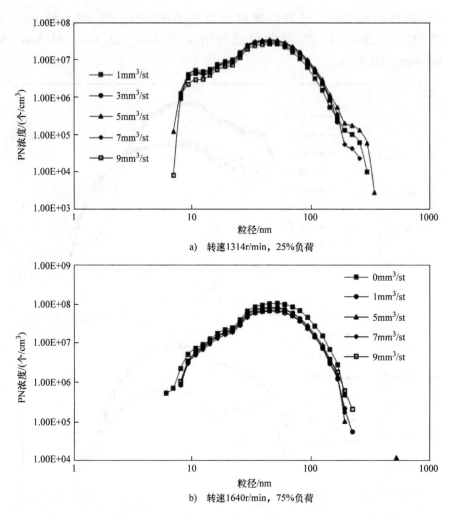

a) 转速1314r/min，25%负荷

b) 转速1640r/min，75%负荷

图 6-29   预喷油量对柴油机燃用 B20 的 PN 排放粒径分布特性的影响

5. 后喷间隔

图 6-30 所示为柴油机燃用 B20 在转速 1314r/min、25% 负荷及转速 1640r/min、75% 负荷的工况下，不同后喷间隔对 PN 排放粒径分布特性的影响。

由图 6-30 可见，在不同后喷间隔下，PN 粒径分布整体上呈单峰性趋势。在低速低负荷工况或高速高负荷工况下，随着后喷间隔的增大，各粒径下 PN 随之先增大后减小，当后喷间隔增大到 12° CA 以后，各粒径下 PN 减少且明显低于后喷间隔较小的工况。转速1314r/min、25% 负荷时，后喷间隔 0°～16° CA 的核膜态 PN 占总颗粒物排放数量的 60.8%、52.1%、50.5%、52.2%、58.0%、47.7%、48.6%，其 PN 排放粒径峰值分别在 45.3nm、52.3nm、52.3nm、45.3nm、45.3nm、52.3nm、52.3nm。转速 1640r/min、75% 负荷时，后喷间隔 0°～16° CA 的核膜态 PN 占总颗粒物排放数量的 52.0%、38.8%、38.5%、42.7%、59.6%、42.5%、40.6%，其 PN 排放粒径峰值分别在 52.3nm、60.4nm、60.4nm、60.4nm、45.3nm、60.4nm、60.4nm。

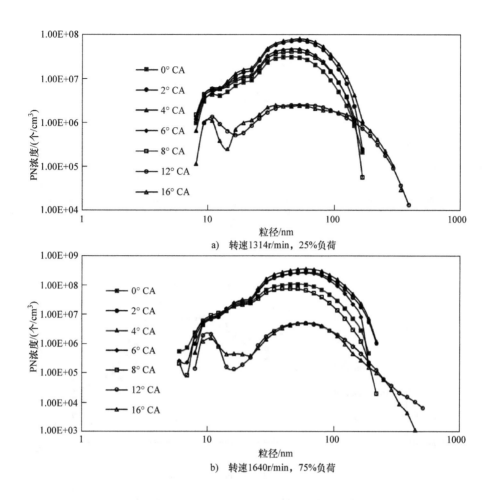

a) 转速1314r/min, 25%负荷

b) 转速1640r/min, 75%负荷

图 6-30 后喷间隔对柴油机燃用 B20 的 PN 排放粒径分布特性的影响

6. 后喷油量

图 6-31 所示为柴油机燃用 B20 在转速 1314r/min、25% 负荷及转速 1640r/min、75% 负荷的工况下，不同后喷油量对 PN 排放粒径分布特性的影响。

由图 6-31 可见，在不同后喷油量下，PN 粒径分布整体上呈单峰性趋势。在低速低负荷工况或高速高负荷工况下，随着后喷油量的增大，各粒径下 PN 整体上随之明显减小，但低速低负荷工况后喷油量较小时 PN 略有增加，当后喷油量增大到 10mm³/st 以后，各粒径下 PN 增加且明显高于后喷油量较小的工况。转速 1314r/min、25% 负荷时，后喷油量 0 ~ 10mm³/st 的核膜态 PN 占总颗粒物排放数量的 60.8%、58.1%、44.1%、49.0%、44.5%、57.8%，其 PN 排放粒径峰值分别在 45.3nm、45.3nm、60.4nm、39.2nm、45.3nm、45.3nm。转速 1640r/min、75% 负荷时，后喷油量 0 ~ 10mm³/st 的核膜态 PN 占总颗粒物排放数量的 52.0%、59.6%、43.5%、38.6%、44.5%、46.9%，其 PN 排放粒径峰值分别在 52.3nm、45.3nm、69.8nm、60.4nm、52.3nm、52.3nm。

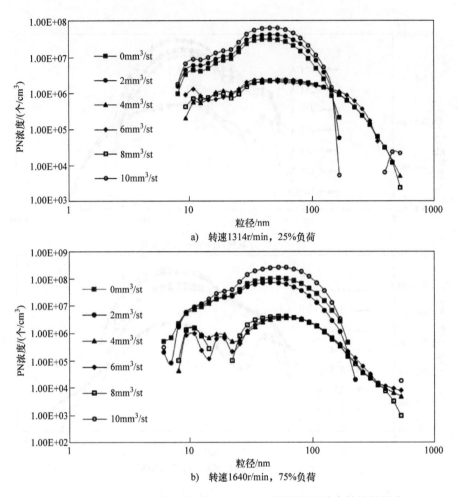

a) 转速1314r/min，25%负荷

b) 转速1640r/min，75%负荷

图6-31　后喷油量对柴油机燃用 B20 的 PN 排放粒径分布特性的影响

6.3　基于喷油多变量耦合的柴油机燃用生物柴油性能影响

6.3.1　主喷定时和共轨燃油喷射压力对柴油机燃用生物柴油性能的影响

图6-32 所示为低速、低转矩工况下燃油消耗率和 NO_X 排放与 TFIN 和 PFIN 之间的关系。在低速、低转矩工况下，燃油消耗率随 TFIN 的增大先减小再增大，最低点在 TFIN = 5° CA左右，NO_X 排放随 TFIN 的增大而逐渐增大，同时当 TFIN 小于5° CA 时，燃油消耗率随 PFIN 的增加而略微减小，当 TFIN 大于5° CA 时，燃油消耗率随 PFIN 的增加而逐渐增加，NO_X 排放一直随 PFIN 的增加略微增加。这是 TFIN 过小时，柴油机最高爆发压力点在上止点之后，使得燃烧产生的能量没有充分利用，当 TFIN 过大时使得最高爆发压力点在上止点之前一段时间，使得燃烧产生的能量做负功影响了柴油机的油耗；同时由于 TFIN 增加，柴油机缸内燃烧的最高爆发压力和压力升高率都随之升高，瞬时放热率峰值提前，导致 NO_X 排放随之明显升高。PFIN 升高，使得 TFIN 对燃油消耗率的影响更加明显，同时缸内的最高

爆发压力和瞬时放热率略微增高，NO_X 排放随之略有增加。因为燃油消耗率和 NO_X 排放随 TFIN 和 PFIN 的变化是非线性的，因此模型存在 TFIN 和 PFIN 两项，同时 NO_X 排放的等高线不与坐标轴平行，因此 TFIN 和 PFIN 之间有相互作用。这说明燃用 B20 在低速低转矩工况下应采用较小的 PFIN 和较小的 TFIN 已获得较低的燃油消耗率和 NO_X 排放[1,2]。

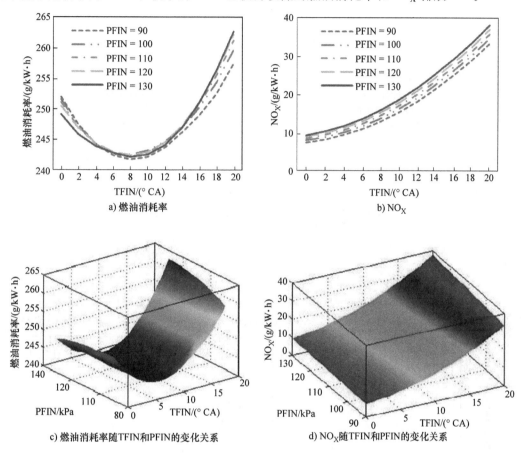

a) 燃油消耗率　　　　　b) NO_X

c) 燃油消耗率随TFIN和PFIN的变化关系　　　　　d) NO_X随TFIN和PFIN的变化关系

图 6-32　转速 1337r/min、25.4% 负荷，燃油消耗率和 NO_X 排放与 TFIN 和 PFIN 之间的关系（见彩插）

图 6-33 所示为中速、中转矩工况下燃油消耗率和 NO_X 排放与 TFIN 和 PFIN 之间的关系。在中速、中转矩工况下，燃油消耗率随 TFIN 的增大先减小再增大，最低点在 TFIN 等于 12° CA 左右，NO_X 排放随 TFIN 的增大而逐渐增大；同时当 TFIN 小于 12° CA 时，燃油消耗率随 PFIN 的增加而略微减小，当 TFIN 大于 12° CA 时，燃油消耗率随 PFIN 的增加而逐渐增加，NO_X 排放一直随 PFIN 的增加略微增加。产生这一现象的原因与低速、低转矩的原因基本相同，但可以看出随着转速和转矩的增大，燃油消耗率和 NO_X 排放逐渐减小，最小燃油消耗率对应的喷油提前角逐渐增大。这是由于柴油机功率随转速和转矩的增加而增加，功率增加速度高于燃油消耗率和 NO_X 排放的增加速度，因此其比油耗和比功率排放均相应降低。这说明燃用 B20 在中速中转矩工况下应采用略大的 TFIN 和较低的 PFIN 以获得较好的燃油消耗率和 NO_X 排放。

图 6-34 所示为高速、高转矩工况下燃油消耗率和 NO_X 排放与 TFIN 和 PFIN 之间的关

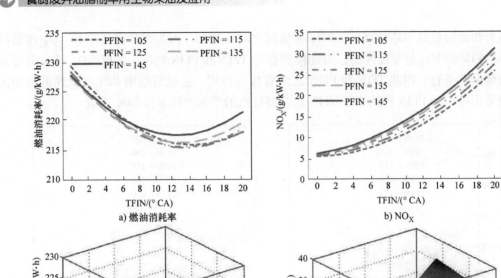

图 6-33　转速 1657r/min、45.5% 负荷，燃油消耗率和 NO_X 排放与 TFIN 和 PFIN 之间的关系（见彩插）

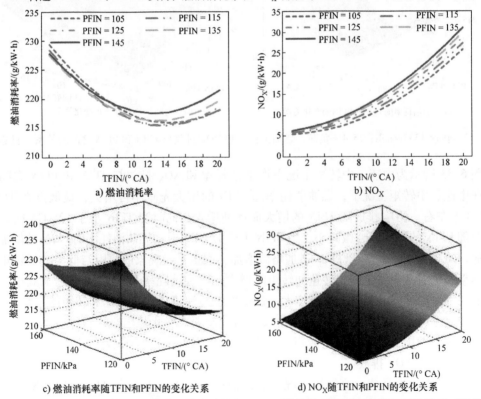

图 6-34　转速 1976r/min、50.6% 负荷，燃油消耗率和 NO_X 排放与 TFIN 和 PFIN 之间的关系（见彩插）

系。在高速、高转矩工况下，燃油消耗率随 TFIN 的增大先减小再增大，最低点在 TFIN 等于 18° CA 左右，相比于中速、中转矩工况喷油提前角再次增大，NO_X 排放随 TFIN 的增大而逐渐增大；同时随 PFIN 的升高，燃油消耗率逐渐减小，NO_X 排放逐渐增加。这是由于柴油机转速提高，油耗最低混合燃烧滞燃期需要的喷油提前角随之提前，同时柴油机转速和转矩的提高要求更多的总喷油量，需要较高的 PFIN 才能使得喷油脉宽缩短，喷油雾化较好，燃油燃烧得到改善，进而提高了燃油能量利用率，燃油消耗率减小，但是较好地燃烧使得柴油机缸内压力和温度升高，较高的转速使得柴油机涡轮增压器供氧量增多、混合燃烧时间段，因此导致缸内局部位置高温富氧，进而 NO_X 排放明显升高。这说明燃用 B20 在高转速、高转矩工况下应在其他条件允许的情况下，采用略大的 TFIN 和较高的 PFIN 以获得较好的燃油消耗率，但 PFIN 受到 NO_X 排放的限制不能太高。

6.3.2 预喷油量和预喷间隔对柴油机燃用生物柴油性能的影响

图 6-35 所示为低速低转矩工况下燃油消耗率和 NO_X 排放与 QPRE 和 TINT 之间的关系。在低转速、低转矩工况下，当 QPRE 为 0 时，随着 TINT 的增加，燃油消耗率基本不变，当 QPRE 不为 0 时，燃油消耗率随 TINT 的增加逐渐增加，同时 NO_X 排放随 TINT 的增加先增加在减少。随着 QPRE 的增加，燃油消耗率先减少在增加，NO_X 排放同样也随着先减少在

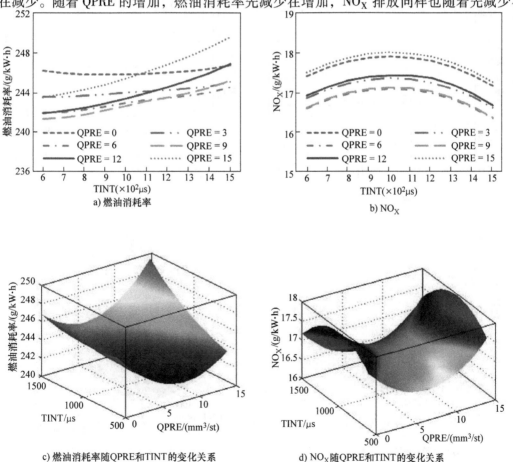

图 6-35 转速 1337r/min、25.4% 负荷，燃油消耗率和 NO_X 排放与 QPRE 和 TINT 的关系（见彩插）

增加。这是由于随着 TINT 的增加，主燃烧和预混合燃烧的间隔增加，使得燃料产生的能量利用在柴油机做功上的量减少，因此燃油消耗率上升，但是这种现象在 QPRE 较少时并不明显，而随着 QPRE 的增加愈发明显；同时由于预喷射的引入使得柴油机缸内燃烧得到改善，增加了缸内的湍流并缩短了滞燃期，降低速燃期的温度和压力的急剧上升，因此降低了同时降低了燃油消耗率和 NO_X 排放，但是过多的 QPRE 会使得主燃烧提前因此降低了柴油机功率同时排放恶化。这说明燃用 B20 在低转速、低转矩工况下，靠近主喷射增加少量预喷射可以明显改善柴油机的油耗和 NO_X 排放，柴油机高压共轨系统应适当采用预喷射。

图 6-36 所示为中速、中转矩工况下燃油消耗率和 NO_X 排放与 QPRE 和 TINT 之间的关系。在中转速、中转矩工况下，当 QPRE 为 0 时，随着 TINT 的增加，燃油消耗率和 NO_X 排放基本不变，当 QPRE 不为 0 时，燃油消耗率和 NO_X 排放随 TINT 的增加均逐渐略微减小；随着 QPRE 的增加，燃油消耗率先略微减少在增加，NO_X 排放则逐渐增加。这是由于预喷射的引入使得柴油机缸内局部形成湍流使燃油和空气更好混合，同时预喷的燃油在高温高压下进行缓慢燃烧提高了缸内的温度，缩短了滞燃期，因此在 QPRE 较小时可以改善燃烧降低燃油消耗率，NO_X 排放基本不变；当 QPRE 较大时会使得柴油机燃烧提前，燃烧持续期增长，使得功率下降同时缸内温度升高，导致燃油消耗率和 NO_X 排放均明显升高，而 TINT 的增大会使得过多 QPRE 对柴油机燃烧的影响减弱，因此燃油消耗率和 NO_X 排放随 TINT 增大

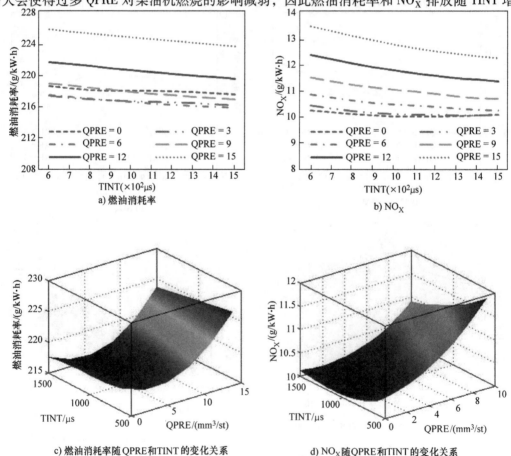

a) 燃油消耗率   b) NO_X

c) 燃油消耗率随QPRE和TINT的变化关系   d) NO_X随QPRE和TINT的变化关系

图 6-36 转速 1657r/min、45.5% 负荷，燃油消耗率和 NO_X 排放与 QPRE 和 TINT 的关系（见彩插）

略微减小。这说明燃用 B20 在中速中转矩工况下，可以不使用预喷射，如果要使用那么 QPRE 一定要很小。

图 6-37 所示为高速、高转矩工况下燃油消耗率和 NO_X 排放与 QPRE 和 TINT 之间的关系。在高转速、高转矩工况下，随着 TINT 的增加，燃油消耗率和 NO_X 排放变化均很小，燃油消耗率有略微上升趋势，NO_X 排放有先略升高后下降的趋势；随着 QPRE 的增加，燃油消耗率和 NO_X 排放均随之增加。这是由于在较高转速下柴油机单位循环燃烧时间很短，相应的留给预混合燃烧时间更短，在这类工况下引入预喷射则达不到预混合燃烧的效果反而会影响正常燃烧，随着 QPRE 的增加会使该影响越来越大。这说明燃用 B20 在高转速、高转矩工况下，不应引入预喷射。

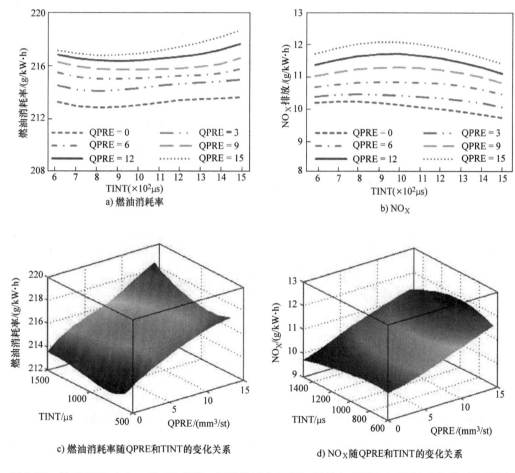

a) 燃油消耗率

b) NO_X

c) 燃油消耗率随QPRE和TINT的变化关系

d) NO_X随QPRE和TINT的变化关系

图 6-37 转速 1976r/min、50.6% 负荷，燃油消耗率和 NO_X 排放与 QPRE 和 TINT 的关系（见彩插）

6.3.3 后喷油量和后喷间隔对柴油机燃用生物柴油性能的影响

图 6-38 所示为低速低转矩工况下燃油消耗率和 NO_X 排放与 QAFTER 和 TINTA 之间的关系。在低转速、低转矩工况下，当 QAFTER 为 0 时，燃油消耗率基本不变，随着 TINTA 的增加，燃油消耗率逐渐减少，NO_X 排放逐渐增加，并且随着 QAFTER 的增加，燃油消耗率

逐渐增加，NO$_X$ 排放逐渐减少。这是由于在低转速转矩工况，柴油机喷油量较小，燃油在主喷射速燃期阶段能够完全燃烧，同时后喷的引入会减小主喷射油量，因此，相应减少了缸内的最大爆发压力和最高温度，NO$_X$ 排放减小，再引入近后喷射会使得后喷到缸内的燃油不能充分燃烧，因此使得柴油机的燃油消耗率增高；同时当 TINTA 较小时，会使得更多的燃油在补燃期进行燃烧，这会使得燃油燃烧的能量利用率降低，柴油机的排温增加，燃油消耗率增加，当 TINTA 较大时近似于远后喷射，喷入缸内的燃油不再燃烧，因此对柴油机的性能和排放影响减弱。这说明燃用 B20 在低速低负荷工况，后喷射起不到改善燃烧的作用，高压共轨系统在满足排温限制的条件下应尽量少用后喷射。

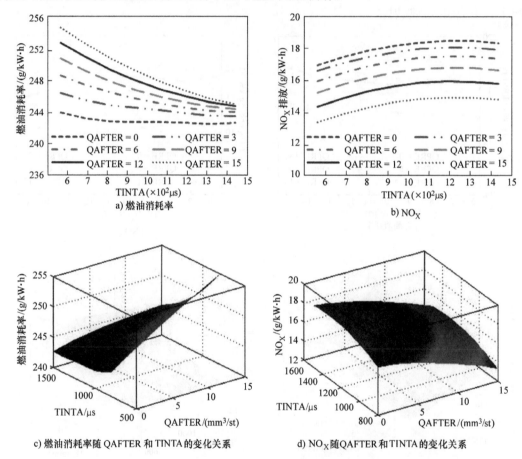

a) 燃油消耗率　　　　　　　　　　　　　b) NO$_X$

c) 燃油消耗率随 QAFTER 和 TINTA 的变化关系　　d) NO$_X$ 随 QAFTER 和 TINTA 的变化关系

图 6-38　转速 1337r/min、25.4% 负荷，燃油消耗率和 NO$_X$ 排放与 QAFTER 和 TINTA 的关系（见彩插）

图 6-39 所示为中速中转矩工况下燃油消耗率和 NO$_X$ 排放与 QAFTER 和 TINTA 之间的关系。在中转速、中转矩工况下，当 QAFTER 为 0 时，燃油消耗率和 NO$_X$ 排放基本不变，随着 TINTA 的增加，燃油消耗率和 NO$_X$ 排放均略微提高，并且随着 QAFTER 的增加，燃油消耗率和 NO$_X$ 排放均逐渐减少。这是由于近后喷射的引入对柴油机缸内的燃烧起到扰动的作用，促进了燃烧后期的混合气形成和提高了燃烧速度，从而提高了燃烧压力，缩短了燃烧持续期，降低了燃烧持续放热，因此 QAFTER 增加可以使得柴油机燃油消耗率和 NO$_X$ 排放减小，也能提高排温、有利于减少颗粒物排放的作用，同时 TINTA 的增加会使得近后喷射对

燃烧的影响逐渐减弱，因此会使得燃油消耗率和 NO_X 排放略微升高。这说明燃用 B20 在中速中转矩工况下，在排温等限制条件下，增加少量后喷可以使得柴油机的燃油消耗率和 NO_X 排放得到改善。

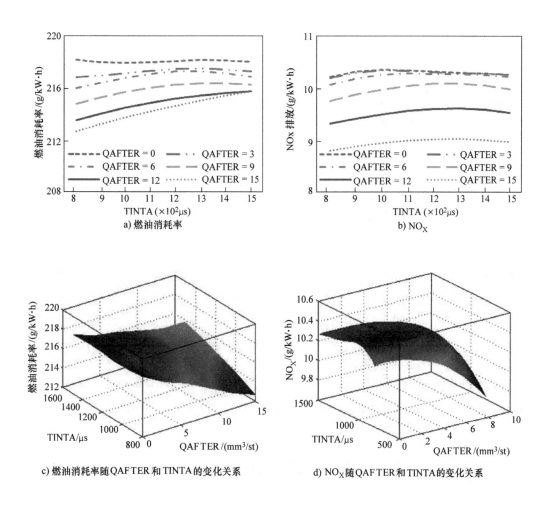

a) 燃油消耗率

b) NO_X

c) 燃油消耗率随QAFTER和TINTA的变化关系

d) NO_X随QAFTER和TINTA的变化关系

图 6-39　转速 1657r/min、45.5% 负荷，燃油消耗率和 NO_X 排放与 QAFTER 和 TINTA 的关系（见彩插）

图 6-40 所示为高速高转矩工况下燃油消耗率和 NO_X 排放与 QAFTER 和 TINTA 之间的关系。在高转速、高转矩工况下，随着 TINTA 的增加，燃油消耗率略微上升，NO_X 排放基本不变，在 0.5g/kW·h 范围内有微小波动。与预喷射相同，在高转速、高转矩工况下，柴油机单位循环时间很短，高压共轨系统多次喷射很难实现在这种高速工况下的精确控制，多次喷射引起的后燃现象也不明显，因此在高转速、高转矩工况引入后喷不能改善燃烧和排放反而会一定程度上恶化燃烧和排放。这说明燃用 B20 在高转速、高转矩工况下，不宜引入后喷射。

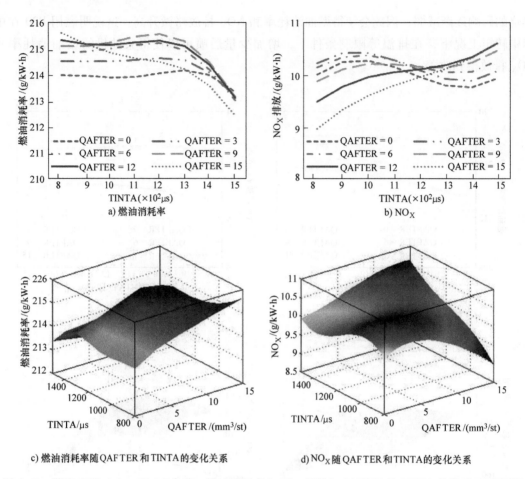

a) 燃油消耗率

b) NOₓ

c) 燃油消耗率随QAFTER和TINTA的变化关系

d) NOₓ随QAFTER和TINTA的变化关系

图 6-40　转速 1976r/min、50.6% 负荷，燃油消耗率和 NOₓ 排放与 QAFTER 和 TINTA 的关系（见彩插）

6.4　基于喷油参数的柴油机燃用生物柴油性能优化

6.4.1　优化方法

优化标定工作主要利用 Matlab CAGE（CAlibration GEneration）工具箱来进行。

单目标优化是最简单的一类优化问题，Matlab CAGE 中常用的单目标优化方法包括信赖域算法、遗传算法和模式搜索法等。

1）信赖域算法

信赖域算法是一种迭代算法，其基本思想为：首先给定一个所谓的"信赖域半径"作为位移长度的上界，并以当前迭代点为中心，以此"上界"为半径确定一个称之为"信赖域"的闭球区域。然后，通过求解这个区域内的"信赖域子问题"（目标函数的二次近似模型）的最优点来确定"候选位移"。若候选位移能使目标函数值有充分的下降量，则接受该候选位移作为新的位移，并保持或扩大信赖域半径，继续新的迭代，否则说明二次模型与目标函数的近似度不够理想，需要缩小信赖域半径，再通过求解新的信赖域内的子问题得到新的候选位移。如此重复下去，直到满足迭代终止条件。该方法对搜索初始点的依赖性较高。若待优化的问题存在局部最优解，则这种依赖性就更加明显，一旦初始点稍有偏差，最终就可能无法得到全局最优解。

2）遗传算法

遗传算法是模拟达尔文生物进化论的自然选择和遗传学机理的生物进化过程的计算模型，是一种通过模拟自然进化过程搜索最优解的方法。遗传算法从问题解的串集开始搜索，而不是从单个解开始。传统优化算法是从单个初始值迭代求最优解的；容易误入局部最优解。遗传算法从串集开始搜索，覆盖面大，利于全局择优。由于遗传算法本身存在着很多的随机因素，所以对于同一个问题，多次优化的结果也会存在一定的差异。

3）模式搜索法

模式搜索法是一种在计算时不需要目标函数的导数的方法，所以在解决不可导的函数或者求导异常麻烦的函数的优化问题时非常有效。模式搜索法是对当前搜索点按固定模式和步长探索移动，以寻求可行下降方法（非最速下降方向）的直接搜索法。迭代过程只要找到相对于当前点的改善点，则补偿递增，否则补偿递减，在当前点继续搜索。

Matlab 中多目标优化采用的算法是 NBI（垂直边界交叉优化）算法[5,6]。NBI 算法的实现由两个阶段组成。第一步是利用信赖域算法寻找多目标中每个目标的极值，即单目标优化问题；第二步是在各个单目标的极值点之间寻找最优的权衡解集。具体而言是利用 $(n-1)$ 维的超曲面将各个单目标的极值点连接起来，对于双目标优化而言，一维的超曲面就是直线，用直线连接两个极值点。然后在该直线的法线上寻找距离连线最远的点，这称为 NBI 子问题。对于连线上的每一个点，NBI 子问题都又是一个单目标优化问题。

6.4.2　优化方程建立

柴油机燃用生物柴油会使得燃油消耗率和 NO_X 排放略微升高，CO、炭烟和 PM 排放明显降低等现象，因此需要重新优化试验标定柴油机使得柴油机的排放符合法规要求并且拥有更优的燃油经济性和动力性。

柴油机采用单一选择性催化氧化还原技术（SCR）的后处理方式，单一 SCR 后处理系统的柴油机其原机标定往往是使得颗粒物排放尽可能低，因而使得 NO_X 排放非常高。

随着国六排放法规的实施，必须增加可再生颗粒捕集器（CDPF）进行颗粒物减排，CDPF 后处理技术越来越得到各国的重视。由于 CDPF 的颗粒捕集效率很高，因此可以重新标定高压共轨燃油系统使得尽量降低柴油机油耗的同时尽量降低 NO_X 的排放量，柴油机颗粒物排放在经过后处理装置后能够达到法规要求，进而大大减少了尿素的消耗量，也能减小尿素箱的体积，使得车辆添加尿素的周期变长便于相关部门管理，减少尿素使用量以降低使用成本和氨泄漏的风险，减小尿素箱体积使得车辆使用空间更大。

根据以上目标，建立该生物柴油专用柴油机的优化方程如式（6-3）所示：

$$\begin{cases} \min f_{\text{BSFC}}(\text{PFIN},\text{TFIN},\text{TINT},\text{QPRE},\text{TINTA},\text{QAFTER}) \\ \min f_{\text{NO}_X}(\text{PFIN},\text{TFIN},\text{TINT},\text{QPRE},\text{TINTA},\text{QAFTER}) \\ \text{S. T.} \\ f_{\text{PM}}(\text{PFIN},\text{TFIN},\text{TINT},\text{QPRE},\text{TINTA},\text{QAFTER}) \leqslant \text{PM}_{\text{lim}} \\ f_{\text{PN}}(\text{PFIN},\text{TFIN},\text{TINT},\text{QPRE},\text{TINTA},\text{QAFTER}) \leqslant \text{PN}_{\text{lim}} \\ f_{\text{CO}}(\text{PFIN},\text{TFIN},\text{TINT},\text{QPRE},\text{TINTA},\text{QAFTER}) \leqslant \text{CO}_{\text{lim}} \\ f_{\text{HC}}(\text{PFIN},\text{TFIN},\text{TINT},\text{QPRE},\text{TINTA},\text{QAFTER}) \leqslant \text{HC}_{\text{lim}} \\ f_{\text{SmokeAVG}}(\text{PFIN},\text{TFIN},\text{TINT},\text{QPRE},\text{TINTA},\text{QAFTER}) \leqslant \text{SmokeAVG}_{\text{lim}} \\ f_{\text{SmokePeak}}(\text{PFIN},\text{TFIN},\text{TINT},\text{QPRE},\text{TINTA},\text{QAFTER}) \leqslant \text{SmokePeak}_{\text{lim}} \\ f_{\text{Texh}}(\text{PFIN},\text{TFIN},\text{TINT},\text{QPRE},\text{TINTA},\text{QAFTER}) \geqslant \text{Texh}_{\text{lim}} \end{cases} \quad (6\text{-}3)$$

其中 PM_{lim}、PN_{lim}、$\text{SmokeAVG}_{\text{lim}}$、$\text{SmokePeak}_{\text{lim}}$ 分别为 PM、PN、SmokeAVG、SmokePeak 的排放限值。由于 CDPF 的转化率可以达到 90%，所以 PM 和 PN 的限制定为法规要求的 10 倍即 $\text{PM}_{\text{lim}} = 0.2\text{g/kWh}$，$\text{SmokeAVG}_{\text{lim}} = 0.5/\text{m}$。$\text{CO}_{\text{lim}}$、$\text{HC}_{\text{lim}}$ 为 CO 和 HC 的排放限值，即 $\text{CO}_{\text{lim}} = 1.5\text{g/kWh}$，$\text{HC}_{\text{lim}} = 0.46\text{g/kWh}$。由于 CDPF 和 SCR 的再生和催化氧化还原反应需要一定的排气温度，后处理装置要求排温在 230 ~ 600°C 之间，因此要求排温 $\text{Texh}_{\text{lim}} = 230℃^{[3]}$。

6.4.3 单目标优化

1. 燃油消耗率最小的单目标优化

初步优化以默认的各因素取值范围中点为起始点，以最小燃油消耗率为目标，设置 NO_X 排放量上限在一个较小的范围内，利用遗传算法在整个试验空间寻找初步全局最优解。表 6-1 为燃油消耗率在 9 个工况点的最优解结果。从表 6-1 可以看出，经过 GA 遗传算法优化后，柴油机燃用 B20 的燃油消耗率相比于优化前有了较大的改善，在低转速和低转矩工况下，优化结果显示 B20 柴油机应采用适当的预喷射和后喷射。图 6-41 所示为轨压和主喷定时的初步最优解。从图 6-41 中可以看到优化后工况点在试验区间内分布比较均匀，且都在燃油消耗率较小的区域中。

表 6-1 燃油消耗率在 9 个工况点的 GA 初步最优解

工况	转速/(r/min)	转矩/Nm	PFIN/MPa	TFIN/(°CA)	TINT/μs	QPRE/(mm³/st)	TINTA/μs	QAFTER/(mm³/st)	燃油消耗率/(g/kW·h)
1	1337	254	128.48	1.28	1028.45	6.83	1243.45	0	241.52
2	1337	508	99.12	7.12	1467.22	0	1487.09	15.00	210.82
3	1337	762	135.66	5.69	783.86	14.88	1116.28	0	202.20
4	1657	253	122.50	2.75	976.08	9.98	851.67	9.98	254.36
5	1657	506	117.13	8.25	1170.16	0	978.58	9.98	214.13
6	1657	758	125.42	9.44	897.35	0	961.40	0	206.70
7	1976	227	100.00	3.89	602.90	9.99	1308.87	0	269.51
8	1976	454	144.87	8.77	611.90	0	839.72	9.98	228.53
9	1976	681	152.10	9.23	1321.41	0	889.51	0	216.89

然后再以优化结果点为起始点，依旧以最小燃油消耗率为目标，限制NO$_X$排放量较小，利用fopton信赖域法，在GA遗传算法找到的初步全局最优点附近找到一个单目标优化全局最优点。燃油消耗率的单目标优化结果见表6-2，为燃油消耗率在9个工况点的fopton全局最优解。从表6-2可以看出，在GA遗传算法的基础上，再经过fopton信赖域算法得到的最优解，其对应的燃油消耗率均有略微减小，但对应的预喷射和后喷射策略基本相同，说明GA遗传算法可以在全局范围内搜索最优解附近区域，但得到的结果不一定是最准确的。

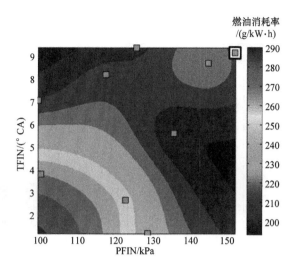

图6-41　9个工况下轨压和主喷定时的初步最优解（见彩插）

表6-2　燃油消耗率在9个工况点的fopton全局最优解

工况点	转速 /(r/min)	转矩 /Nm	PFIN /MPa	TFIN /(°CA)	TINT /μs	QPRE /(mm³/st)	TINTA /μs	QAFTER /(mm³/st)	燃油消耗率 /(g/kW·h)
1	1337	254	129.95	5.22	730.36	10.06	1213.52	0.00	236.84
2	1337	508	130.00	8.56	1500.00	0.00	1450.55	15.00	208.94
3	1337	762	145.00	8.70	854.06	15.00	1500.00	0.00	199.79
4	1657	253	129.65	8.93	600.00	9.99	800.00	9.98	244.70
5	1657	506	105.00	13.61	1500.00	0.00	800.00	9.98	208.40
6	1657	758	150.00	12.28	1063.98	0.00	1499.86	0.00	197.03
7	1976	227	100.00	4.24	600.00	9.99	1499.86	0.00	268.46
8	1976	454	147.62	12.88	600.00	0.00	800.00	9.98	225.99
9	1976	681	148.50	14.08	1391.95	0.00	1025.79	0.00	213.94

图6-42所示为单目标优化前后燃油消耗率的变化情况。从图6-42中可以看到，经过GA初步优化后，在各工况下柴油机燃用B20的燃油消耗率略微下降；再经过fopton优化后，在各工况下柴油机燃用B20的燃油消耗率明显低于柴油机燃用B20的原机状态，并与柴油机燃用BD100时的燃油消耗率非常接近，在低转速的工况点甚至优于燃用BD100的原机状态。相比于燃用B20原机状态，经过单目标组合优化（GA+fopton）后，各工况点燃油消耗率平均降幅达到B20原机的2.71%。

2. NO$_X$最小的单目标优化

研究方法与燃油消耗率单目标优化基本相同，以NO$_X$排放最小为目标，限制每个工况点的燃油消耗率都小于等于燃用B20的原机燃油消耗率，利用GA遗传算法在整个试验空间内寻找初步全局最优解。NO$_X$排放在9个工况点的GA初步最优解结果见表6-3。

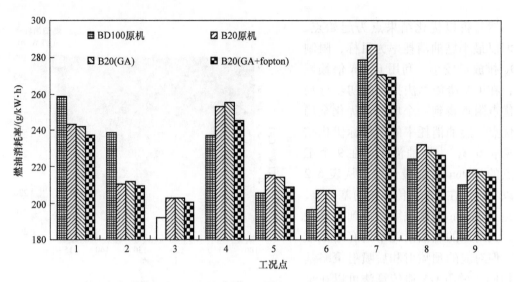

图 6-42　单目标优化前后燃油消耗率的变化情况

表 6-3　NOₓ 排放在 9 个工况点的 GA 初步最优解

工况点	转速/(r/min)	转矩/Nm	PFIN/MPa	TFIN/(°CA)	TINT/μs	QPRE/(mm³/st)	TINTA/μs	QAFTER/(mm³/st)	NOₓ/(g/kW·h)
1	1337	254	94.13	0.00	1126.95	3.00	1175.03	15.00	6.20
2	1337	508	90.00	0.00	603.36	3.27	800.00	0.00	5.93
3	1337	762	105.00	2.30	600.02	0.00	800.01	0.00	5.62
4	1657	253	110.47	0.00	1325.29	0.00	841.82	9.98	4.75
5	1657	506	105.00	0.00	1178.79	3.00	800.00	9.98	5.02
6	1657	758	110.00	1.28	600.00	3.00	1160.52	0.00	5.51
7	1976	227	102.14	0.02	728.13	9.99	947.99	9.98	2.58
8	1976	454	105.00	0.78	600.07	0.00	803.00	0.00	4.37
9	1976	681	132.35	0.00	600.00	0.00	800.00	0.00	4.89

　　然后再以优化结果点为起始点，依旧以最小 NOₓ 排放为目标，限制每个工况点燃油消耗率，利用 fopton 信赖域法，在 GA 遗传算法找到的初步全局最优点附近找到一个单目标优化全局最优点。NOₓ 排放的单目标优化结果见表 6-4，为 NOₓ 排放在 9 个工况点的 fopton 全局最优解。图 6-43 所示为 9 个工况点轨压和主喷定时的单目标全局最优解。可以看出，经过 GA 遗传算法和 fopton 信赖域算法组合优化后，柴油机的 NOₓ 排放明显都低于优化前状态，且在中、低速和低转矩工况适宜引入预喷射和后喷射。

表 6-4　NOₓ 排放在 9 个工况点的 fopton 全局最优解

工况点	转速/(r/min)	转矩/Nm	PFIN/MPa	TFIN/(°CA)	TINT/μs	QPRE/(mm³/st)	TINTA/μs	QAFTER/(mm³/st)	NOₓ/(g/kW·h)
1	1337	254	90.00	0.00	1176.61	4.36	1500.00	15.00	3.99
2	1337	508	90.00	0.00	1500.00	5.98	800.00	0.00	4.91
3	1337	762	105.00	2.28	600.00	0.00	800.00	0.00	5.62

（续）

工况点	转速 /(r/min)	转矩 /Nm	PFIN /MPa	TFIN /(°CA)	TINT /μs	QPRE /(mm³/st)	TINTA /μs	QAFTER /(mm³/st)	NOₓ /(g/kW·h)
4	1657	253	109.30	0.00	1067.49	0.00	800.00	9.98	4.20
5	1657	506	105.00	0.00	1178.77	3.00	800.00	9.98	5.02
6	1657	758	110.00	1.27	600.00	3.00	1499.86	0.00	5.17
7	1976	227	100.00	0.00	727.11	9.99	966.96	9.98	2.27
8	1976	454	105.00	0.78	600.00	0.00	839.47	0.00	4.34
9	1976	681	160.00	0.00	600.00	0.00	800.00	0.00	4.22

图 6-44 所示为单目标优化前后 NOₓ 排放的变化情况。从图 6-44 中可以看到，经过 GA 初步优化后，在各工况下柴油机燃用 B20 的 NOₓ 排放明显下降；再经过 fopton 优化后，在各工况下柴油机燃用 B20 的燃油消耗率明显低于柴油机燃用 BD100 和 B20 的原机状态，也较单独 GA 优化的 NOₓ 排放更低，但此时的燃油消耗率相对于原机较高。相比于燃用 B20 原机状态，经过单目标组合优化（GA + fopton）后，各工况点 NOₓ 排放平均降幅达到 B20 原机的 59.81%。

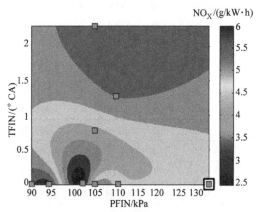

图 6-43　9 个工况点轨压和主喷定时的单目标全局最优解（见彩插）

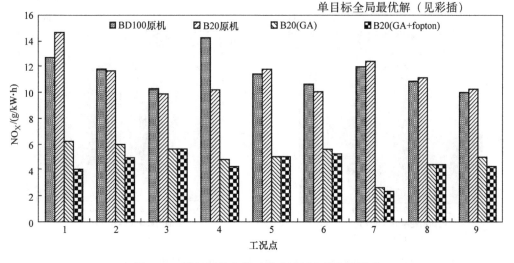

图 6-44　单目标优化前后燃油消耗率的变化情况

从优化结果来看，燃油消耗率的最优点会相应地导致 NOₓ 排放较高，而 NOₓ 排放的最优点又会相应地导致燃油消耗率较高，二者存在互相矛盾的制约关系。因为较小的燃油消耗率要求柴油机燃烧优良，能够用最少的能源尽可能高效燃烧，但也因此会导致高温富氧使得的 NOₓ 排放增加，因此需要用多目标优化来解决单目标优化的局限性。

6.4.4 双目标优化

多目标优化采用 NBI 优化算法[4]，以最小化燃油消耗率和最小化 NO_X 排放作为两个优化目标。基于以最小燃油消耗率和 NO_X 排放为单目标的两组优化结果，将其作为 NBI 优化的起始点，在相同的限制条件下，进行优化计算得出一系列 NBI 优化结果。从可行的计算结果中找出一组比较合理的喷油参数组合作为优化分析的最优解。表 6-5 为最小燃油消耗率和 NO_X 排放双目标的 NBI 全局最优解。图 6-45 所示为最小燃油消耗率和 NO_X 排放双目标的 NBI 全局最优解分布情况。

表 6-5 最小燃油消耗率和 NO_X 排放双目标的 NBI 全局最优解

工况	转速/(r/min)	转矩/Nm	PFIN/MPa	TFIN/(°CA)	TINT/μs	QPRE/(mm³/st)	TINTA/μs	QAFTER/(mm³/st)	燃油消耗率/(g/kW·h)	NO_X/(g/kW·h)
1	1337	254	95.28	3.19	600.00	7.12	1273.04	0.00	239.59	8.60
2	1337	508	130.00	5.56	1500.00	5.41	1499.88	15.00	209.51	10.79
3	1337	762	145.00	4.56	744.00	15.00	1500.00	0.00	201.05	7.32
4	1657	253	90.00	4.26	600.00	9.99	800.00	9.98	248.55	8.32
5	1657	506	105.00	7.74	1500.00	0.00	800.00	9.98	211.51	8.63
6	1657	758	150.00	7.01	1063.97	0.00	1499.86	0.00	203.01	9.67
7	1976	227	100.00	3.23	600.00	9.99	1499.86	9.98	274.95	1.55
8	1976	454	145.98	8.05	622.40	0.00	871.67	9.98	229.13	9.38
9	1976	681	148.44	10.03	1439.01	0.00	1011.19	0.00	216.30	10.47

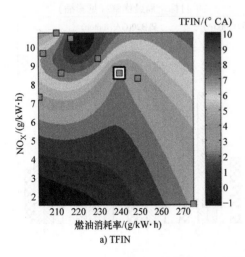
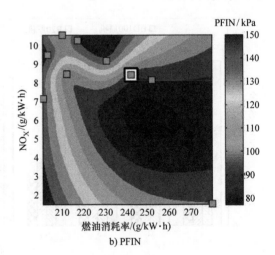

a) TFIN   b) PFIN

图 6-45 最小燃油消耗率和 NO_X 排放双目标的 NBI 全局最优解分布情况（见彩插）

表 6-6 为 NBI 多目标优化后的燃油消耗率与燃用 BD100、B20 原机状态的对比。图 6-46 所示为燃用 BD100、B20 原机状态及 NBI 多目标优化后的燃油消耗率。从表 6-6 和图 6-46 可以看出，经过 NBI 多目标优化后，在低、中、高转速的低、中、高转矩下，各工况点燃油消耗率均有一定程度的下降，降幅最明显的点下降幅度高达 3.6%，各工况点燃油消耗率

平均降幅达到 1.31%；同时燃用 B20，NBI 优化后各工况点的燃油消耗率均低于优化前的原机状态，与燃用 BD100 的燃油消耗率接近，在低转速中、低转矩和高转速低转矩工况点甚至低于燃用 BD100 时的状态。

表 6-6　NBI 多目标优化后的燃油消耗率与燃用 BD100、B20 原机状态的对比

工况点	BD100 原机燃油消耗率 /(g/kW·h)	B20 原机燃油消耗率 /(g/kW·h)	B20(NBI)燃油消耗率 /(g/kW·h)	ΔBFSC /(g/kW·h)	ΔBFSC (%)
1	257.95	242.63	239.59	3.04	1.25
2	238.06	209.84	209.51	0.33	0.16
3	191.86	202.06	201.05	1.02	0.50
4	236.53	252.29	248.55	3.73	1.48
5	205.04	214.88	211.51	3.38	1.57
6	196.19	206.27	203.01	3.26	1.58
7	277.80	285.30	274.95	10.35	3.63
8	223.69	231.68	229.13	2.55	1.10
9	209.60	217.35	216.30	1.05	0.48

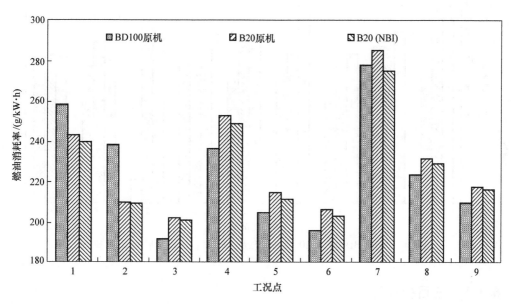

图 6-46　燃用 BD100、B20 原机状态及 NBI 多目标优化后的燃油消耗率

表 6-7 为 NBI 多目标优化后的 NO_x 排放与燃用 BD100、B20 原机状态的对比。图 6-47 所示为燃用 BD100、B20 原机状态及 NBI 多目标优化后的 NO_x 排放。从表 6-7 和图 6-47 可以看出，经过 NBI 多目标优化后，在低、中、高转速的低、中、高转矩下，各工况点 NO_x 排放均有一定程度的下降，对于降幅最明显的点，下降幅度高达 87.33%，也有少数工况点 NO_x 排放有略微升高，各工况点 NO_x 排放平均降幅达到 24.59%；同时燃用 B20，NBI 优化后各工况点的 NO_x 排放基本都低于优化前的原机状态，并且降幅比较明显；多数工况点优化后的 NO_x 排放也明显低于燃用 BD100 的 NO_x 排放，在低转速中、仅在高转速、高转矩的

工况下 NO_X 排放有小幅度升高。

表 6-7 NBI 多目标优化后的 NO_X 排放与燃用 BD100、B20 原机状态的对比

工况点	BD100 原机 NO_X /(g/kW·h)	B20 原机 NO_X /(g/kW·h)	B20(NBI) NO_X /(g/kW·h)	ΔNO_X /(g/kW·h)	ΔNO_X (%)
1	12.73	14.64	8.60	6.04	41.23
2	11.76	11.66	10.79	0.87	7.48
3	10.21	9.85	7.32	2.53	25.72
4	14.27	10.17	8.32	1.84	18.13
5	11.40	11.69	8.63	3.07	26.23
6	10.58	10.06	9.67	0.39	3.87
7	11.98	12.26	1.55	10.70	87.33
8	10.82	11.01	9.38	1.63	14.81
9	10.00	10.12	10.47	-0.35	-3.51

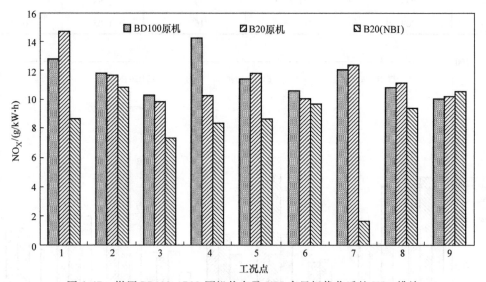

图 6-47 燃用 BD100、B20 原机状态及 NBI 多目标优化后的 NO_X 排放

6.4.5 三目标优化

本节对 NO_X、PM 排放和燃油消耗率进行三目标优化，优化针对不同转速的三个工况点。

约束条件：对于最小目标优化的变量，如燃油消耗率、PM 浓度 PM 和 NO_X 排放，不作约束；对于不优化的变量，如气态物 HC 和 CO 排放限值，则与单目标优化相同，为原机的 1.3 倍。于是得到三目标优化的变量约束，见表 6-8。

导入约束条件后，即可进行三目标的优化工作。

面对三个目标之间的取舍，往往需要有所侧重，PM 和 NO_X 排放的变化幅度比燃油消耗率要大，因而可以赋予燃油消耗率较大的权重，以此进行平衡。得出的综合评价函数如下：

表 6-8　最小 NO_X、PM 排放和燃油消耗率三目标优化的变量约束

转速 $n/$(r/min)	转矩 $T_{tq}/$N·m	HC/($\times 10^{-6}$)	CO($\times 10^{-6}$)
1337	300	8.0	4.3
1657	300	4.5	5.2
1976	293	7.7	5.4

$$f(x) = 0.1 \times \frac{f_{NO_X}(x)}{f_{NO_X}} + 0.1 \times \frac{f_{PM(x)}}{f_{PM}} + 0.8 \times \frac{f_{BSFC}(x)}{f_{BSFC}} \tag{6-4}$$

经过对每个工况点下的数百个优化结果进行的综合评价，最终得到各个工况下的三目标 NBI 优化结果见表 6-9 所示。

表 6-9　最小 NO_X、PM 排放和燃油消耗率三目标 NBI 优化结果

转速 n /(r/min)	转矩 T_{tq} /N·m	TINTA /(°CA)	QAFTER /(mm³/st)	PM /(μg/m³)	NO_X ($\times 10^{-6}$)	HC ($\times 10^{-6}$)	CO ($\times 10^{-6}$)	燃油消耗率 /(g/kW·h)	T_{exh} /℃
1337	300	20.6	14.7	5.6E+05	11.5	7.2	4.2	243.2	259.7
1657	300	3.4	14.9	7.3E+05	30.3	3.8	4.1	249.8	260.5
1976	293	16.7	6	9.2E+05	40.6	3.9	4.9	261.5	263.5

6.4.6　单目标优化和多目标优化结果对比分析

图 6-48 所示为后喷参数单目标和多目标优化结果对比分析。

由图 6-48a 可以看出，经过三种优化后，优化后的后喷参数下 NO_X 排放相对原机均有所降低，且 NO_X 单目标优化的 NO_X 排放最低，平均降幅为 65.7%；双目标优化的 NO_X 降低幅度略小，平均降幅为 58.4%；而三目标优化的 NO_X 排放总体而言最高，但降幅仍然达到 40.4%；这是由于目标数增加后 NO_X 排放所占权重降低的原因。

由图 6-48b 中可以看出，经过优化后，各工况点优化后的后喷参数下的排气温度均相对原机有所上升，且均满足 NO_X 单目标优化≥NO_X、PM 双目标优化≥NO_X、PM、燃油消耗率三目标优化的规律。单目标优化后各工况点的平均排气温度上升了 15.2℃；双目标优化后平均排气温度上升了 13.8℃，而三目标优化后平均升高量为 11.0℃。

由图 6-48c 可以看出，经过三种优化后燃油消耗率相对原机基本都出现了升高，只有转速 1976r/min 负荷 30% 工况下三目标优化后略有降低，且其降低幅度不大，仅为 0.9%。单目标和双目标优化中，由于燃油消耗率均不是优化目标，因此两者上升幅度相近，分别平均升高了 4.0% 和 3.8%，均在可接受范围内。三目标优化后，由于燃油消耗率是优化目标之一且权重较大，因此其上升幅度只有 1.7%，较为理想。

由图 6-48d 中可以看出，经过三种优化后，转速 1337r/min 负荷 30% 工况的 PM 浓度出现了 20% 左右的下降，转速 1657r/min 负荷比 30% 工况的 PM 排放则出现了 30% 以内的上升，转速 1976r/min 负荷 30% 工况下 PM 排放有 10% 以内的小幅下降。从三个工况的平均 PM 排放来看，NO_X 最小单目标优化后的 PM 排放与原机相比变化不大，NO_X、PM 最小排放双目标优化后的 PM 排放相比原机下降了 5.3%，而三目标优化后的 PM 排放相对原机下降了 2.0%。

从图 6-48e 中可以看出，经过优化后各工况点下 HC 排放的变化趋势不一致，其中转速

1337r/min 负荷30%工况下和转速1657r/min 负荷30%工况下的 HC 排放有所上升，且前者

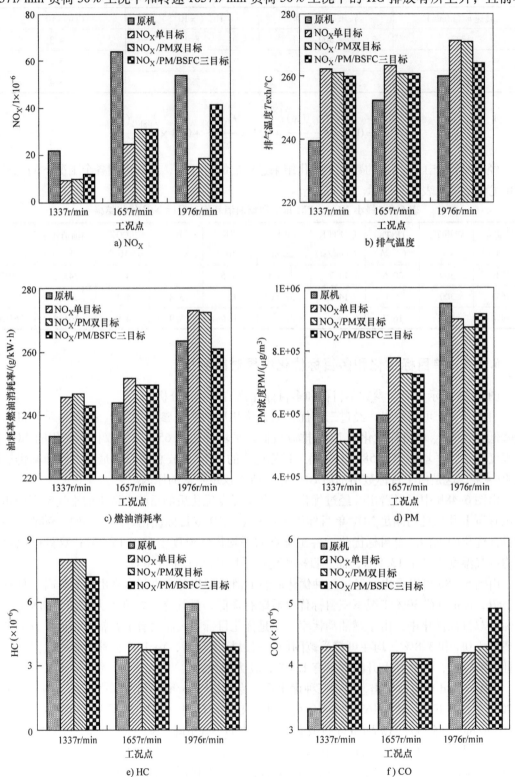

图6-48　单目标和多目标优化结果对比分析

的上升幅度更为明显，达到 25.3%，转速 1976r/min 负荷比 30% 工况下的 HC 排放则有所下降，平均降幅为 28.3%。

从图 6-48f 中可以看出，经过优化后各工况点的 CO 排放均有所上升，其中转速 1337r/min 负荷 30% 工况下的上升幅度较大，三种优化后的平均上升幅度达到 28.5%，另两个工况点的优化后的上升幅度较小，1657r/min 和 1976r/min 工况下分别为 3.9% 和 7.6%。

总体而言，低负荷工况下的后喷参数优化实现了在不明显恶化燃油经济性的前提下优化排放特性的目的，是一条降低柴油机排放的可行的路径。

参 考 文 献

[1] 房亮. 国 V 排放生物柴油专用柴油机性能优化试验研究 [D]. 上海：同济大学，2014：51 – 60.

[2] 张墅. 与后处理装置耦合作用的柴油机燃用生物柴油喷油参数优化 [D]. 上海：同济大学，2015：29 – 38.

[3] 楼狄明，房亮，胡志远，等. 多因素多目标国 V 排放生物柴油混合燃料柴油机性能优化 [J]. 内燃机工程，2017，38（1）：33 – 39.

[4] 楼狄明，房亮，胡志远，等. 基于混合试验设计柴油机燃用生物柴油比油耗优化 [J]. 同济大学学报（自然科学版），2016，44（10）：1617 – 1623.

[5] DAS I，DENNIS J E. Normal – boundary intersection：A new method for generating the Pareto surface in nonlinear multicriteria optimization problems [J]. SIAM Journal on Optimization，1998，8（3）：631 – 657.

[6] 单超群. 小型乘用车柴油机性能优化 [D]. 上海：同济大学，2013.

第7章

减排技术对柴油机燃用餐废油脂制生物柴油性能及排放特性的影响

颗粒物后处理技术以及氮氧化物机内、外净化技术是降低柴油机颗粒物和 NO_X 排放的主要措施。柴油机燃用餐废油脂制生物柴油会导致 NO_X 排放和细微颗粒物排放增加的问题，普通柴油机的减排技术并不完全适用于燃用生物柴油的情况，因此需要研究减排技术对柴油机燃用生物柴油性能及排放特性的影响。

本章主要介绍了颗粒物后处理技术，例如柴油机氧化催化器（Diesel Oxidation Catalyst，DOC）、颗粒捕集器（Diesel Particulate Filter，DPF）、催化型颗粒捕集器（Catalyst Diesel Particulate Filter，CDPF），氮氧化物后处理技术，例如选择性催化还原（Selective Catalytic Reduction，SCR），以及氮氧化物机内净化技术，例如排气再循环（Exhaust Gas Re‐circulation，EGR）对柴油机燃用生物柴油后的动力性、经济性、气态物排放、颗粒物排放、无机离子、PAHs 的影响。

7.1 颗粒物后处理技术对柴油机燃用餐废油脂制生物柴油性能及排放特性的影响

7.1.1 功率、转矩和油耗

使用后处理技术时，柴油机排气背压和排气温度均会升高[1]，对柴油机动力性和经济性会产生一定的影响。图 7-1 和图 7-2 所示分别为柴油机使用不同后处理技术在外特性工况下的动力性和经济性参数，包括功率、转矩和燃油消耗率。后处理技术包括 DOC、DOC + DPF 和 DOC + CDPF，以无后处理技术的原机作为参照。由图 7-1 可见，在外特性工况下，转速相同时，与原机相比，柴油机使用不同后处理技术时的功率和转矩略有降低，但变化幅

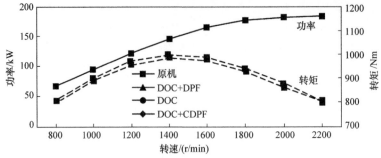

图 7-1　柴油机使用不同后处理技术在外特性工况下的功率和转矩

度不大，DOC、DOC + DPF 和 DOC + CDPF 对应的功率和转矩整体依次降低，额定功率和最大转矩的变化幅度均在 1% 以内。在相同转速下，与原机相比，柴油机使用不同后处理技术时的燃油消耗率略有升高，DOC、DOC + DPF 和 DOC + CDPF 对应的燃油消耗率整体依次升高，升高幅度在转速 1400r/min 最大转矩工况下达到最大，最大升高幅度为 2% 以内。由此可见，不同后处理技术对柴油机的动力性、经济性影响很小。

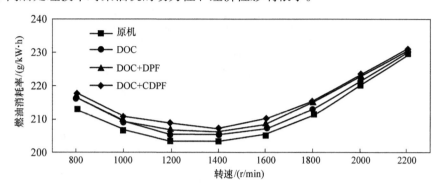

图 7-2　柴油机使用不同后处理技术在外特性工况下的燃油消耗率

7.1.2　气态物排放特性

DOC、CDPF 后处理技术涂敷贵金属铂/钯（Pt/Pd）催化剂层，对 HC、CO、NO 等气态物具有很好的催化氧化效果[2]。因此，使用不同的后处理技术会影响生物柴油机气态物的排放特性[1]。

1. HC

贵金属 Pt 和 Pd 对 HC 有很好的催化活性，其中 Pt 对饱和碳氢化合物具有较高的氧化活性，而 Pd 对未饱和碳氢氧化活性更强，综合作用下能有效氧化碳氢化合物[2]。图 7-3 所示为在外特性、1400r/min 和 2200r/min 负荷特性下，原机和不同颗粒物后处理技术的 B20 柴油机 HC 排放对比，颗粒物后处理技术包括 DOC、DOC + DPF 和 DOC + CDPF。由图 7-3a 可见，外特性下，采用了 DOC 后处理技术的柴油机 HC 排放与原机相比有显著的下降，使得 HC 的排放浓度能控制在 0.60×10^{-4} 以下，平均降幅为 81.10%。DOC + CDPF 可进一步降低 HC 排放，相比于原机，HC 排放降幅为 99.18%。由图 7-3b 和 c 可见，在 1400r/min 和 2200r/min 负荷特性下，燃用 B20 柴油机采用颗粒物后处理技术后，HC 排放较原机显著下降。其中 DOC + CDPF 减排效果最好，对 HC 的减排率均达到 99%。由此可知，DOC + CDPF 对柴油机燃用 B20 的 HC 排放有很好的减排效果。

2. CO

图 7-4 所示为分别在外特性、1400r/min 和 2200r/min 负荷特性下采用了颗粒物后处理技术的柴油机燃用 B20 的 CO 排放与原机 CO 排放的对比试验结果。由图 7-4a 可以看出，外特性下，采用了颗粒物后处理技术的柴油机燃用 B20 的 CO 排放与原机相比有显著的下降，使得 CO 的排放能控制在 4×10^{-4} 以下，平均降低幅度达到 98%，其中 DOC + CDPF 能减少 CO 排放 99.7%。由图 7-4b 和 c 可以看出，1400r/min 和 2200r/min 负荷特性下各工况点，在采用了颗粒物后处理技术之后，柴油机燃用 B20 的 CO 排放与原机相比均有显著的下降，

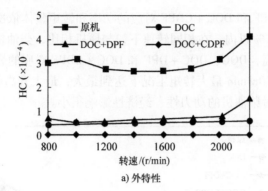

a) 外特性

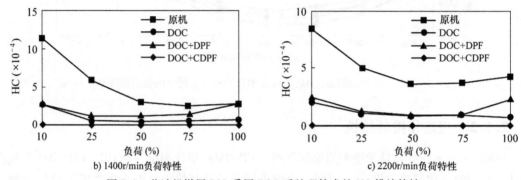

b) 1400r/min负荷特性

c) 2200r/min负荷特性

图 7-3　柴油机燃用 B20 采用 DOC 后处理技术的 HC 排放特性

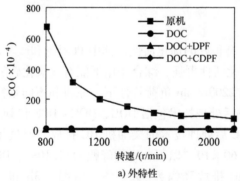

a) 外特性

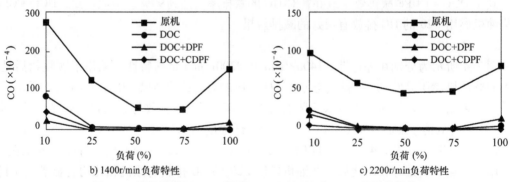

b) 1400r/min负荷特性

c) 2200r/min负荷特性

图 7-4　柴油机燃用 B20 采用 DOC 后处理技术的 CO 的排放特性

DOC+CDPF 技术对 CO 平均降幅分别为 97.88% 和 99.94%。综合外特性和负荷特性可知，颗粒物后处理技术能显著降低柴油机燃用 B20 的 CO 排放浓度。

3. NO$_X$

生物柴油由于较高的含氧量，相比于纯柴油，NO$_X$ 排放显著增加。图 7-5 所示为分别在外特性、1400r/min 和 2200r/min 负荷特性下采用了颗粒物后处理技术的柴油机燃用 B20 的 NO$_X$ 排放浓度与原机的 NO$_X$ 排放浓度的对比试验结果。由图 7-5a 可以看出，外特性试验下，采用了颗粒物后处理技术的柴油机燃用 B20 的 NO$_X$ 排放浓度与原机相比基本不变。由图 7-5b 和 c 可以看出，1400r/min、2200r/min 负荷特性下各工况点，在采用了颗粒物后处理技术之后，柴油机燃用 B20 的 NO$_X$ 排放与原机相比没有太大变化，可能原因是 DOC 和 CDPF 中的贵金属催化氧化 NO，生成 NO$_2$，但总体 NO$_X$ 浓度没有改变。由此可见，颗粒物后处理技术对 NO$_X$ 的排放没有太大影响。

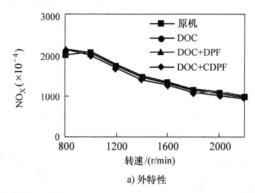

a) 外特性

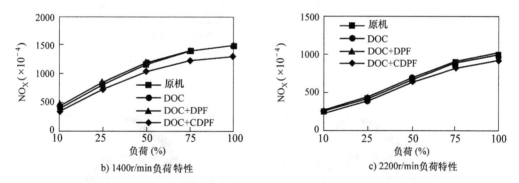

b) 1400r/min 负荷特性　　　　　　c) 2200r/min 负荷特性

图 7-5　柴油机燃用 B20 采用 DOC 后处理技术的 NO$_X$ 的排放特性

7.1.3　颗粒物排放特性

1. 颗粒物粒径分布

图 7-6 所示为柴油机燃用 B20 时，使用不同的后处理技术在外特性各转速工况下的 PN 浓度粒径分布。由图 7-6 可见，在外特性工况下：

1）DOC 下游的 PN 浓度粒径分布表现为与原机相似的单峰对数分布，峰值出现在粒径 30~50nm 区间，随着转速升高，峰值升高，变化范围为 $2.6 \times 10^6 \sim 7.6 \times 10^7$ 个/cm^3，峰值

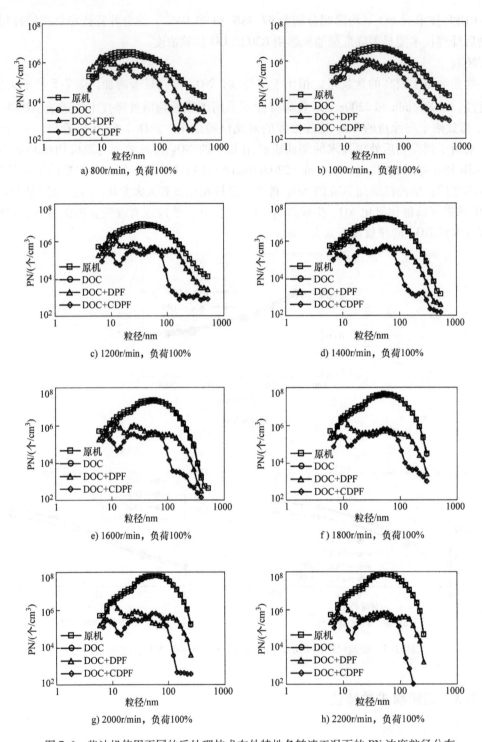

图7-6 柴油机使用不同的后处理技术在外特性各转速工况下的 PN 浓度粒径分布

对应的粒径向大粒径方向转移。与原机相比,DOC 下游粒径小于 30～50nm 区间的 PN 浓度有所降低,降低幅度随转速升高而减小,在此粒径区间内的数量浓度峰值降低,峰值对应的粒径区间基本一致,粒径大于 50nm 区间的 PN 浓度在低转速 800～1000r/min 工况下略有降低，在其他外特性工况下的整体变化幅度有限。

2）DOC + DPF 下游的 PN 浓度粒径分布表现为多峰曲线，主要峰值出现在粒径 10nm、30nm 和 100nm 附近区间，粒径 10nm 处峰值最突出，其变化范围为 $1.8 \times 10^6 \sim 2.2 \times 10^6$ 个/cm³，在粒径 20 ~ 150nm 区间内存在一段数量级为 10^5 的数量浓度平台，随着粒径增大，数量浓度呈降低的趋势，粒径大于 150nm 区间内的数量浓度急剧降低，随着转速升高，各粒径区间的数量浓度波动，整体变化幅度有限。与原机相比，DOC + DPF 在粒径 10nm 峰值左侧小粒径区间内的 PN 浓度曲线较为接近，在部分工况下出现部分粒径对应数量浓度升高的现象，在粒径大于 20nm 区间内的 PN 浓度降低最多 1 ~ 2 个数量级，在此粒径区间内，原机和 DOC 的曲线均达到数量浓度峰值，而 DOC + DPF 的曲线则为数量级较低的平台，因此后者的数量浓度显著降低，且随着转速升高，降低幅度呈增大的趋势。说明在 DOC 的基础上，DPF 对粒径分布规律影响较大，对粒径大于 20nm 区间的 PN 浓度具有显著的降低作用，随着转速升高，DPF 对 PN 排放的控制效果越明显。

3）DOC + CDPF 下游的 PN 浓度粒径分布表现为多峰曲线，主要峰值出现在粒径 10nm、25nm 和 60nm 附近区间，粒径 60nm 处峰值较突出，其变化范围为 $3.2 \times 10^5 \sim 6.5 \times 10^5$ 个/cm³，粒径大于 60nm 区间内的数量浓度随粒径增大而急剧降低，降低幅度最高达 3 个数量级，随着转速升高，各粒径区间的数量浓度波动，整体变化幅度有限。与原机相比，DOC + CDPF 下游不同粒径区间的 PN 浓度整体降低，在粒径 10 ~ 60nm 区间内降低最多 1 ~ 2 个数量级，在粒径大于 60nm 区间内的降低幅度最大超过 3 个数量级，随着转速升高，降低幅度呈增大的趋势。与 DOC + DPF 相比，DOC + CDPF 下游的 PN 浓度在粒径小于 25nm 和大于 80nm 两段区间内有明显降低。说明在 DOC 的基础上，CDPF 大幅降低了粒径大于 10nm 区间的 PN 浓度，降低幅度最大超过 3 个数量级，随着转速升高，降低幅度增大。与 DPF 相比，CDPF 主要对粒径小于 25nm 和大于 80nm 区间的 PN 浓度具有更显著的降低作用，对 PN 的控制作用进一步增强。

图 7-7 和图 7-8 所示分别为柴油机燃用 B20 时，使用不同的后处理技术在最大转矩转速 1400r/min 和额定转速 2200r/min 负荷特性工况下的 PN 浓度粒径分布。由图 7-7 和图 7-8 可见，在负荷特性工况下：

1）DOC 下游的 PN 浓度粒径分布表现为与原机相似的单峰对数分布，峰值出现在粒径 40 ~ 50nm 区间，转速 1400r/min 和 2200r/min 下峰值的范围分别为 $3.8 \times 10^6 \sim 1.5 \times 10^7$ 个/cm³ 和 $1.8 \times 10^7 \sim 7.6 \times 10^7$ 个/cm³，随着负荷升高，峰值升高，峰值对应的粒径向大粒径方向转移。与原机相比，DOC 下游的 PN 浓度峰值降低，峰值对应的粒径区间变化不大，在转速 1400r/min 中、低负荷工况下，DOC 下游粒径小于 40 ~ 50nm 区间的 PN 浓度降低较明显，在转速 2200r/min 各负荷工况下，DOC 下游的 PN 浓度粒径分布曲线与原机曲线重合度较大，数量浓度的变化幅度有限，随着负荷升高，DOC 的 PN 浓度降低幅度呈减小的趋势。

2）DOC + DPF 下游的 PN 浓度粒径分布表现为多峰曲线，主要峰值出现在粒径 10nm 附近区间，在粒径 20 ~ 150nm 区间存在一段数量级为 10^5 的数量浓度平台，其余峰值则并无明显规律，随着粒径增大，数量浓度呈降低的趋势，粒径大于 150nm 区间内的数量浓度急剧降低，随着负荷升高，数量浓度峰值降低，变化范围为 $1.1 \times 10^6 \sim 3.2 \times 10^6$ 个/cm³，其余各粒径区间的数量浓度波动，整体变化幅度有限。与原机相比，在转速 1400r/min 各负荷工况下，DOC + DPF 下游粒径 10nm 附近区间的 PN 浓度峰值升高，其余各粒径区间的 PN 浓度

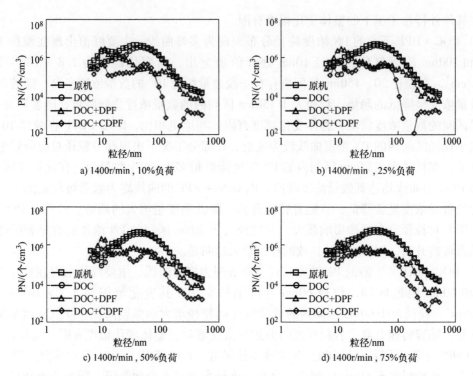

a) 1400r/min , 10%负荷

b) 1400r/min , 25%负荷

c) 1400r/min , 50%负荷

d) 1400r/min , 75%负荷

图 7-7　柴油机使用不同的后处理技术在 1400r/min 负荷特性下的 PN 浓度粒径分布

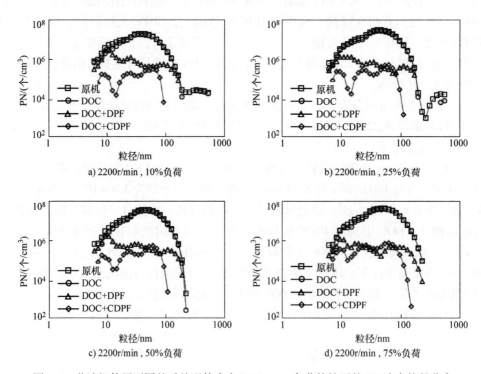

a) 2200r/min , 10%负荷

b) 2200r/min , 25%负荷

c) 2200r/min , 50%负荷

d) 2200r/min , 75%负荷

图 7-8　柴油机使用不同的后处理技术在 2200r/min 负荷特性下的 PN 浓度粒径分布

均降低，在转速 2200r/min 各负荷工况下，DOC + DPF 下游不同粒径区间的 PN 浓度整体降

低。与原机和 DOC 相比，DOC + DPF 在粒径大于 20nm 区间内的 PN 浓度降低最多 1 ~ 2 个数量级，在转速 2200r/min 下，随着负荷升高，PN 浓度的降低幅度明显增大。这说明在 DOC 的基础上，DPF 对粒径分布规律影响较大，对粒径大于 20nm 区间的 PN 浓度具有显著的降低作用，随着负荷升高，DPF 对 PN 排放的控制效果越明显。

3）DOC + CDPF 下游的 PN 浓度粒径分布为多峰曲线，主要峰值出现在粒径 10nm、25nm 和 60nm 附近区间，粒径 60nm 处峰值较突出，其变化范围为 $5.1 \times 10^5 \sim 6.5 \times 10^5$ 个/cm³，粒径大于 60nm 区间内的数量浓度随粒径增大而急剧降低，降低幅度最高达 3 个数量级，随着负荷升高，各粒径区间的数量浓度波动，整体变化幅度有限。与原机相比，在转速 1400r/min 中低负荷工况下，DOC + CDPF 下游粒径 10nm 附近区间的 PN 浓度峰值略有升高，在其他负荷特性工部下，不同粒径区间的 PN 浓度整体降低，在粒径 10 ~ 60nm 区间内降低最多 1 ~ 2 个数量级，在粒径大于 60nm 区间内的降低幅度最大超过 3 个数量级，随着转速升高，降低幅度呈增大的趋势。与 DOC + DPF 相比，DOC + CDPF 下游的 PN 浓度在粒径小于 25nm 和大于 80nm 两段区间内降低，降低幅度在转速 2200r/min 各负荷工况下更显著。说明在 DOC 的基础上，CDPF 大幅降低了粒径大于 10nm 区间的 PN 浓度，降低幅度最大超过 3 个数量级，随着负荷升高，降低幅度增大。与 DPF 相比，CDPF 主要对粒径小于 25nm 和大于 80nm 区间的 PN 浓度具有更显著的降低作用，对 PN 的控制作用进一步增强。

由此可知，使用不同的后处理技术均能不同程度降低颗粒物排放数量浓度。其中 DOC 下游的 PN 浓度粒径分布均表现为与原机相似的单峰对数分布，DOC 主要引起了粒径小于 30 ~ 50nm 区间的 PN 浓度降低，降低幅度随转速和负荷的升高而减小，DOC + DPF 和 DOC + CDPF 下游的 PN 浓度粒径分布均表现为多峰曲线，DPF 和 CDPF 分别对粒径大于 20nm 和 10nm 区间的 PN 浓度具有明显的降低作用，降低幅度均随着转速和负荷升高而增大，最多达 2 ~ 3 个数量级，与 DPF 相比，CDPF 主要对粒径小于 25nm 和大于 80nm 区间的 PN 浓度具有更显著的降低作用。

2. PN 排放

DOC、DOC + DPF 和 DOC + CDPF 不同的后处理技术均能捕集并氧化颗粒物，降低颗粒物的排放[3-6]。图 7-9 为柴油机燃用 B20 时，使用不同后处理技术在外特性和负荷特性工况下的 PN 排放，以数量排放率表示，单位为个/kW·h。由图 7-9a 可见，在外特性工况下，以原机为基准，不同后处理技术下游的 PN 排放存在以下规律：

1）在外特性各转速工况下，原机、DOC、DOC + DPF、DOC + CDPF 下游的 PN 排放依次降低，与原机相比，不同后处理技术下游的 PN 排放均降低，其中 DOC + DPF 和 DOC + CDPF 的降低幅度较大。

2）原机在外特性工况下的 PN 排放变化范围为 $2.1 \times 10^{13} \sim 4.7 \times 10^{14}$ 个/kW·h，随转速升高呈升高的趋势，升高率约 21 倍。

3）DOC 的 PN 排放随着转速升高呈升高的趋势，变化规律与原机一致，变化范围为 $1.6 \times 10^{13} \sim 4.4 \times 10^{14}$ 个/kW·h，升高率分别约 27 倍。

4）DOC + DPF、DOC + CDPF 的 PN 排放随着转速升高呈非单调波动升高的趋势，变化范围分别为 $6.6 \times 10^{12} \sim 9.8 \times 10^{12}$ 个/kW·h 和 $2.2 \times 10^{12} \sim 3.7 \times 10^{12}$ 个/kW·h，变化率分别为 28.2% 和 36.7%，变化幅度明显小于原机和 DOC 的水平。

由图 7-9b 和 c 可见，在最大转矩转速 1400r/min 和额定转速 2200r/min 负荷特性工况下，以原机为基准，不同后处理技术下游的 PN 排放存在以下规律：

1）在转速 1400r/min 和 2200r/min 各负荷工况下，原机、DOC、DOC + DPF、DOC + CDPF 下游的 PN 排放依次降低，与原机相比，不同后处理技术下游的 PN 排放均降低，其中 DOC + DPF 和 DOC + CDPF 的降低幅度较大。

2）原机在转速 1400r/min 和 2200r/min 各负荷工况下的 PN 排放变化范围分别为 $3.2 \times 10^{13} \sim 1.3 \times 10^{14}$ 个/kW·h 和 $3.3 \times 10^{14} \sim 5.5 \times 10^{14}$ 个/kW·h，随负荷升高呈先降低后升高的趋势。

3）DOC 的 PN 排放随着负荷升高呈先降低后升高的趋势，拐点在 50% ~75% 负荷比之间，变化规律与原机一致，在转速 1400r/min 各负荷工况下变化范围为 $2.8 \times 10^{13} \sim 9.1 \times 10^{13}$ 个/kW·h，在转速 2200r/min 各负荷工况下的变化范围为 $3.0 \times 10^{14} \sim 5.3 \times 10^{14}$ 个/kW·h。

4）DOC + DPF 和 DOC + CDPF 的 PN 排放随着负荷升高呈降低趋势，在转速 1400r/min 各负荷工况下的变化范围分别为 $6.6 \times 10^{12} \sim 4.9 \times 10^{13}$ 个/kW·h 和 $2.6 \times 10^{12} \sim 1.1 \times 10^{13}$ 个/kW·h，在转速 2200r/min 各负荷工况下的变化范围分别为 $9.2 \times 10^{12} \sim 6.4 \times 10^{13}$ 个/kW·h 和 $3.7 \times 10^{12} \sim 8.9 \times 10^{12}$ 个/kW·h。

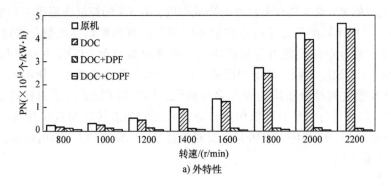

a) 外特性

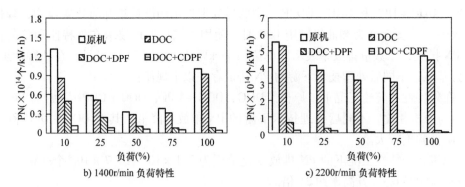

b) 1400r/min 负荷特性　　　　c) 2200r/min 负荷特性

图 7-9　柴油机使用不同后处理技术的 PN 排放

图 7-10 所示为 DOC、DOC + DPF 和 DOC + CDPF 后处理技术下游的 PN 降幅，均以原机为基准。由图 7-10a 可见，在外特性在外特性各转速工况下，DOC、DOC + DPF 和 DOC + CDPF 的 PN 降幅依次升高。DOC 的 PN 降幅为 5.4% ~24.6%，随转速升高呈降低的趋势。DOC + DPF 的 PN 降幅为 63.8% ~98.0%，随转速升高均呈升高的趋势，在转速高于 1400r/

min 的外特性工况下 DOC + DPF 的转化率可维持在 90% 以上,远高于 DOC 和 DOC + POC 的水平,尤其在中、高转速工况下转化率显著提高。DOC + CDPF 的 PN 降幅为 87.1% ~ 99.2%,随转速升高均呈升高的趋势,在转速高于 1200r/min 的外特性工况下 DOC + CDPF 的转化率可维持在 95% 以上,比 DOC + DPF 的水平进一步提高,尤其在低转速工况下转化率提高。

由图 7-10b 和 c 可见,在转速为 1400r/min 和 2200r/min 负荷特性工况下,DOC、DOC + DPF 和 DOC + CDPF 的 PN 降幅依次升高。DOC 的 PN 降幅在转速 1400r/min 负荷特性下为 10.2% ~ 35.1%,随负荷升高呈降低的趋势,在转速 2200r/min 负荷特性下为 3.9% ~ 9.5%,随负荷升高呈先升高后降低的趋势。DOC + DPF 的 PN 降幅在转速 1400r/min 和 2200r/min 负荷特性工况下分别为 62.5% ~ 93.5% 和 88.4% ~ 98.0%,随负荷升高呈升高的趋势,比 DOC 的水平显著提高。由此可见,DPF 可大幅提高 PN 降幅。DOC + CDPF 的 PN 降幅在 1400r/min 转速下为 85.4% ~ 97.5%,随负荷升高呈先降低后升高的趋势,在 100% 负荷工况下达到最大值,在 2200r/min 转速下为 98.4% ~ 99.2%,随负荷升高呈升高的趋势,比 DOC + DPF 的水平进一步提高,尤其在转速 1400r/min 的中、低负荷工况下转化率提高。

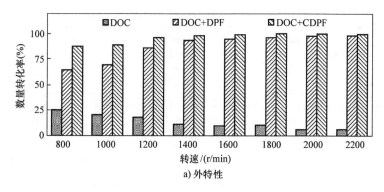

a) 外特性

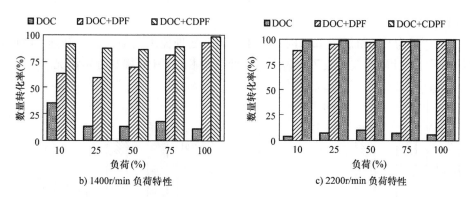

b) 1400r/min 负荷特性   c) 2200r/min 负荷特性

图 7-10 不同后处理技术的 PN 降幅

表 7-1 为不同后处理技术的 PN 降幅和分担情况,结合不同后处理技术的 PN 降幅范围与各工况下的转化率分布情况进行分析可知,后处理技术 DOC、DOC + DPF 和 DOC + CDPF 的 PN 降幅范围分别约为 5% ~ 35%、15% ~ 35%、60% ~ 98% 和 85% ~ 95%,随着转速和

负荷升高，DOC 的转化率呈降低的趋势，DOC + DPF 和 DOC + CDPF 的转化率呈升高的趋势。

1）DOC 大致可降低 5% ~ 35% 的 PN 排放，基本可以抵消因燃用 B20 引起的 PN 排放升高，随着转速和负荷升高，DOC 的 PN 降幅降低，原因是排气流量增大，空速增大，对 DOC 的催化反应不利，在高转速和高负荷工况下，DOC 的 PN 控制作用较弱。

2）DPF 可在 DOC 的基础上进一步降低约 35% ~ 90% 的 PN 排放，相当于降低最多 1 个数量级，随着转速和负荷升高，DPF 分担的 PN 降幅升高，在各试验工况下 DPF 下游的 PN 保持相对稳定的水平，以过滤捕集作用为主的 DPF 过滤器可有效地控制 PN 排放，在转速和负荷越高的工况下，DPF 的作用越显著。

3）CDPF 可在 DOC 的基础上进一步降低约 55% ~ 95% 的 PN 排放，相当于降低最多近 2 个数量级，其中过滤捕集的作用约为 35% ~ 90%，氧化催化的作用约为 5% ~ 20%，过滤捕集和催化作用对降低 PN 的贡献比例约为 6∶4 ~ 9∶1，随着转速和负荷升高，CDPF 分担的 PN 降幅升高，其中过滤捕集作用比重提高，氧化催化作用比重降低。CDPF 基于 DPF 过滤器增加了催化剂涂层，提高了对颗粒物中可溶性有机物的消除作用，同时由于过滤体孔径缩小，使 PN 降幅进一步提升，采用 CDPF 是全面高效降低 PN 排放的后处理技术手段。

表 7-1　不同后处理技术的 PN 降幅和分担情况

数量转化率分担情况	DOC	DOC + DPF	DOC + CDPF	—
	5% ~ 35% ↓	60% ~ 98% ↑	85% ~ 99% ↑	—
DOC	5% ~ 35% ↓	—	—	—
DPF	—	35% ~ 90% ↑	—	—
CDPF	—	—	55% ~ 95% ↑	过滤 35% ~ 90% ↑
				催化 5% ~ 20% ↓

注：↑表示转化率随转速和负荷升高而升高，↓表示转化率随转速和负荷升高而降低。

3. PM 排放

图 7-11 所示为柴油机燃用 B20 时，使用不同后处理技术在最大转矩转速 1400r/min 和 ESC 测试循环下的 PM 排放，表 7-2 为不同后处理技术的 PM 降幅和分担情况。

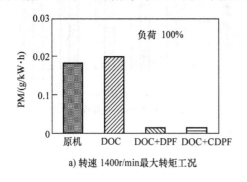

a) 转速 1400r/min 最大转矩工况

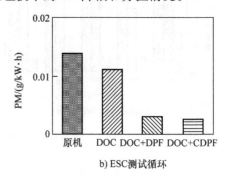

b) ESC测试循环

图 7-11　柴油机使用不同后处理技术的 PM 排放

表 7-2　不同后处理技术的 PM 降幅和分担情况

质量转化率分担情况	DOC	DOC + DPF	DOC + CDPF
	0% ~ 25%	75% ~ 99%	80% ~ 99%
DOC	0% ~ 25%	—	—
DPF	—	60% ~ 99%	—
CDPF	—	—	65% ~ 99%

由图 7-11 可知，以原机为基准，不同后处理技术的 PM 排放存在以下规律：

1）在最大转矩转速 1400r/min 工况下，原机、DOC、DOC + DPF 和 DOC + CDPF 的 PM 排放分别为 0.018g/kW·h、0.020g/kW·h、0.0014g/kW·h 和 0.0012g/kW·h，与原机相比，DOC 的 PM 排放升高，DOC + DPF 和 DOC + CDPF 的 PM 排放大幅降低。

2）ESC 测试循环下，原机、DOC、DOC + DPF 和 DOC + CDPF 的 PM 排放分别为 0.014g/kW·h、0.011g/kW·h、0.0030g/kW·h 和 0.0025g/kW·h，与原机相比，不同后处理技术的 PM 排放均降低。

3）DOC 的 PM 排放在最大转矩转速 1400r/min 工况下比原机升高 11.1%，在 ESC 测试循环下比原机降低 21.4%。由此可见，DOC 在综合工况下可降低最多约 25% 的 PM 排放，对 PM 排放具有一定的控制效果，但在高负荷工况下会引起 PM 排放升高，主要原因是背压升高和硫酸盐颗粒物增加引起颗粒物排放恶化，说明负荷对 DOC 的 PM 排放控制效果影响较大，在高负荷工况下，控制效果减弱，上述规律与 DOC 对 PN 和体积排放的影响趋势基本一致。

4）DOC + DPF 的 PM 排放在最大转矩转速 1400r/min 工况下比原机降低 92.2%，在 ESC 测试循环下比原机降低 78.6%，比原机和 DOC 的 PM 排放水平大幅降低。由此可见，DPF 可在 DOC 的基础上进一步降低约 60% ~ 99% 的 PM 排放，对 PM 排放的控制效果显著。

5）DOC + CDPF 的 PM 排放在最大转矩转速 1400r/min 工况下比原机降低 93.3%，在 ESC 测试循环下比原机降低 82.1%，比原机和 DOC 的 PM 排放水平大幅降低，比 DOC + DPF 的排放水平也有进一步降低。由此可见，CDPF 可在 DOC 的基础上进一步降低约 65% ~ 99% 的 PM 排放，相比 DPF 对 PM 的控制效果进一步提高，在综合工况下对 PM 排放的控制效果更稳定，采用 CDPF 是全面高效降低 PM 排放的后处理技术手段。

6）两种测试工况相比，柴油机在最大转矩转速 1400r/min 工况下的 PM 排放高于 ESC 综合工况下的排放水平，与最大转矩工况下的结果相比，在 ESC 综合工况下，DOC 的 PM 排放降低幅度提高，DOC + DPF 和 DOC + CDPF 的 PM 排放降低幅度缩小。由此可见，DPF 和 CDPF 在 PM 排放较恶劣的情况下对排放的控制效果更强。

7）PM 排放与体积排放存在一定关联性，不同后处理技术对 PM 排放的控制效果与其对体积排放的控制效果趋势相似。由此可见，DOC 主要起控制 PN 排放的作用，DPF 和 CDPF 更着重于控制颗粒物体积和质量排放。

7.1.4　无机离子排放

1. 不同后处理技术的无机离子排放特性

图 7-12 所示为柴油机燃用 B20 时，使用 DOC、DOC + DPF 和 DOC + CDPF 不同后处理技术在最大转矩转速 1400r/min 工况下的无机离子质量排放。由图 7-12 可知，以原机为基准，不同后处理技术对无机离子质量排放存在以下影响：

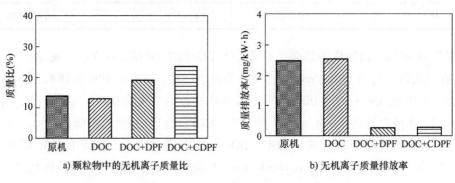

a) 颗粒物中的无机离子质量比　　　　　b) 无机离子质量排放率

图 7-12　柴油机使用不同后处理技术的无机离子质量排放

1）原机、DOC、DOC + DPF 和 DOC + CDPF 的颗粒物中，无机离子所占质量比分别为 13.7%、12.8%、18.8% 和 23.4%，与原机相比，DOC 的无机离子质量比降低，DOC + DPF 和 DOC + CDPF 的无机离子质量比升高，其中，DOC 的影响幅度较小，DOC + CDPF 的升高影响幅度最大。

2）原机、DOC、DOC + DPF 和 DOC + CDPF 的颗粒物中，无机离子质量排放率分别为 2.49mg/kW·h、2.55mg/kW·h、0.26mg/kW·h 和 0.27mg/kW·h，与原机相比，DOC 的变化幅度很小，DOC + DPF 和 DOC + CDPF 分别降低 89.6% 和 89.2%。

3）DOC 的无机离子质量比和质量排放率与原机相比变化很小，在相同工况下 DOC 的 PM 排放升高 11%，无机离子质量排放率并没有随之明显升高，说明 DOC 对无机离子总体排放的影响有限。

4）DOC + DPF 的无机离子排放与原机相比变化较明显，表现为质量比升高和质量排放率降低，在相同工况下 DOC + DPF 的 PM 排放降低 92.2%，无机离子质量排放率随之降低 89.6%，DPF 的过滤捕集作用去除了大部分粒径较大的炭烟颗粒，吸附在上面的无机离子被一并去除，而没有吸附的无机离子以小粒径形态排放至下游，引起颗粒物中的无机离子比例升高。说明 DPF 可显著降低无机离子排放率，质量转化率约为 90%，无机离子中没有发生吸附的游离态部分约为 10%，占总 PM 约 1.4%。

5）DOC + CDPF 的无机离子排放与原机相比变化较明显，表现为质量比升高和质量排放率降低，变化趋势与 DOC + DPF 基本一致，区别在于无机离子质量比进一步升高，质量排放率略有升高，主要原因是 CDPF 的过滤捕集效果比 DPF 提高，同时催化剂对炭烟颗粒和 SOF 的氧化去除作用增强，同时可能引起 SO_4^{2-} 等部分无机离子组分增多，设颗粒物中包含离子和非离子两部分，在 DPF 的基础上，由 CDPF 的催化作用去除的非离子部分质量约 0.24mg/kW·h，仅占上游颗粒物总质量的 1.3%。

2. 不同后处理技术的无机离子成分

图 7-13 所示为柴油机燃用 B20 时，使用 DOC、DOC + DPF 和 DOC + CDPF 不同后处理技术在最大转矩转速 1400r/min 工况下的无机离子成分比例分布。由图 7-13 可见，原机的无机离子中，不同成分占无机离子总质量的比例由高至低依次为 NO_3^-、Na^+、K^+、NH_4^+、Cl^-、Ca^{2+}、SO_4^{2-} 和 Mg^{2+}，其中，NO_3^- 和 Na^+ 的比例很高，可占无机离子总质量约 78%，SO_4^{2-} 的比例占 2.1%。DOC 的无机离子成分比例分布与原机相比，Na^+、NH_4^+、K^+、Mg^{2+} 和 Cl^- 的比例降低，SO_4^{2-}、NO_3^-、Ca^{2+} 的比例升高，整体变化幅度有限，其中 SO_4^{2-} 的比例分别升高至 4.1%。DOC + DPF 和 DOC + CDPF 的无机离子成分比例分布相似，与原机相比变化较大，Na^+ 和 SO_4^{2-} 的比例明显升高，NO_3^- 的比例明显降低，其他离子组分的变化幅度较小，Na^+、NO_3^- 和 SO_4^{2-} 共占无机离子总质量的 80% 以上，其中 SO_4^{2-} 的比例分别为 12.7% 和 15.5%。

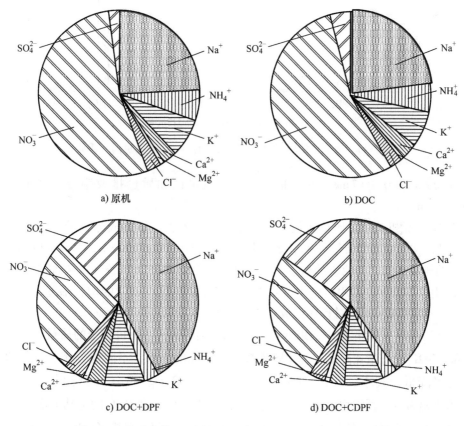

图 7-13　柴油机使用不同后处理技术的无机离子成分比例分布

图 7-14 所示为柴油机燃用 B20 时，使用不同后处理技术在最大转矩转速 1400r/min 下的不同成分无机离子排放，表 7-3 和表 7-4 分别为不同成分无机离子在颗粒物中的质量比和质量排放率。由图 7-14、表 7-3 和表 7-4 分析可见：

1）原机的无机离子中，NO_3^- 和 Na^+ 的排放最高，质量比分别为 7.4% 和 3.3%，质量排放率分别为 1.34mg/kW·h 和 0.60mg/kW·h；Mg^{2+} 的排放最低，质量比和质量排放率

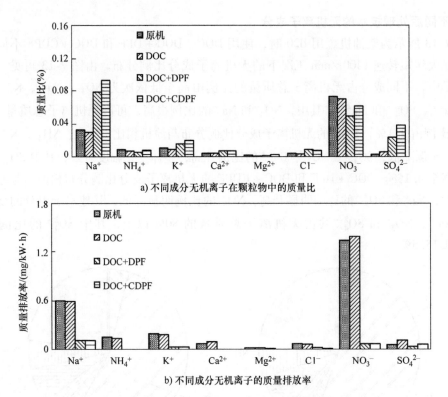

a) 不同成分无机离子在颗粒物中的质量比

b) 不同成分无机离子的质量排放率

图 7-14 柴油机使用不同后处理技术的不同成分无机离子排放

分别为 0.09% 和 0.017mg/kW·h；SO_4^{2-} 的质量比和质量排放率分别为 0.29% 和 0.05mg/kW·h。

2）DOC 的无机离子总质量排放与原机水平相差不大，不同成分离子中，SO_4^{-2} 的排放升高较明显，其质量比和质量排放率分别为 0.53% 和 0.11mg/kW·h，升高幅度约 1 倍，另外，Ca^{2+} 的排放升高，其他成分离子排放均降低，变化幅度为 10% ~ 20% 左右。说明 DOC 对 SO_4^{-2} 的生成均有促进作用，由于试验燃料的硫含量很低，SO_4^{2-} 的增长幅度有限，仅相当于无机离子质量的 2.4%，对整体排放影响不大。

3）DOC + DPF 的颗粒物中，以 Na^+、K^+ 和 SO_4^{2-} 为主，无机离子的质量比整体比原机水平升高，NO_3^- 的质量比降低，受 PM 排放大幅降低的影响，不同成分无机离子的质量排放率均大幅降低，其中，SO_4^{2-} 的质量排放率为 0.033mg/kW·h，降低了 38%，相比 PM92% 的降幅而言，颗粒物中 SO_4^{2-} 的比例升高至 2.38%，在 DOC 的基础上增加了约 3 倍，总体上 DPF 促进了 SO_4^{2-} 的生成，主要原因是由于 DPF 引起上游排气温度升高促进了 SO_2 的氧化，同时壁流式过滤器内部排气流速降低延长了氧化反应时间，虽然 DPF 载体内没有催化剂，但其对 SO_4^{2-} 生成的影响仍不可忽视。

4）DOC + CDPF 的颗粒物中，以 Na^+、K^+ 和 SO_4^{2-} 为主，无机离子的质量比整体比原机水平升高，NO_3^- 的质量比降低，受 PM 排放大幅降低的影响，不同成分无机离子的质量排放率均大幅降低，其中，SO_4^{2-} 的质量比和质量排放率分别为 3.61% 和 0.042mg/kW·h，在 DOC 的基础上质量比增加了约 5 倍，与 DPF 相比有所升高，说明 CDPF 内部的催化剂进

一步促进了 SO_4^{2-} 的生成。

由此可见，DOC 对无机离子成分的主要影响为促进 SO_4^{2-} 生成，引起质量比和排放率升高，影响幅度与燃料的硫含量有关；DPF 和 CDPF 均促进了 SO_4^{2-} 生成，引起颗粒物中 SO_4^{2-} 的质量比不同程度升高，涂覆催化剂的 CDPF 的影响程度大于 DPF，过滤捕集作用可抵消约 70% ~ 80% 的影响，DPF 和 CDPF 的 SO_4^{2-} 质量排放率仍低于原机水平。

表 7-3 柴油机使用不同后处理技术的不同成分无机离子质量比

无机离子	质量比（%）			
	原机	DOC	DOC + DPF	DOC + CDPF
Na^+	3.30	2.95	7.84	9.34
NH_4^+	0.82	0.66	0.56	0.71
K^+	1.05	0.89	1.50	1.90
Ca^{2+}	0.38	0.43	0.66	0.72
Mg^{2+}	0.09	0.06	0.14	0.20
Cl^-	0.39	0.32	0.80	0.76
NO_3^-	7.37	6.97	4.89	6.15
SO_4^{2-}	0.29	0.53	2.38	3.61

表 7-4 柴油机使用不同后处理技术的不同成分无机离子质量排放率

无机离子	质量排放率/(mg/kW·h)			
	原机	DOC	DOC + DPF	DOC + CDPF
Na^+	0.60	0.59	0.11	0.11
NH_4^+	0.15	0.13	0.008	0.008
K^+	0.19	0.18	0.021	0.022
Ca^{2+}	0.068	0.085	0.009	0.008
Mg^{2+}	0.017	0.013	0.002	0.002
Cl^-	0.071	0.063	0.011	0.009
NO_3^-	1.34	1.38	0.068	0.072
SO_4^{2-}	0.05	0.11	0.033	0.042

7.1.5 颗粒物 PAHs 排放

1. 不同后处理技术对颗粒物 PAHs 的减排作用

DOC 的氧化催化作用可降低颗粒 PAHs 排放，DPF 和 CDPF 主要发挥过滤捕集作用，可去除排气中大部分剩余颗粒 PAHs[7]。图 7-15 为柴油机燃用 B20 生物柴油时，使用不同后处理技术在转速 1400r/min 最大转矩工况下的 PAHs 质量排放，包括 PAHs 占 PM 比及颗粒 PAHs 质量排放率。

由图 7-15 可见，与原机相比，DOC、DOC + DPF 和 DOC + CDPF 的颗粒物中 PAHs 质量比分别为 476×10^{-6}、290×10^{-6}、105×10^{-6} 和 110×10^{-6}，颗粒 PAHs 质量排放率分别降低 33.3%、36.8%、98.3% 和 98.5%。DOC 通过催化剂降低 PAHs 组分发生氧化反应的活化能，在排气温度下去除了部分 PAHs；DOC + DPF 的多环芳烃排放比原机水平降低 98%。

在 DOC 的基础上，DPF 利用过滤捕集作用大幅度降低颗粒物中 PAHs 质量比和质量排放率；DOC + CDPF 的多环芳烃排放比原机水平显著降低，与 DOC + DPF 相比对多环芳烃排放的控制效果提升不大，说明在去除多环芳烃的过程中，氧化催化作用大部分发生在 DOC 中，大约可去除 30% 的质量，DPF 和 CDPF 的过滤捕集作用可以去除绝大部分剩余质量，这部分多环芳烃主要以吸附在炭烟颗粒上的方式被过滤捕集。由此可见，提高过滤捕集效率可有效控制颗粒 PAHs 排放。

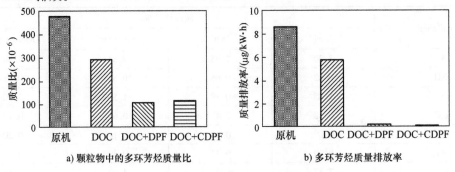

a) 颗粒物中的多环芳烃质量比   b) 多环芳烃质量排放率

图 7-15　不同后处理技术的 PAHs 质量排放

2. 不同后处理技术的 PAHs 组分

表 7-5 为柴油机使用不同后处理技术方案（DOC、DOC + DPF 和 DOC + CDPF）的颗粒 PAHs 组分分布特性，表示为颗粒物中各组分 PAHs 所占质量比，试验柴油机均燃用 B20。由表 7-5 可见，原机的颗粒物中 Phe、Pyr 和 Flua 比例较高，其次为 BeP、BghiP、BaP、Flu 和 Ant 等，GC – MS 分析的 18 种 PAHs 均有检出。不同后处理技术的 Ath、IND、BghiP 和 DBA 均为零。与原机相比，DOC 的 Acp、Flu、BghiF、BaA 和 BbF + BkF 比例均升高，其他组分比例降低，中低分子量的 Acpy、Phe、Ant、Flua 和 Pyr 等组分降低了 50% ~ 70%，BcdP 和高分子量的 Ath ~ DBA 基本为零。

DOC + DPF 和 DOC + CDPF 的 BghiF、Chr 和 BaA 比例明显升高，相比原机，其他组分多数降低 95% 以上。DOC + CDPF 的中、高分子量的 Ant ~ DBA 组分比例较 DOC + DPF 更低，低分子量的 Acpy ~ Phe 出现小幅增加，可能是这些组分以挥发态泄漏至下游后再次成核，引起微量残留。

由此可见，DOC 的氧化催化作用主要去除了中高分子量的 PAHs 组分，对高分子量组分 Ath ~ DBA 的去除率接近 100%，对中低分子量组分的去除率约 50% ~ 70%，催化作用对较高分子量组分的控制效果较好；DPF 和 CDPF 可进一步去除大多数的 PAHs 组分，包括 DOC 下游残留的低分子量组分，CDPF 对中高分子量组分的去除作用比 DPF 进一步提高。采用上述后处理技术均可不同程度的抵消因燃用 B20 引起的中间分子量 PAHs 增加，其中 DPF 和 CDPF 的控制效果最为高效而全面。

表 7-5　不同后处理技术的 PAHs 组分比

PAHs	占 PM 比/10⁻⁶			
	原机	DOC	DOC + DPF	DOC + CDPF
Acpy	3.253	0.727	0	0.866
Acp	0.739	0.845	0	0.567

（续）

PAHs	占 PM 比/10^{-6}			
	原机	DOC	DOC + DPF	DOC + CDPF
Flu	8.547	20.776	2.966	5.792
Phe	193.152	167.264	15.785	28.118
Ant	7.801	3.364	3.832	3.483
Flua	43.997	20.303	18.178	13.800
Pyr	160.591	32.392	11.202	13.648
BghiF	2.478	2.947	4.716	5.790
BcdP	0.146	0	0	0
BaA	0.665	2.462	3.153	2.481
Chr	4.806	4.297	29.135	31.449
Bb + kF	8.463	14.517	6.833	2.127
BeP	14.587	12.143	8.703	1.924
BaP	8.079	7.561	0.548	0.434
Ath	1.841	0	0	0
IND	4.616	0	0	0
BghiP	9.560	0	0	0
DBA	2.646	0	0	0

3. 不同后处理技术的 PAHs 毒性

颗粒物毒性采用颗粒物毒性当量 T_{EC} 和排放率毒性当量 T_{EM} 进行评价，T_{EC} 反映了颗粒物本身的毒性，T_{EM} 反映了柴油机尾气的毒性排放率。图 7-16 所示为柴油机燃用 B20 使用不同后处理技术方案（DOC、DOC + DPF 和 DOC + CDPF）的颗粒物毒性和排放率毒性。由图 7-16 可见，与原机相比，后处理技术 DOC、DOC + DPF 和 DOC + CDPF 的颗粒物毒性当量分别降低 18.8%、80.8% 和 88.8%，排放率毒性分别降低 11.2%、98.5% 和 99.3%。

DOC 的 PAHs 毒性降低主要归功于对 DBA 和 IND 等高毒性当量因子组分的去除作用，同时，Phe、Ant、Flua、Pyr 和 BghiP 等毒性当量因子不高但转化率较高的组分也贡献了一定的毒性降低作用。DOC 对颗粒物毒性当量的降幅大于排放率毒性的降幅，说明 DOC 主要通过氧化催化作用减少颗粒物中有毒成分的方式降低毒性，但仍未能将柴油机燃用 B20 的颗粒物毒性降低至燃料纯柴油相当的水平。在此基础上，DOC + DPF 和 DOC + CDPF 对 PAHs 毒性的降低幅度提高，其中的 DPF 和 CDPF 可在 DOC 的基础上进一步降低颗粒物毒性 60% 以上，降低排放率毒性 87% 以上。具有氧化催化作用的 CDPF 对 PAHs 毒性的降低作用优于 DPF，BaP 和 BbF + BkF 的进一步降低，有效地解决了燃用 BD20 时 BaP 和 BbF + BkF 排放增加引起的颗粒物毒性升高问题，说明 CDPF 在有效降低排气毒性的同时，其催化作用对降低颗粒物毒性发挥了一定效果，同时控制了污染源和排放源的毒性，能有效地实现对替代燃料柴油机的颗粒物排放控制。

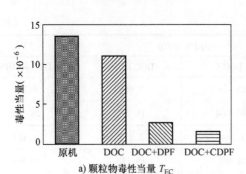
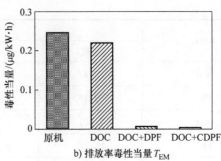

a) 颗粒物毒性当量 T_{EC}

b) 排放率毒性当量 T_{EM}

图 7-16　不同后处理技术的 PAHs 毒性

7.2　氮氧化物后处理技术对柴油机燃用餐废油脂制生物柴油性能及排放特性的影响

7.2.1　动力性

图 7-17 所示为柴油机外特性下使用 DOC + SCR 后处理装置的动力性。由图 7-17 可见，使用 DOC + SCR 后处理技术的柴油机燃用生物柴油的外特性功率和转矩相较原机有轻微减小。因为后处理技术使柴油机的排气背压升高，导致动力性略微降低。与燃用纯柴油原机相比较，采用 DOC + SCR 后处理技术的柴油机燃用生物柴油后外特性功率降幅为 0.54%。由图 7-18 和图 7-19 可见，使用 DOC + SCR 后处理技术的柴油机燃用生物柴油在 1400r/min 负荷特性及 2000r/min 负荷特性下，动力性无明显差异。

7.2.2　燃油经济性

图 7-20 为使用 DOC + SCR 后处理技术的柴油机燃油经济性。由图 7-20 可见，使用 DOC + SCR 后处理技术的柴油机背压升高，所以使用 DOC + SCR 后处理技术后柴油机的背压升高，导致柴油的动力性略微下降，油耗略微上升。从图 7-20a 可知，外特性试验下，使用 DOC + SCR 后处理技术的柴油机燃用生物柴油后油耗略微升高，与原机相比，外特性下各工况点，使用 DOC + SCR 后处理技术的柴油机燃油消耗率的平均增幅为 0.41%。从图 7-20b 和 c 可知，负荷特性试验下，使用 DOC + SCR 后处理技术的柴油机在 1400r/min 及 2000r/min 负荷特性下，经济性无明显差异。

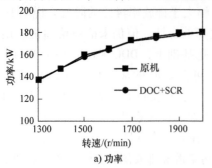
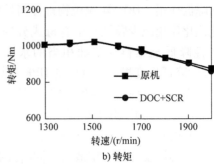

a) 功率

b) 转矩

图 7-17　柴油机外特性下使用 DOC + SCR 后处理装置的动力性

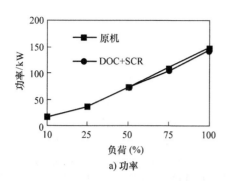

a) 功率

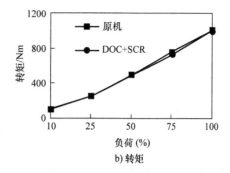

b) 转矩

图 7-18 1400r/min 负荷特性下使用 DOC + SCR 后处理技术的柴油机动力性

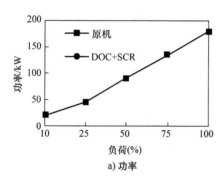

a) 功率

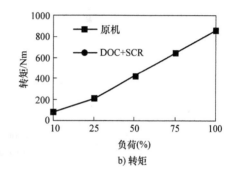

b) 转矩

图 7-19 2000r/min 负荷特性下使用 DOC + SCR 后处理技术的柴油机动力性

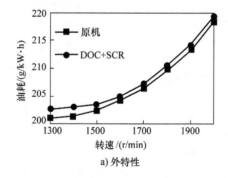

a) 外特性

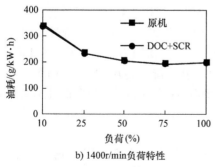

b) 1400r/min负荷特性

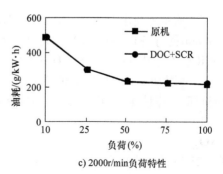

c) 2000r/min负荷特性

图 7-20 使用 DOC + SCR 后处理技术的柴油机燃油经济性

7.2.3 气态物排放特性

1. HC

图 7-21 所示为使用 DOC + SCR 后处理技术的柴油机燃用生物柴油后外特性、1400r/min 和 2000r/min 负荷特性下的 HC 排放试验结果。由图 7-21a 可见，外特性试验下，使用 DOC + SCR 后处理技术的柴油机与原机相比外特性下，使用 DOC + SCR 后处理技术的柴油机 HC 排放平均降幅为 52.36%。由图 7-21b 可见，与原机相比，1400r/min 负荷特性下，使用 DOC + SCR 后处理技术的柴油机 HC 排放平均降幅为 33%。由图 7-21c 可见，与原机相比，2000r/min 负荷特性下，使用 DOC + SCR 后处理技术的柴油机 HC 排放平均降幅为 31.11%。综合外特性和负荷特性，使用 DOC + SCR 后处理技术能够大幅降低 HC 排放。

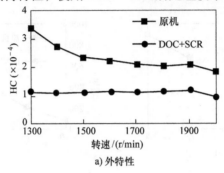

a) 外特性

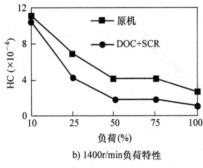

b) 1400r/min负荷特性

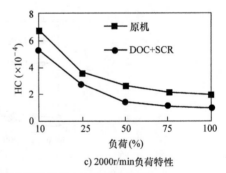

c) 2000r/min负荷特性

图 7-21 使用 DOC + SCR 后处理技术的柴油机 HC 的排放特性

2. CO

图 7-22 所示为使用 DOC + SCR 后处理技术的柴油机燃用生物柴油后外特性、1400r/min 和 2000r/min 负荷特性下的 CO 排放试验结果。由图 7-22a 可见，外特性试验下，使用 DOC + SCR 后处理技术的柴油机 CO 排放降幅为 72.96%。由图 7-22b 可见，在 1400r/min 负荷特性下，使用 DOC + SCR 后处理技术的柴油机 CO 排放降幅为 61.47%。由图 7-22c 可见，2000r/min 负荷特性下各工况点，使用 DOC + SCR 后处理技术的柴油机 CO 排放降幅为 64.97%。

3. NO_X

图 7-23 所示为柴油机使用 DOC + SCR 后处理技术的柴油机燃用生物柴油后外特性、1400r/min 和 2000r/min 负荷特性下的 NO_X 排放试验结果。由图 7-23a 可见，外特性试验下，使用 DOC + SCR 后处理技术的柴油机 NO_X 排放下降。与原机相比，使用 DOC + SCR 后

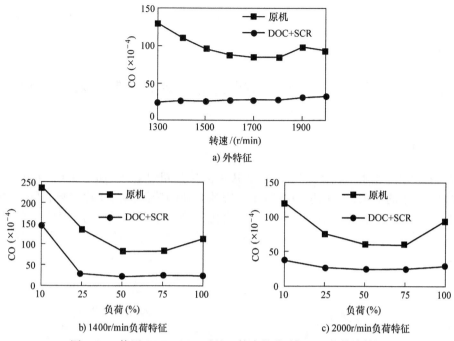

a) 外特征

b) 1400r/min负荷特征

c) 2000r/min负荷特征

图 7-22 使用 DOC + SCR 后处理技术的柴油机 CO 的排放特性

处理技术的柴油机 NO_X 排放平均下降幅度为 79.56%。由图 7-23b 可见，与原机相比，1400r/min 负荷特性下，使用 DOC + SCR 后处理技术的柴油机 NO_X 排放总体下降，平均降幅为：74.14%。在 25% 负荷以下时，由于排气温度低于反应温度，SCR 采用不喷射尿素的策略，导致 NO_X 排放较高。由图 7-23c 可见，与原机相比，2000r/min 负荷特性下，使用

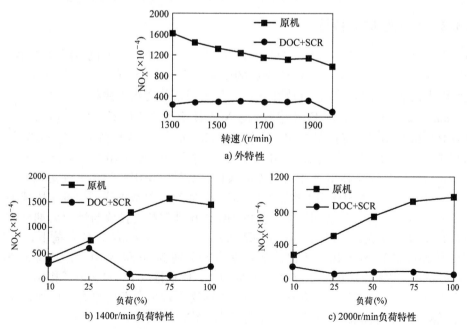

a) 外特性

b) 1400r/min负荷特性

c) 2000r/min负荷特性

图 7-23 使用 DOC + SCR 后处理技术的柴油机 NO_X 的排放特性

DOC + SCR 后处理技术的柴油机 NO_X 排放总体下降，平均降幅为：83.33%。在外特性工况以及在各负荷特性工况下，使用 DOC + SCR 后处理技术的柴油机燃用生物柴油后 NO_X 排放都较原机大幅下降。

7.3 EGR 技术对柴油机燃用餐废油脂制生物柴油性能及排放特性的影响

7.3.1 缸内燃烧压力

图 7-24 所示为燃用生物柴油后不同 EGR 率对柴油机燃烧压力的影响。从图 7-24 中可见，随着 EGR 率的增大，燃用生物柴油和燃用纯柴油的柴油机的变化趋势相同，都有所降低。但压力峰值在不同 EGR 率下呈现不同的变化趋势。在 2200r/min 的 25% 负荷，高 EGR 率时，燃用生物柴油后，柴油机最大爆发压力有所降低，而在低 EGR 率时，则有所上升。而在 2200r/min 的 50% 负荷，燃用生物柴油后，柴油机最大爆发压力有所提高。但预喷阶段缸压都有所降低，最大爆发压力对应的曲轴转角也都有所提前。

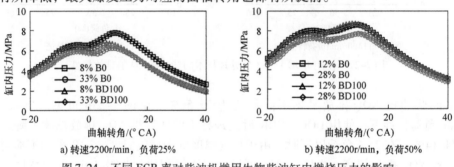

a) 转速2200r/min，负荷25%   b) 转速2200r/min，负荷50%

图 7-24　不同 EGR 率对柴油机燃用生物柴油缸内燃烧压力的影响

7.3.2 气态物排放特性

图 7-25、图 7-26 和图 7-27 所示分别是转速 2200r/min 下，柴油机燃用生物柴油后 EGR 率对柴油机 NO_X 排放、HC 排放和 CO 排放的影响。由图 7-25 可见，随着 EGR 率的增大，柴油机燃用生物柴油的 NO_X 体积排放和比排放与燃用柴油变化规律相同，都有所降低，转速 2200r/min、25% 负荷下，与 EGR 率 8% 时 NO_X 体积排放 256.27×10^{-4} 相比，EGR 率为 33% 时为 165.62×10^{-4}，降低了 35.4%；转速 2200r/min、50% 负荷下，与 EGR 率 12% 时 NO_X 体积排放 452.91×10^{-4} 相比，EGR 率为 28% 时为 297.55×10^{-4}，降低了 34.3%。且 NO_X 体积排放和比排放与 EGR 率都有很强的线性相关性，BD100 的相关性更强，但是线性方程斜率绝对值变小，说明燃用生物柴油后 EGR 率对 NO_X 排放的降低幅度有所减小。

由图 7-26 可知，柴油机燃用生物柴油的 HC 体积排放和比排放与燃用柴油变化规律相同，随着 EGR 率的增大，HC 体积排放有所增加，转速 2200r/min、25% 负荷下，与 EGR 率 8% 时 HC 体积排放 29.86×10^{-6} 相比，EGR 率为 33% 时为 36.08×10^{-6}，升高了 20.83%；转速 2200r/min、50% 负荷下，与 EGR 率 12% 时 HC 体积排放 14.39×10^{-6} 相比，EGR 率为 28% 时为 21.59×10^{-6}，升高了 50.03%。HC 比排放在 25% 负荷时也有所增加，而在 50% 负荷时略微降低。但其排放都与 EGR 率也有较强的线性相关性。

由图 7-27 可知，柴油机燃用生物柴油的 CO 体积排放和比排放都比燃用柴油的排放有所降低，CO 体积排放最高下降了 80.73%，比排放最高下降了 77.48%，但与 EGR 率变化

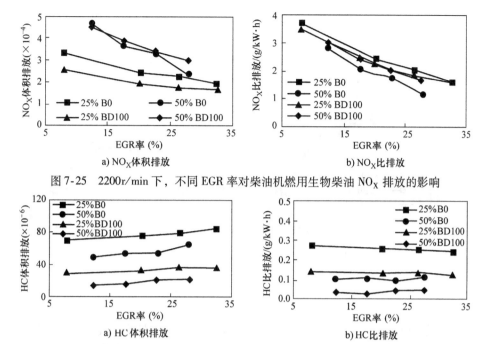

a) NO$_X$体积排放   b) NO$_X$比排放

图 7-25　2200r/min 下，不同 EGR 率对柴油机燃用生物柴油 NO$_X$ 排放的影响

a) HC 体积排放   b) HC比排放

图 7-26　2200r/min 下，不同 EGR 率对柴油机燃用生物柴油 HC 排放的影响

都没有规律。

7.3.3　颗粒物排放特性

图 7-28 所示为转速 2200r/min 负荷 25% 和 50% 下，不同 EGR 率对燃用 BD100 柴油机颗粒数量浓度粒径分布的影响。由图 7-28 可见，随着 EGR 率的增加，颗粒数量浓度粒径分布随粒径变化具有不同的趋势，对应较小粒径颗粒 PM <25.5 来说，数量浓度明显减少；而对于较大粒径颗粒 PM≥25.5 来说，数量浓度基本不变或略微增加。

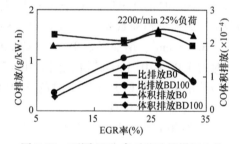

图 7-27　不同 EGR 率对柴油机燃用生物柴油 CO 排放的影响

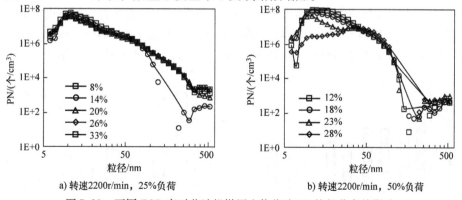

a) 转速2200r/min，25%负荷   b) 转速2200r/min，50%负荷

图 7-28　不同 EGR 率对柴油机燃用生物柴油 PN 粒径分布的影响

图 7-29 所示为转速 2200r/min 负荷 25% 和 50% 时不同 EGR 率下柴油机燃用 BD100 和 B0 对颗粒数量浓度粒径分布的影响。由图 7-29 可见在较高和较低 EGR 率下，燃用生物柴

油后，PN 变化趋势相同。但在不同粒径范围内，大颗粒和小颗粒具有不同的变化趋势，对应较小粒径颗粒 PM < 25.5 来说，数量浓度也是明显减少；而对于较大粒径颗粒 PM ≥ 25.5 来说，数量浓度略微增加。且在高 EGR 率时燃用生物柴油后相对燃用纯柴油的降低或者增加效果都更加明显。

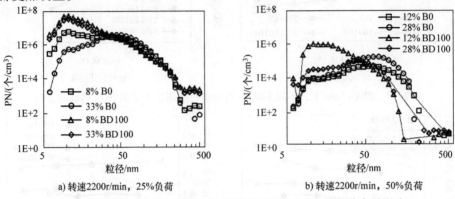

a) 转速2200r/min，25%负荷   b) 转速2200r/min，50%负荷

图 7-29   不同 EGR 率下燃用生物柴油后对柴油机 PN 粒径分布的影响

图 7-30 所示为不同 EGR 率对柴油机燃用餐废油脂制生物柴油的 PN 和 PM 排放。由图 7-30a 和 b 可见，EGR 率升高，核态颗粒数量浓度降低，聚集态颗粒数量浓度小幅升高，而总的 PN 浓度也随着 EGR 率的增加而减少。转速 2200r/min、25% 负荷，核态颗粒数量浓度从 EGR = 8% 时的 1.93×10^7 个/cm^3 降低到 EGR = 33% 时的 1.14×10^7 个/cm^3，降低了 40.9%，聚集态颗粒数量浓度从 EGR = 8% 时的 4.23×10^5 个/cm^3 升高到 EGR = 33% 时的 4.57×10^5 个/cm^3，增加了 8.0%；转速 2200r/min、50% 负荷，核态颗粒数量浓度从 EGR = 12% 时的 4.06×10^7 个/cm^3 降低到 EGR = 28% 时的 3.79×10^6 个/cm^3，降低了 90.7%，聚集态颗粒数量浓度从 EGR = 12% 时的 5.89×10^5 个/cm^3 升高到 EGR = 28% 时的 1.07×10^6 个/cm^3，增加了 81.07%。

由图 7-30b 和 c 可见，EGR 率升高，核态颗粒质量浓度降低，聚集态颗粒质量浓度升高，而总的 PM 浓度也随着 EGR 率的增加先减少后增加。转速 2200r/min、25% 负荷，核态颗粒质量浓度从 EGR = 8% 时的 57.0μg/cm^3 降低到 EGR = 33% 时的 41.7μg/cm^3，降低了 26.8%，聚集态颗粒质量浓度从 EGR = 14% 时的 53.3μg/cm^3 升高到 EGR = 33% 时的 147μg/cm^3，增加了 175.8%；转速 2200r/min、50% 负荷，核态颗粒质量浓度从 EGR = 12% 时的 1642μg/cm^3 降低到 EGR = 28% 时的 65.2μg/cm^3，降低了 60.24%，聚集态颗粒质量浓度从 EGR = 12% 时的 86.21μg/cm^3 升高到 EGR = 28% 时的 1592μg/cm^3，增加了 84.45%。

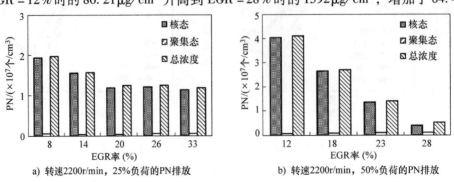

a) 转速2200r/min，25%负荷的PN排放   b) 转速2200r/min，50%负荷的PN排放

图 7-30   不同 EGR 率对柴油机燃用餐废油脂制生物柴油的 PN 和 PM 排放

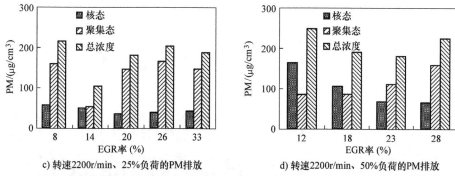

c) 转速2200r/min、25%负荷的PM排放　　　d) 转速2200r/min、50%负荷的PM排放

图 7-30　不同 EGR 率对柴油机燃用餐废油脂制生物柴油的 PN 和 PM 排放（续）

图 7-31 为 EGR 率对颗粒总数量及核态所占比例的影响和对几何平均粒径的影响。由图 7-31 可见，燃用生物柴油颗粒总数量浓度比燃用柴油大幅升高，从 EGR 率 8% 到 33%，颗粒总数量浓度分别升高了 4.40 倍、4.60 倍、4.59 倍、5.08 倍和 3.98 倍；但随着 EGR 率升高，核态所占比例相对于燃用柴油逐渐升高，且升高幅度逐渐增大，从 EGR 率 8% 到 33%，核态所占比例分别升高了 17.44%、26.15%、41.98%、56.70% 和 60.11%。

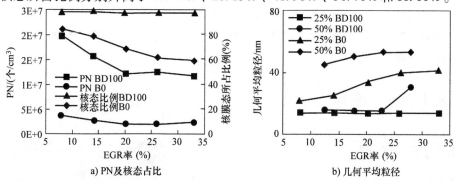

a) PN及核态占比　　　　　　　　　b) 几何平均粒径

图 7-31　EGR 率对 PN 及核态所占比例的影响和对几何平均粒径的影响

参 考 文 献

[1] 姚笛. 基于替代燃料的柴油机颗粒物排放特性及控制技术研究 [D]. 上海：同济大学，2013，101 – 170.

[2] 冯谦，楼狄明，计维斌，等. DOC/DOC + CDPF 对重型柴油机气态物排放特性的影响研究 [J]. 内燃机工程，2014（4）：1 – 6.

[3] TAN P Q，ZHONG Y M，HU Z Y，et al. Size distributions，PAHs and inorganic ions of exhaust particles from a heavy duty diesel engine using B20 biodiesel with different exhaust aftertreatments [J]. Energy，2017，141（PT. 1）：898 – 906.

[4] 谭丕强，阮谨元，胡志远，等. DOC + POC 对发动机燃用柴油与 B20 排放颗粒的净化性能研究 [J]. 汽车工程，2015（7）：737 – 742.

[5] 方奕栋，楼狄明，胡志远，谭丕强. DOC + DPF 对生物柴油发动机排气颗粒理化特性的影响 [J]. 内燃机学报，2016，34（2）：142 – 146.

[6] 姚笛，楼狄明，谭丕强，等. 基于生物柴油发动机的不同后处理装置颗粒物数量排放特性 [J]. 内燃机工程，2014，35（1）：8 – 12.

[7] 楼狄明，高帆，姚笛，等. 不同后处理装置生物柴油发动机颗粒多环芳烃排放 [J]. 内燃机工程，2014，35（4）：31 – 35.

第8章

基于餐废油脂制生物柴油的整车性能研究

本章利用重型转鼓测功机平台的公交车整车尾气污染物测试系统,分析研究柴油公交车在中国典型城市公交车循环 (Classic City Bus Cycle, CCBC) 下燃用生物柴油混合燃料,其动力性、经济性、尾气气态物排放特性、颗粒数量与质量排放特性,并进一步研究 CCBC 各粒径段时颗粒组分 (有机碳元素、碳离子和有机物) 排放特性。通过车载排放测试系统,研究了柴油公交车燃用 B0 纯柴油和不同比例餐厨废弃油脂制生物柴油实际道路的动力性、经济性和排放性能。

8.1 概述

8.1.1 应用车型

生物柴油试验运行车辆为在用柴油公交车,车辆性能良好稳定。主要为国Ⅲ、国Ⅳ和国Ⅴ排放标准的上海地区主流运营公交车。示范应用公交车如图 8-1 所示。

试验包括 84 辆 B5、20 辆 B10 生物柴油公交车,B10 公交车采取整体切换模式。104 辆生物柴油公交车累计运行 24 个月,消耗 B10、B20 生物柴油 332.19 万 L,折合消耗纯生物柴油 305.18t(约 34.68 万 L)。

图8-1 示范应用公交车(见彩插)

8.1.2 生物柴油应用测试方法

1. 转鼓试验平台

图 8-2 所示为公交车转鼓试验系统,试验设备主要包括:德国 MAHA – AIP 重型转鼓测功机,集成配置 0.5 ~ 250L/h 燃油流量计、15t PULL DOWN 辅助加载装置以及 SEMTECH – ECOSTAR 车载尾气分析系统,采样系统由日本 HORIBA 公司的 OBS – 2200 车载排放测试仪和美国 TSI 公司的 EEPS 3090 颗粒粒径谱仪组成,前者对尾气中的 CO、CO_2、HC 和 NO_X 进行检测和记录,后者对尾气中颗粒数量、颗粒质量以及粒径分布进行实时测

量,同时配合使用 Dekati DI - 1000 二级稀释器,二级为固定稀释比 8.23,一级稀释比需根据每次采样的环境压力和排气压力进行插值修正,两级总的理论稀释比为 64。

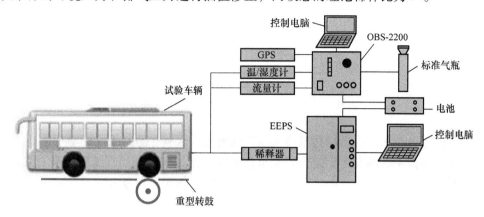

图 8-2 公交车转鼓试验系统

转鼓试验循环采用 GB/T 119754—2005 推荐的中国典型城市公交车循环(CCBC)。CCBC 是在北京、上海和广州 3 个城市公交运行工况数据基础上开发的测试循环,由怠速、低速、匀速、中速和高速等 14 个工况组成,运行时间是 1314s,平均时速是 16.16km/h,行驶里程是 5.89km。其中,怠速、加速、减速、匀速行驶的时间比例分别为 28.1%、33.9%、24.8% 及 13.2%。该测试循环能很好地体现我国城市公交车平均车速低、加减速频繁、匀速比例低等工况特征。

由于公交车的尾气污染物排放水平与其行驶工况密切相关,参照 CCBC 的构建原理,将 CCBC 划分成了 I 类(低速段)、II 类(中速段)和 III 类(高速段)共三类行驶路段,这三类行驶路段可分别模拟公交车实际行驶在城市低速段、中速段和高速段的工况状态,划分结果如图 8-3 所示。

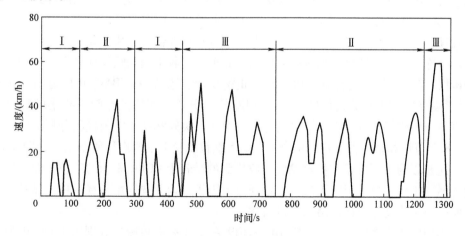

图 8-3 CCBC 不同行驶路段划分

表 8-1 所示为 I 类(低速段)、II 类(中速段)、III 类(高速段)以及整个 CCBC(全循环)的工况特征信息参数。

表 8-1　CCBC 不同行驶路段特征值

行驶路段	运行时间 /s	怠速比例 （%）	行驶距离 /km	平均速度 /(km/h)	最高车速 /(km/h)	最大加速度 /(m/s²)	最大减速度 /(m/s²)
Ⅰ类	274	46.0	0.48	6.3	29	0.914	0.675
Ⅱ类	656	25.9	2.93	16.1	43	0.595	0.869
Ⅲ类	384	22.1	2.49	23.4	60	1.153	1.042
CCBC	1314	29.0	5.90	15.9	60	1.153	1.042

此外，由于公交车主要运行在城市人口比较密集的区域，随着我国机动车保有量的逐渐上升，城市交通拥堵频频发生，使得公交车在实际工作过程中其运行工况具有怠速时间长、加减速频繁等特点。为此，依据速度和加速度的不同，将循环划分为怠速、减速、匀速和加速 4 类行驶工况，见表 8-2。由表 8-2 可知，CCBC 具有怠速比例高、加减速频繁等特点，与城市公交车的实际运行工况比较贴近。

表 8-2　CCBC 不同行驶工况划分

行驶工况	区间	持续时间/s	占循环比例（%）
怠速	$0\,km/h \leqslant v \leqslant 0.5km/h$	381	29.0
减速	$a \leqslant -0.1m/s^2$	313	23.8
匀速	$-0.1m/s^2 < a < 0.1m/s^2$	174	13.2
加速	$a \geqslant 0.1m/s^2$	446	34.0

转鼓试验中，除了进行颗粒实时在线数量和粒径分布检测之外，还在微孔均匀沉积式多级碰撞采样器 MOUDI 上采用特氟龙膜和石英膜收集颗粒，试验结束后两类滤膜进行离线颗粒组分分析。

微孔均匀沉积式多级碰撞采样器 MOUDI 采用 12 级通道，先放置 12 张石英膜，累积采样 3 个 CCBC，接着放置 12 张特氟龙膜，累积采样 2 个 CCBC。

在线颗粒采集结束后将石英膜和特氟龙膜放置在恒温恒湿箱中平衡 24h，接着用锡箔纸封闭放入冷冻室用于后续离线颗粒组分检测。石英膜上收集到的颗粒样品采用气相色谱质谱联用分析仪（GC-MS）进行有机物组分（正构烷烃、脂肪酸和 PAHs）的分析，还采用有机碳/元素碳（OC/EC）分析仪进行 OC 和 EC 检测分析，而特氟龙膜上收集的颗粒样品采用双通道离子色谱仪进行阴阳离子检测分析。对于石英膜和特氟龙膜检测分析的颗粒组分浓度结果，8.2 节计算结果为稀释后单个 CCBC 下颗粒滤膜上单位面积质量浓度，即 $\mu g/cm^2$ 和 ng/cm^2。这是因为，石英膜和特氟龙膜上收集到的是若干 CCBC 累积的颗粒，而循环中不同时间瞬态尾气排放流量不同，无法反推算回排放因子，因此选择用稀释后单个循环颗粒滤膜的单位面积质量浓度作为排放结果进行对比。

微孔均匀沉积式多级碰撞器 MOUDI 采样设备的 11 张石英膜先分别用于 OC 和 EC 分析。本试验中使用的 OC 和 EC 检测仪器为 DRI-2001A 型有机碳/元素碳分析仪，其采用热光法测量原理，测量范围为 $0.20 \sim 750\mu gC/cm^2$。图 8-4 所示为有机碳/元素碳检测原理。

2. 车载测试平台

车载排放测量技术主要是通过车载尾气检测设备（Portable Emission Measurement Sys-

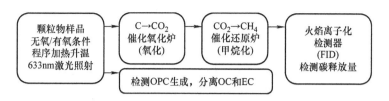

图 8-4　有机碳/元素碳检测原理

tem，PEMS）对车辆尾气进行直采，将排气尾管直接连接到车载气体污染物和颗粒物测量装置上，实时测量车辆排放的体积浓度和排气流量，从而得到气体污染物的质量排放量和颗粒物排放量。通过对所获得的瞬时排放数据以及 GPS 数据进行处理的结果，形成对被测车辆排放水平的评估。这种技术的应用不仅可以保证测试的精确度和可靠性，而且可以节约大量的测试时间和测试成本。特别是该系统具有重量轻、体积小的特点，能够放在各种被测车辆上进行实际道路排放实时测量，从而反映出各种车辆实际道路排放特征，这为评估整个城市的机动车排放污染水平及对环境的贡献率，提供了有效且方便的测试方法。图 8-5 所示为一种车载排放测试系统。

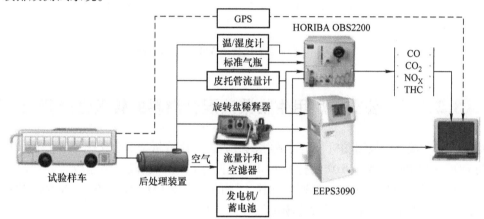

图 8-5　一种车载排放测试系统[1]

选取有代表性的试验工况进行分析。图 8-6 所示为一次试验中的工况点分布情况，可见速度主要分布在 0 ~ 65km/h 的范围内，加速度主要分布在 ±1.5m/s² 范围内。

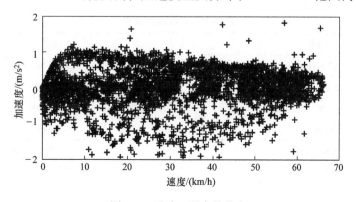

图 8-6　试验工况点的分布

麻省理工的 José Luis Jiménez Palacios[1] 提出车辆比功率（Vehicle Specific Power，VSP），VSP 反映了车辆行驶过程中实际输出和功率需求之间的关系，是研究整车排放，尤其是整车实际道路排放的重要综合工况参数，已被广泛应用于研究和排放法规制定等领域。

式（8-1）所示为采用的公交车 VSP 计算方法。计算所得全工况下的 VSP 分布如图 8-7 所示。所有工况点采样充足，数据具有统计意义。本章生物柴油排放随全工况范围内的 VSP 的变化规律研究基于此划分。

$$VSP = (1.1a + 0.09199)v + 0.000168v^3 \tag{8-1}$$

式中，VSP 为车辆比功率（kW/t）；v 为车速（m/s）；a 为加速度（m/s^2）。

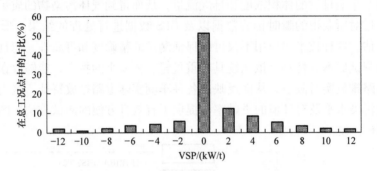

图 8-7　全工况车辆比功率 VSP 分布直方图

8.2　公交车燃用生物柴油混合燃料的转鼓性能研究

基于公交车重型转鼓测功机整车排放测试试验，对比分析柴油公交车原车燃用 B0、B10 和安装 DOC + CDPF 后燃用 B10 运行在 CCBC 不同路段（低速段、中速段、高速段、全循环）与不同工况（怠速、减速、匀速、加速）下的气态物 CO、HC、NO、NO_2 和 NO_X 的排放特性，PN 与 PM 排放特性；通过滤膜离线检测分析技术对尾气颗粒中碳质组分、离子组分和有机组分的排放水平进行了研究分析。以及评估了生物柴油公交车的动力性及燃油经济性。

试验柴油公交车的行驶里程为 25 万 km，车辆的各方面工作性能均正常。试验车辆信息见表 8-3。

表 8-3　试验车辆信息

参数	参数值
柴油机排量/L	7.146
整车质量/kg	16000
总长×宽×高/mm	10499×2500×3150
轴距/mm	5000
柴油机额定功率/kW	177（2300r/min）
柴油机最大转矩/Nm	920（1200～1700r/min）

8.2.1　动力性

动力性用两个指标衡量：一是该公交车的最高车速；二是全加速性能试验，车速从30km/h到70km/h所需时间。图8-8所示为B20和B0的动力性对比。燃用B20的动力性与燃用B0几乎相当，最高车速略低于燃用B0，30km/h到70km/h加速所需时间稍稍低于燃用B0。这说明燃用B20对动力性影响很小，虽然B20热值较低，但其燃烧特性好于柴油，从而动力性与柴油相当。

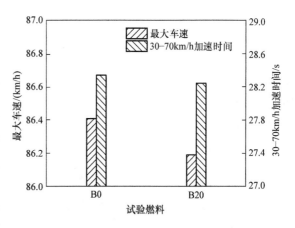

图8-8　B20生物柴油和B0柴油的动力性对比

8.2.2　燃油经济性

对公交车燃用B0和B20进行公交车转鼓动力性和经济性试验，油品试验结果为3次热起动试验结果的算术平均值。试验结果如图8-9所示，公交车燃用B20后，其百公里油耗与燃用B0相当。

8.2.3　气态物排放特性

公交车分别燃用B0、B10和安装DOC+CDPF后燃用B10，并都以两次连续的CCBC为测试循环，见表8-4。换油过程使用油泵抽净残余燃料，并让车辆怠速消耗油路中的残余燃料，然后再加入另一种燃料。

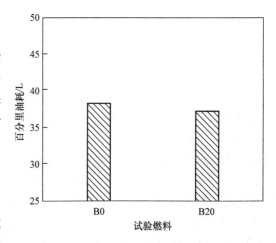

图8-9　B20生物柴油和B0柴油的燃油经济性对比

表8-4　试验方案

项目	燃料	后处理装置	测试循环	简称
方案一	B0	无	两次CCBC	原车+B0
方案二	B10	无	两次CCBC	原车+B10
方案三	B10	DOC+CDPF	两次CCBC	DOC+CDPF+B10

　　燃料的密度、含氧量等理化特性对柴油机缸内燃烧温度及尾气排放温度影响较大，而DOC+CDPF后处理装置内催化剂的活性、对颗粒的氧化效果及其再生过程的进行与排气温度的高低密切相关。为此，在分析DOC+CDPF对燃用B10公交车尾气污染物排放的影响之前，有必要先研究各方案中公交车运行在CCBC不同路段与不同工况下的平均排气温度，如图8-10所示。排气温度与公交车的行驶速度和加速度有一定的关联性，高速段的排气温度明显高于低速段与中速段，且各方案公交车在怠速、减速、匀速和加速工况下的尾气温度均依次上升。与燃用B0相比，公交车原车燃用B10时，低速段、中速段和怠速工况下柴油机

缸内气流强度较弱不利于黏性较大的生物柴油与空气的混合,因而燃用 B10 时缸内燃烧温度较低,排气温度也相应较低;高速段柴油机缸内气流强度增强,同时生物柴油含氧量高促进了缸内燃料的充分燃烧,使得该路段下排气温度上升明显,此外减速、匀速和加速工况下排气温度也有所上升,温升分别为 6℃、7℃和 12℃。由图 8-10 可知,燃用 B10 公交车安装 DOC + CDPF 后处理装置后,与安装前相比,不同路段与不同工况下的排气温度均有不同幅度的上升,温升在 8 ~ 15℃。

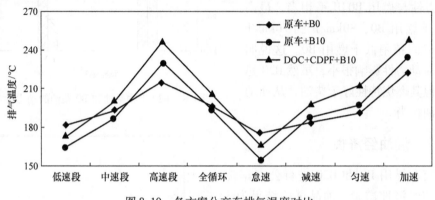

图 8-10　各方案公交车排气温度对比

图 8-11 所示为公交车分别燃用 B0、B10 和安装 DOC + CDPF 后燃用 B10 运行在 CCBC 下,其尾气中 CO 的排放规律。公交车运行在 CCBC 下时均在中速段的 CO 排放因子最低。与燃用纯柴油 B0 相比,由于低速段下怠速工况的比例最高而怠速工况燃油与空气的混合质量不高,同时生物柴油黏度大的特点使得燃油雾化质量更差,又因为 CO 的排放主要受混合气混合质量的影响,因而燃用 B10 时公交车低速段的 CO 排放增幅显著,为 60.2%,中速段 CO 排放也上升 30.4%,高速段生物柴油含氧量高促进了燃料充分燃烧使得 CO 排放降低 7.4%,因而 CCBC 下 CO 排放增加 12.5%。与安装前相比,安装 DOC + CDPF 后公交车燃用 B10 时低速、中速、高速段和整个 CCBC 下的 CO 排放因子分别降低 19.2%、21.7%、14.2% 和 18.0%。显然 DOC + CDPF 装置对尾气中 CO 具有较好的氧化转化作用,且中速段下影响较为突出,这是因为尾气进入 DOC + CDPF 上游的氧化催化转化器 DOC 后,在满足一定的温度条件下尾气中的 CO 受到催化剂的催化作用被氧化成了 CO_2。

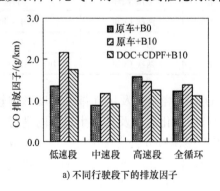
a) 不同行驶段下的排放因子

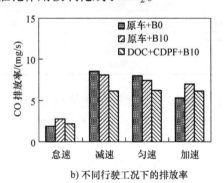
b) 不同行驶工况下的排放率

图 8-11　CCBC 循环下的 CO 排放规律

由于怠速工况下喷入的燃油较少，该工况下的 CO 排放显著低于其他工况，而公交车处于减速和匀速工况下时，CO 排放有所上升。与燃用 B0 相比，燃用 B10 时公交车在怠速和加速工况下的 CO 排放率分别上升 47.6% 和 31.1%，减速和匀速工况的 CO 排放小幅降低。安装 DOC + CDPF 后，公交车燃用 B10 时在怠速、减速、匀速及加速工况下的 CO 排放率分别降低了 22.7%、23.8%、16.4% 和 11.8%。可见，DOC + CDPF 在怠速和减速工况下对 CO 的捕集效果更好，可有效地降低公交车燃用生物柴油时怠速和加速工况下的 CO 排放水平，还能进一步减少减速与匀速工况下的 CO 排放量。

图 8-12 所示为公交车分别燃用 B0、B10 和安装 DOC + CDPF 后燃用 B10 运行在 CCBC 下，其尾气中 HC 的排放规律。公交车尾气中 HC 的排放水平与车速关系密切，各方案公交车在低速段、中速段和高速段下的 HC 排放因子均依次降低。进一步分析可知，公交车原车燃用 B10 可使其中速段与高速段的 HC 排放因子分别下降 4.1% 和 8.1%，但低速段的 HC 排放受缸内燃烧温度低的影响较大，因而该路段下的 HC 排放因子增加 12.6%，整个 CCBC 下 HC 排放降低 3.6%。安装 DOC + CDPF 后，公交车燃用 B10 时低速段、中速段和高速段的 HC 排放因子分别降低 34.1%、34.4% 和 33.2%，整个 CCBC 中 HC 排放下降 33.9%。这是因为部分 HC 在 DOC 内贵金属 Pt 和 Rh 的催化下被氧化放出的热量提高了尾气的温度，有利于下游的 CDPF 对 HC 进一步氧化，且 CDPF 中不仅含有贵金属 Pt 还含有 Pd，Pd 对 HC 的氧化效果更佳。

公交车原车燃用 B0 与 B10 时在怠速、减速、匀速及加速工况下的 HC 排放率均逐渐增大，安装了 DOC + CDPF 的生物柴油公交车在减速和匀速工况下的 HC 排放水平较高，怠速工况则明显要小于其他工况。进一步分析图 8-12 可知，公交车燃用 B10 可有效降低其减速工况下的 HC 排放，匀速和加速工况下的 HC 排放也有小幅降低，而怠速工况下柴油机缸内燃烧温度低，废气能量有限使得增压效果不明显，不利于燃料与空气的混合，HC 排放率增幅高达 41.1%。由图 8-12 还可知，DOC + CDPF 对燃用 B10 时公交车尾气中的 HC 的氧化与捕集的效果也较好，怠速与加速工况下其对 HC 的降低率分别高达 38.4% 和 47.8%，减速与匀速工况下的捕集率为 3.9% 和 27.4%。可知 DOC + CDPF 能有效控制公交车燃用生物柴油时怠速工况 HC 排放恶化现象，且在加速工况下对 HC 的减排效果也比较突出，这可能是加速工况下每循环有更多的燃料在缸内燃烧，释放的能量提高了排气温度有利于 DOC + CD-PF 对 HC 的氧化与捕集。

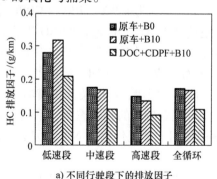

a) 不同行驶段下的排放因子

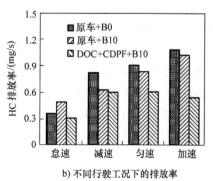

b) 不同行驶工况下的排放率

图 8-12　CCBC 循环下的 HC 排放规律

图 8-13 为公交车分别燃用 B0、B10 和安装 DOC + CDPF 后燃用 B10 运行在 CCBC 低速段、中速段、高速段及全循环下时，其尾气中 NO、NO_2 和 NO_X 的排放因子。NO_X 是 NO、NO_2、N_2O 等各种氮氧化物的总称，柴油公交车尾气中的 NO_X 主要为 NO 和 NO_2。

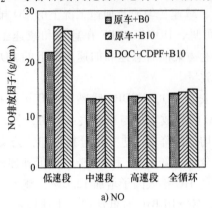

a) NO

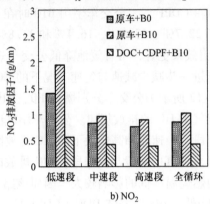

b) NO_2

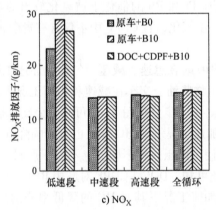

c) NO_X

图 8-13　不同行驶路段下的 NO、NO_2 和 NO_X 排放因子

由图 8-13a 可知，各方案中公交车均在低速段的 NO 排放因子最高，中速段与高速段的排放水平较为接近且大幅低于低速段。公交车燃用 B10 后其低速段的 NO 排放上升 22.5%，中速段和高速段变化不明显，整个 CCBC 中的 NO 排放增幅为 1.9%。DOC + CDPF 能小幅降低燃用 B10 公交车低速段的 NO 排放因子，同时也使其中速段和高速段的 NO 排放分别增加 4.3% 和 2.8%，整个 CCBC 中的 NO 排放增幅为 2.7%。分析其原因为安装 DOC + CDPF 会造成柴油机排气背压增加，缸内燃烧温度上升，因而安装 DOC + CDPF 后柴油机本机的 NO 排放水平要高于安装前，低速段下 NO 在催化剂活性位被吸附，此时柴油机喷油量较小，混合气过量空气系数较大，载体内部贵金属活性位上存在着较多的吸附态氧，不利于 NO 发生还原反应分解为 N_2 和 O_2，而容易在 DOC 催化剂的作用下被氧化生成 NO_2，因而低速段 NO 排放减少。

由图 8-13b 可知，各方案中公交车均在低速段的 NO_2 排放水平最高，中速段与高速段的 NO_2 排放水平相近且大幅低于低速段，与不同行驶路段下的 NO 排放规律相似。分析可知，B10 可引起公交车 NO_2 排放水平大幅上升，低速段尤为明显，这是由于低速段下 NO_2 的生成主要来自 NO 与 HO_2 的反应，而该反应在低温下反应速率较高。同时，NO_2 的生成与混合气含氧量密切相关，低转速工况下，B10 氧含量较高的优势对形成 NO_X 影响较大，而高转速时，空燃比较大，生物柴油中氧的作用不太明显，因而中速段和高速段的 NO_2 排放增幅有所减小，分别为 16.5% 和 15.4%，整个 CCBC 中的 NO_2 排放上升 18.9%。DOC + CDPF 对燃用 B10 公交车尾气中的 NO_2 具有较好的降低效果，其在低速段的减排率高达 70.4%，中速段与减速路段下则约为 55.8%，使得整个 CCBC 下 NO_2 排放降低 58.1%。这是由于 NO 在 DOC 内转化为 NO_2，生成的 NO_2 促进 CDPF 内颗粒的氧化反应，实现了 DOC + CDPF 的再生。低速段下尾气温度不高，NO_2 在 CDPF 中被还原成 NO，此时 CDPF 中氧活性位较少，NO 的氧化反应受到阻碍，使得低速段下 DOC + CDPF 对 NO_2 的降低效果尤为明显。

由图 8-13c 可知，尾气中 NO_X 排放浓度受 NO 排放的影响较大，因而各方案公交车低速段下的 NO_X 排放水平也显著高于中速段与高速段，且中速段与高速段下的 NO_X 排放水平接近。与燃用 B0 相比，公交车燃用 B10 后低速段的 NO_X 排放上升 23.5%，中速段及高速段变化较小，全 CCBC 下 NO_X 排放增幅为 2.9%。安装 DOC + CDPF 后，燃用 B10 公交车低速段下 NO_X 排放降低 7.6%，中速段和高速段变化较小，整个 CCBC 中的 NO_X 降幅为 1.3%。可见燃用 B10 公交车安装 DOC + CDPF 装置后，其低速段 NO_X 排放恶化能得到有效控制。

图 8-14 为公交车分别燃用 B0、B10 和安装 DOC + CDPF 后燃用 B10 时运行在 CCBC 怠

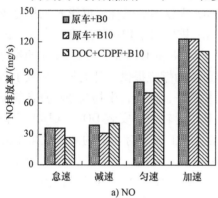

a) NO

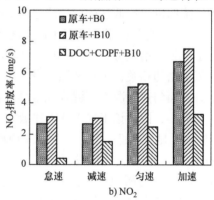

b) NO_2

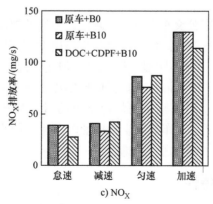

c) NO_X

图 8-14　不同行驶工况下的 NO、NO_2 和 NO_X 排放率

速、减速、匀速及加速工况下时，其尾气中 NO、NO₂ 和 NO_X 的排放率。

由图 8-14a 可知，各方案公交车怠速、减速、匀速及加速工况下的 NO 排放率均依次逐渐上升。公交车燃用 B10 可显著降低其减速与匀速工况下 NO 排放水平，降幅分别为 20.8%和 12.7%。这是因为 B10 的十六烷值高于 B0，前者的燃烧滞燃期更短因而预混燃烧时间也相应缩短，造成燃烧温度有所减小，NO 的排放也受到影响。同时 B10 为含氧燃料，其在加速工况下为燃烧提供了氧，因而加速工况下 NO 排放也有小幅降低。安装 DOC + CDPF 后燃用 B10 的公交车在怠速和加速工况下的 NO 排放率分别降低 25.0% 和 9.5%，但减速和匀速工况下 NO 排放水平上升明显。这是因为安装 DOC + CDPF 后造成柴油机本机的 NO 排放水平上升，但怠速工况尾气中氧浓度较高且尾气中 CO 和 HC 的浓度相对降低，此时 NO 在贵金属的作用下被氧化为 NO₂，NO 的还原反应受到抑制，因而怠速工况下 DOC + CDPF 对 NO 的降低效果明显。而减速与匀速工况下排气温度较低，催化剂中的活性位较少不足以氧化尾气中氧化动力性更强的 HC 与 CO，NO 的氧化反应受到阻碍。而高速工况下 DOC + CDPF 装置对 NO 的降低效果较好，主要是因为尾气温度较高所致。

如图 8-14b 所示，各方案公交车在怠速、减速、匀速及加速工况下的 NO₂ 排放率均依次逐渐增加，与 NO 的排放规律较为相似，这是因为加速工况下，缸内每循环喷油量增加，循环放热增加，缸内燃烧温度高促进了 NO₂ 的生成，使得加速工况下 NO₂ 排放显著上升，而怠速工况下，柴油机转速低且运行在低负荷工况，NO₂ 排放率受燃烧温度影响也相对较低。与燃用 B0 相比，公交车燃用 B10 时不同工况下的 NO₂ 排放水平均有所上升，怠速、减速、匀速与加速工况下的增幅分别为 16.0%、12.1%、3.64% 和 12.7%，其原因为 NO₂ 的排放与混合气含氧量密切相关，生物柴油本身含有的氧可以为燃烧提供额外的氧，导致了 NO₂ 排放水平的上升，而匀速工况下，混合气本身混合质量较好，此时，生物柴油本身含氧量对 NO₂ 的生成影响较小，因而该工况下 NO₂ 排放水平上升幅度较小。安装 DOC + CDPF 后各工况下 NO₂ 的排放水平显著降低。其中，DOC + CDPF 在怠速工况下对 NO₂ 的减排效果最好，减排率高达 86.7%，此外，其在减速、匀速与加速工况下也使 NO₂ 排放分别降低 49.9%、53.1% 和 56.7%。分析原因为在 DOC 载体催化活性位的作用下，DOC 载体内发生一系列的氧化反应释放的热量提高了尾气的温度，CDPF 中 NO₂ 在贵金属 Pt、Pb 和 Rh 的催化作用下与载体捕集的碳粒发生反应，达到降低载体内部颗粒沉积量的目的，因而 NO₂ 排放水平大幅降低。

如图 8-14c 所示，各方案公交车在怠速、减速、匀速及加速工况下的 NO_X 排放率皆依次逐渐上升，与 NO 和 NO₂ 的分布规律保持一致。与燃用 B0 相比，燃用 B10 后公交车怠速与加速工况下 NO_X 排放水平的变化不明显，但减速与匀速工况下的 NO_X 排放率都减少。燃用 B10 的公交车安装 DOC + CDPF 后，怠速与加速工况下的 NO_X 排放降幅分别为 30.0% 和 12.2%，同时 DOC + CDPF 也引起减速与匀速工况的 NO_X 排放分别上升 26.2% 与 14.8%。可知 DOC + CDPF 能有效降低公交车燃用生物柴油时怠速与加速工况的 NO_X 排放水平，但不利于减速与匀速工况对 NO_X 排放水平的控制。

8.2.4 颗粒物排放特性

1. PN 排放特性

图 8-15 所示为公交车分别燃用 B0、B10 和安装 DOC + CDPF 后燃用 B10 运行在 CCBC

低速段、中速段、高速段及全循环下时，其尾气颗粒数量排放因子的粒径分布情况。由图 8-15 分析可知，公交车燃用 B0 时其低速段、中速段及整个 CCBC 下的尾气颗粒数量排放均呈一个核态和一个聚集态的双峰分布，高速段下只有一个明显的核态峰；低速段与中速段的核态颗粒排放水平相同，高速段的核态颗粒排放水平明显高于低速段与中速段；不同路段下的聚集态颗粒数量变化较小。公交车燃用 B10 时低速段和中速段下的尾气颗粒数量排放呈一个核态与两个聚集态的三峰分布，高速段及全 CCBC 下分别存在一个核态与一个聚集态的峰；中速段的核态颗粒排放水平最低，高速段最高；高速段的聚集态颗粒排放水平明显低于低速段和中速段。安装 DOC + CDPF 后燃用 B10 公交车在低速段、中速段、高速段及CCBC 下的尾气颗粒数量排放因子均呈两个核态峰分布，随着粒径的增大，聚集态颗粒数量排放因子急剧下降，且低速段的颗粒数量排放因子要高于中速段与高速段。

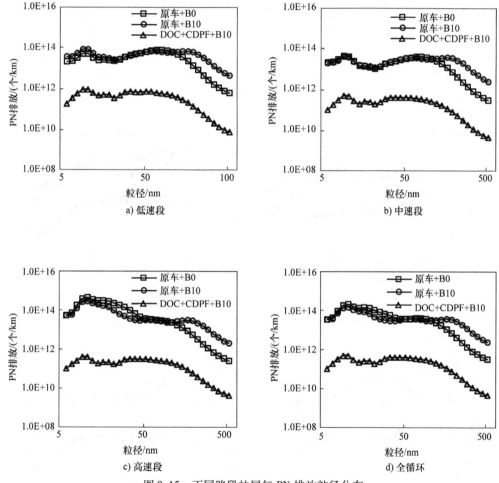

图 8-15　不同路段的尾气 PN 排放粒径分布

公交车燃用 B0 与 B10 时其核态颗粒数量排放峰值均出现在粒径 9.31nm 处，但燃用 B10 时的聚集态峰值明显向粒径增大的方向移动，这是因为颗粒是碳氢化合物在高温缺氧的情况下燃烧或裂解释放并聚合而成的不完全燃烧产物，炭烟晶核经过凝聚与表面反应等一系列复杂的化学反应不断长大，聚集态颗粒主要以碳颗粒为基础，聚拢大量的半挥发性物质后生成，生物柴油黏度高不利于混合气混合均匀而造成未燃碳氢排放大幅上升，大量的 HC 凝结在炭烟颗粒的碳核表面促进了炭烟颗粒的长大，聚集态颗粒的粒径也随之上升。

安装 DOC + CDPF 前后燃用 B10 公交车在不同路段下的核态峰值均出现在粒径 9.31nm 处。DOC + CDPF 能显著地降低尾气颗粒数量排放水平，聚集态颗粒数量排放则随着粒径的增大大幅降低。低速段下 DOC + CDPF 在粒径 254.8nm 处对颗粒数量排放的捕集效率最高，为 99.8%；中速段下其在粒径 294.3nm 处的捕集效率最高，为 99.8%；高速段下其在粒径 14.3nm 处的捕集效率最高，为 99.9%；全 CCBC 循环下其对颗粒数量的最佳减排率为 99.8%，出现在粒径 254.8nm 处。

图 8-16 所示为公交车原车燃用 B0、原车燃用 B10 和安装 DOC + CDPF 后燃用 B10 时运行在 CCBC 急速、减速、匀速及加速工况下时，其尾气 PN 排放率的粒径分布特性。分析图 8-16 可知，公交车燃用 B0 时其急速、减速及加速工况下的尾气 PN 排放均呈一个核态与一个聚集态的双峰分布，匀速工况下只有一个明显的核态峰值；公交车运行在急速工况下时，其尾气颗粒数量排放相对较少。公交车燃用 B10 时其在急速、减速、匀速和加速工况下 PN 排放均呈一个明显的核态与两个不明显的聚集态三峰分布，且加速工况的排放水平较高。公交车安装 DOC + CDPF 后燃用 B10 时急速、减速、匀速及加速工况下颗粒数量排放呈两个核态峰值分布，不同工况下的聚集态 PN 排放率均随着粒径的增大急剧下降，且减速工况下的 PN 排放水平要高于其他工况。

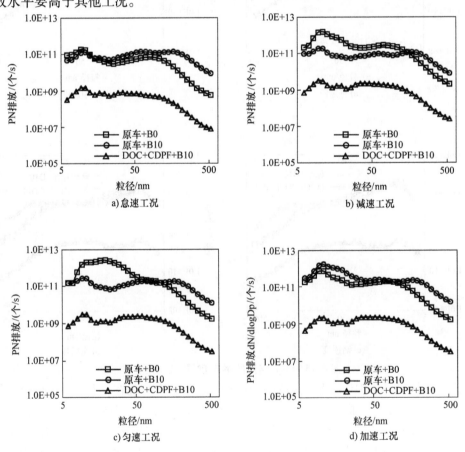

图 8-16　不同工况的尾气 PN 排放率粒径分布

公交车燃用 B0 与 B10 时在怠速、减速和加速工况下的核态峰均出现在粒径 10nm 附近，前者匀速工况下在粒径 19.1nm 处还有一个核态峰，且减速与匀速工况下其核态 PN 排放数量级明显高于后者。此外与燃用 B0 相比，公交车燃用 B10 时不同工况下的聚集态峰右移明显。

安装 DOC + CDPF 前后公交车燃用 B10 时核态峰均出现在粒径 9.31nm 处，安装后尾气 PN 的排放水平大幅降低，聚集态降低幅度更为明显。怠速工况下 DOC + CDPF 的最高捕集效率为 99.9%，在粒径 392.4nm 处；减速工况下其最高捕集效率为 99.7%，在粒径 254.8nm 处；匀速工况下其最高捕集效率为 99.8%，在 254.8nm 聚集态粒径处；加速工况下其最高捕集效率为 99.9%，在 14.3nm 核态粒径处。

2. PM 排放特性

图 8-17 所示为公交车分别燃用 B0、原车燃用 B10 和安装 DOC + CDPF 后燃用 B10 运行在 CCBC 低速段、中速段、高速段及全循环下时尾气 PM 排放粒径分布情况。公交车原车燃用 B0 运行在低速段与中速段下时，其尾气颗粒数量排放规律非常相近，呈一个核态与一个聚集态双峰分布，峰值分别出现在粒径 10.8nm 与 165.5nm 处，高速段与全 CCBC 下则均呈一个聚集态的单峰分布，且高速段的聚集态峰值粒径小于全循环。燃用 B10 时公交车在低速和中速段下尾气颗粒质量排放呈一个核态与一个聚集态双峰分布，峰值分别出现在粒径 10.8nm 与 254.8nm 处，高速段和 CCBC 下呈一个聚集态单峰分布，峰值在粒径 254.8nm 处，不同路段下粒径大于 339.8nm 的颗粒质量排放水平均随粒径的增大而上升，可能在测量范围外大于 523.3nm 处形成了其他大粒径的峰。安装 DOC + CDPF 后公交车燃用 B10 生物柴油混合燃料时低速、中速、高速段及 CCBC 下的颗粒质量排放因子粒径分布规律区别不大，呈一个核态与一个聚集态双峰分布规律，峰值分别处于 10.8nm 与 191.1nm。

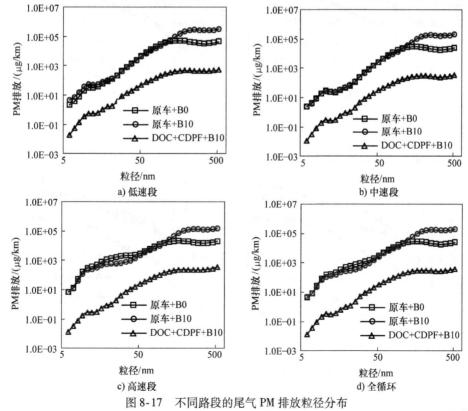

图 8-17 不同路段的尾气 PM 排放粒径分布

公交车燃用 B0 与 B10 时其低速与中速段均在粒径 10.8nm 处有一个核态峰，而当其运行在高速段与 CCBC 下时皆无核态峰，燃用 B10 时不同路段下的聚集态峰相比于燃用 B0 时有明显的右移，结合图 8-14 可知颗粒数量排放因子的聚集态峰也往粒径增大的方向移动，可见颗粒质量排放规律与颗粒数量排放规律存在一定的关联。

安装 DOC + CDPF 前后公交车燃用 B10 时不同路段下核态峰均出现在粒径 10.8nm 处，安装 DOC + CDPF 后，不同路段下的聚集态峰值均向左移动，这是因为 DOC + CDPF 装置对粒径在 254.8 ~ 294.3nm 范围内的聚集态颗粒捕集效率较高。由该图还可知，安装 DOC + CDPF 后，不同路段下的颗粒质量排放因子均下降两个数量级左右。低速段下 DOC + CDPF 的最高捕集效率为 99.8%，在粒径 254.8nm 处；中速段下其最高捕集效率为 99.8%，在粒径 294.3nm 处；高速段下其最高捕集效率为 99.9%，在粒径 254.8nm 处；而整个 CCBC 下其最高捕集效率为 99.8%，在粒径 254.8nm 处。

图 8-18 所示为公交车分别燃用 B0、B10 和安装 DOC + CDPF 后燃用 B10 时运行在 CCBC 怠速、减速、匀速及加速工况下时，其尾气 PM 排放率的粒径分布特性。公交车燃用 B0 时在怠速与加速工况下的颗粒质量排放率呈一个核态与一个聚集态的双峰分布，核态峰值均处于 10.8nm 处，聚集态峰值则分别在 143.3nm 和 165.5nm 处，减速与匀速工况下呈一个聚集态的单峰分布，峰值在粒径 165.5nm 处，且当公交车运行在减速与匀速工况下时，其尾气核

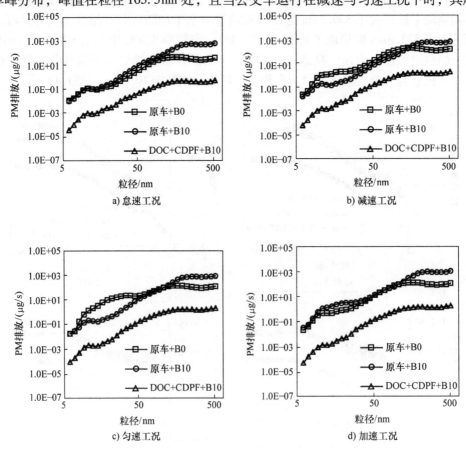

图 8-18　不同工况的尾气 PM 排放粒径分布

态颗粒的排放水平较高。燃用 B10 时公交车在息速、减速和匀速工况下的颗粒质量排放率均呈一个核态与一个不太明显的聚集态双峰分布，核态与聚集态峰均分别出现在粒径 10.8nm 与 254.8nm 处，加速工况下呈一个聚集态的单峰分布，峰值出现在粒径 254.8nm 处，加速工况下的核态 PM 排放水平要显著高于其他工况，这可能是由于加速工况下 HC 排放较高促进了核态颗粒的生成。安装 DOC + CDPF 后燃用 B10 时公交车息速、减速、匀速及加速工况下尾气 PM 排放率均呈一个核态与一个聚集态双峰分布，核态与聚集态峰值分别出现在粒径 10.8nm 与 191.1nm 处。需指出的是，各方案公交车运行在息速、减速、匀速和加速工况时均可能存在一个粒径大于 523.3nm 的大粒径峰。

与燃用 B0 相比，燃用 B10 时公交车不同工况下的聚集态峰明显向粒径增大的方向移动，这主要是由于燃烧生物柴油时尾气颗粒对未燃碳氢的吸附能力更强所致。安装 DOC + CDPF 前后燃用 B10 的公交车运行在不同工况下的核态峰均出现在粒径 10.8nm 处。安装 DOC + CDPF 后，聚集态峰向粒径减小的方向移动，这是因为安装 DOC + CDPF 后不同工况下的聚集态 PM 排放率随着粒径的增大急剧降低。由图 8-18 还可知，DOC + CDPF 的最高捕集效率均出现在粒径 254.8nm 处，息速、减速、匀速和加速工况下其最高捕集效率均高达 99.8%。

8.2.5 颗粒组分 OC/EC 和离子排放

燃用生物柴油不仅对车辆颗粒数量排放产生影响，更会直接影响微观颗粒组分，其中以颗粒组分有机碳、元素碳、阴阳离子和 SOF 为主，颗粒有机碳/无机碳：气溶胶粒子的化学成分包含碳气溶胶、硝酸盐、硫酸盐、铵盐以及矿物元素等。碳气溶胶主要包含有机碳（Organic Carbon，OC）和元素碳（Elemental Carbon，EC）。有机碳 OC 来自燃烧化石燃料时排放的一次有机物和经大气环境化学反应产生的二次有机物，EC 只存在于化石燃料或生物质不完全燃烧直接排放的一次气溶胶中，是黑色、高聚合、难被氧化的物质，都是判断大气环境污染源的重要数据。OC/EC 在气溶胶中含量较多成为关注重点。

1. 颗粒物组分 OC/EC 排放

（1）颗粒 OC 排放特性

OC 检测过程中，不同加热温度时 OC 所得到的四个碳组分，其最终浓度是连续阶段式升温中时所得各组分之和。如 8.1 节颗粒组分测试方法，OC 检测过程中阶段式升温分为 140℃、280℃、480℃、580℃。其分别对应 OC1、OC2、OC3 和 OC4。即 OC1 代表加热至 140℃ 时挥发出的 OC 含量，OC2 代表加热温度从 140℃ 至 280℃ 时挥发出的 OC 含量，OC3 代表加热温度从 280℃ 至 480℃ 时挥发出的 OC 含量，OC4 代表加热温度从 480℃ 至 580℃ 时挥发出的 OC 含量。

图 8-19 所示为燃用 B0 以及 B5、B10、B20 时 OC 在不同温度下的累积排放。由图可得，燃用 B5 和 B20 在各温度下 OC 排放均低于

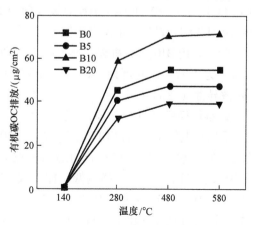

图 8-19　不同加热温度下的 OC 排放

B0，而燃用 B10 时 OC 排放高于 B0；随加热温度逐渐升高，OC 排放呈逐渐升高趋势，其中加热至 480℃后变化基本不变。相比 B0 燃用 B5、B20 时 OC 排放降低 15.03%、44.21%，而燃用 B10 时 OC 则升高 27.56%。

（2）颗粒 EC 排放特性

EC 在不同加热温度时所得到的各组分有较大差异，其最终浓度是连续阶段式升温中时所得组分之和。如 8.1 节颗粒组分测试方法，EC 检测过程中阶段式升温分为 580℃、740℃、840℃。

图 8-20 所示为燃用 B0 以及 B5、B10、B20 时 EC 在不同温度下的累积排放。由图 8-20 可知，随加热温度的升高 EC 逐渐增加，其中各类油品升高趋势相差较大。加热温度至 580℃时各类油品 EC 排放基本为零；加热至 740℃时燃用 B0、B5、B10、B20 时 EC 排放分别为 $2.65\mu g/cm^2$、$6.71\mu g/cm^2$、$7.57\mu g/cm^2$ 和 $12.03\mu g/cm^2$，EC 排放呈逐渐降低趋势；加热至 840℃时，B20 颗粒元素碳排放增幅减小而 B0 颗粒 EC 排放显著增加，B0、B5、B10、B20 颗粒元素碳呈先升高后降低趋势，B10 元素碳排放最高，比 B0 升高 25.50%。这说明，B0 颗粒 EC 主要在 740℃至

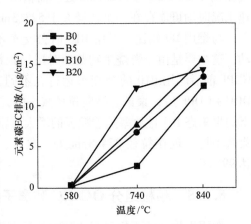

图 8-20　不同加热温度下的 EC 排放

840℃温度下检测出，即以 EC3 为主；B20 颗粒元素碳主要在 580℃至 740℃温度下检测出，即以 EC2 为主；B5 和 B10 颗粒元素碳分布较为均匀。

（3）生物柴油对颗粒 OC/EC 之比影响

环境大气中颗粒 OC/EC 一般用来衡量二次有机气溶胶在颗粒物中所占的比例，即颗粒物在大气进程中时间的长短，OC/EC 值越高二次有机气溶胶所占比例越大，颗粒物在大气进程中的作用时间越长，反之越短[2]。在稀释后即采集颗粒，不研究颗粒在大气的反应，因而颗粒 OC/EC 值仅表征燃用生物柴油时的变化情况，即燃烧和排放特性，也可以用来判断是否来自于不同比例生物柴油燃烧。图 8-21 为不同比例生物柴油有机碳和元素碳之比（OC/EC）。B0、B5 和 B20 颗粒总碳（OC+EC）排放呈降低趋势，而 B10 颗粒总碳排放最高；燃用 B0 时有机碳和元素碳之比 OC/EC 为 4.49，燃用 B5 时有机碳和元素碳之比 OC/EC 为 3.52，燃用 B10 时有机碳和元素碳之比 OC/EC 为 4.56，燃用 B20 时有机碳和元素碳之比 OC/EC 为 2.77。由此可知，燃用生物柴油可以降低有机碳与元素碳之比，而燃用 B10 时颗粒排放异常（反而升高）。

2. 各粒径段颗粒 OC/EC 排放特性

采用静电低压撞击仪 ELPI 测量 7nm～10μm 粒径段的颗粒数量，并根据颗粒滤膜检测粒径段分布，将颗粒粒径将其分为超细颗粒 $PM_{0.05\sim0.1}$、细颗粒 $PM_{0.1\sim0.5}$ 和 $PM_{0.5\sim2.5}$，大颗粒 $PM_{2.5\sim18}$ 四个粒径段。静电低压撞击仪 ELPI 分为 12 个切割粒径段：0.02、0.04、0.07、0.12、0.20、0.31、0.48、0.76、1.22、1.95、3.07、6.26，根据粒径大小将其按照上述四类粒径段进行划分：超细颗粒 $PM_{0.05\sim0.1}$ 包含 0.02、0.04、0.07 和 0.12 四个粒径通道；细颗粒 $PM_{0.1\sim0.5}$ 包含 0.20、0.31、0.48 三个粒径通道；细颗粒 $PM_{0.5\sim2.5}$ 包含 0.76、1.22、

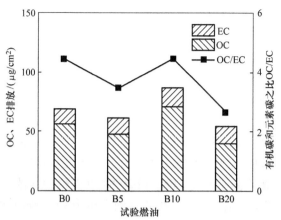

图8-21 不同比例生物柴油颗粒有机碳和元素碳之比（OC/EC）

1.95 和 3.07 四个粒径通道；大颗粒 $PM_{2.5\sim18}$ 包含 6.26 一个粒径通道。

（1）各粒径段颗粒 OC 排放特性

图 8-22 所示为各粒径段燃用 B0、B5、B10、B20 时 OC 排放比较。图 8-22a 是超细颗粒 $PM_{0.05\sim0.1}$ 不同比例生物柴油有机碳 OC 排放特性。由图 8-22 可知，超细颗粒 $PM_{0.05\sim0.1}$ OC 以 OC2 为主，OC3 含量较少而 OC1 和 OC4 几乎为零。燃用 B5、B10 和 B20 时 OC2 浓度较

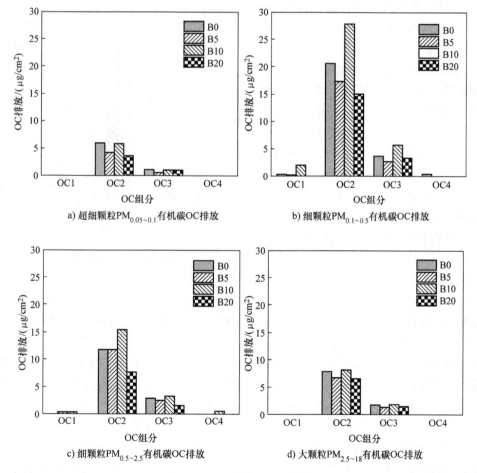

图 8-22 各粒径段 OC 排放

B0 分别降低 29.70%、2.85% 和 41.61%；OC3 浓度均在 $1.0\mu g/cm^2$ 左右。由此可得，超细颗粒 $PM_{0.05\sim0.1}$ 各类 OC 含量偏低，以 OC2 为主。

图 8-22b 是细颗粒 $PM_{0.1\sim0.5}$ 不同比例生物柴油 OC 排放特性。细颗粒 $PM_{0.1\sim0.5}$ 有机碳 OC 以 OC2 和 OC3 为主，OC1 和 OC4 含量偏低。燃用 B10 时 OC1 浓度为 $2.00\mu g/cm^2$，其余油品 OC1 可忽略不计；B10 的 OC2 浓度较 B0 升高 26.06%；B5 和 B20 的 OC3 较 B0 降低 25.62% 和 10.19%，而 B10 的 OC3 较 B0 升高 35.75%。

图 8-22c 是细颗粒 $PM_{0.5\sim2.5}$ 各类油品有机碳 OC 排放特性。细颗粒 $PM_{0.5\sim2.5}$ 有机碳 OC 以 OC2 为主，OC3 含量偏低，OC1 和 OC4 几乎为零。燃用生物柴油 OC2 和 OC3 变化趋势相同，B10 的 OC2 和 OC3 浓度高于 B0 而 B5 和 B20 的 OC2 和 OC3 浓度低于 B0。

图 8-22d 是大颗粒 $PM_{2.5\sim18}$ 不同比例生物柴油有机碳 OC 排放特性。大颗粒 $PM_{2.5\sim18}$ 有机碳 OC 以 OC2 为主，OC3 含量偏少。

由此可知，不同比例生物柴油有机碳排放主要集中在细颗粒 $PM_{0.1\sim0.5}$ 和 $PM_{0.5\sim2.5}$，其中以 OC2 和 OC3 为主。燃用 B10 时有机碳浓度偏高体现在各个粒径段，其中以细颗粒 $PM_{0.1\sim0.5}$ 最为明显。

图 8-23 所示为燃用 B0 以及 B5、B10 和 B20 时各粒径段 OC 排放对比图。OC 在细颗粒 $PM_{0.1\sim0.5}$ 含量较高，细颗粒 $PM_{0.5\sim2.5}$、大颗粒 $PM_{2.5\sim18}$ 次之，超细颗粒 $PM_{0.05\sim0.1}$ 最低，即随粒径增加 OC 排放呈先增加后减小趋势；燃用 B0、B5 和 B20 时，四个粒径段颗粒有机碳均逐渐降低，B5 和 B10 在超细颗粒 $PM_{0.05\sim0.1}$ 较 B0 降低 33.59% 和 36.76%，在细颗粒 $PM_{0.1\sim0.5}$ 降低 18.31% 和 26.04%，在细颗粒 $PM_{0.5\sim2.5}$ 降低 1.2% 和 38.3%，大颗粒 $PM_{2.5\sim18}$ 降低 13.91% 和 15.48%；而燃用 B10 时颗粒有机碳在超细颗粒 $PM_{0.05\sim0.1}$ 较 B0 降低 3.58%，其余粒径段增幅较为明显。由此可得，燃用 B5 和 B20 颗粒组分排放和颗粒数量瞬态排放趋势相近，均低于燃用 B0 时，而燃用 B10 时颗粒组分排放和数量瞬态排放趋势类似，高于燃用 B0 时的排放。

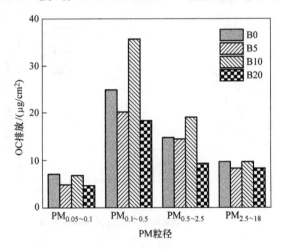

图 8-23　各粒径段 OC 排放

图 8-24 所示为生物柴油在各粒径段较 B0 时 OC 变化率。由图 8-24 可得，燃用 B5 和 B20 时颗粒有机碳在四个粒径段均降低而燃用 B10 时，除超细颗粒 $PM_{0.05\sim0.1}$ OC 排放升高。与 B0 相比，燃用 B5 时超细颗粒 $PM_{0.05\sim0.1}$、细颗粒 $PM_{0.1\sim0.5}$、细颗粒 $PM_{0.5\sim2.5}$ 和 $PM_{2.5\sim18}$ 有机碳 OC 分别降低 33.59%、18.31%、1.23% 和 13.91%；与 B0 相比，燃用 B20 时超细颗粒 $PM_{0.05\sim0.1}$、细颗粒 $PM_{0.1\sim0.5}$、细颗粒 $PM_{0.5\sim2.5}$ 和 $PM_{2.5\sim18}$ 有机碳 OC 分别降低 36.76%、26.04%、38.35% 和 15.48%；与 B0 相比，燃用 B10 时超细颗粒 $PM_{0.05\sim0.1}$ 有机碳 OC 降低 3.58%，细颗粒 $PM_{0.1\sim0.5}$、细颗粒 $PM_{0.5\sim2.5}$ 和 $PM_{2.5\sim18}$ 有机碳 OC 分别升高 43.72%、30.33% 和 4.00%。

柴油车颗粒主要包含有机碳 OC 和元素碳 EC，而其中有机碳 OC 是各类有机化合物的混合体,对环境和人体健康危害较大。针对燃用生物柴油时柴油车 OC 变化,研究了各粒径段有机碳 OC 变化趋势,得出主要结论:柴油车颗粒以 OC2 和 OC3 为主,其中在细颗粒 $PM_{0.1 \sim 0.5}$ 含量偏高;B5 和 B20 在各粒径段均可以降低 OC 排放,而 B10 超细颗粒 $PM_{0.05 \sim 0.1}$ 有机碳 OC 略低而其余粒径段偏高。

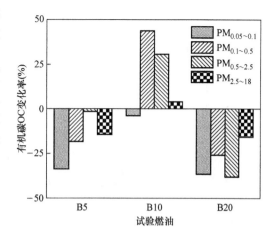

图 8-24　各粒径段生物柴油 OC 排放变化率

(2) 各粒径段颗粒 EC 排放特性

图 8-25 所示为各粒径段燃用 B0、B5、B10、B20 时 EC 排放比较。图 8-25a 可以看出,超细颗粒 $PM_{0.05 \sim 0.1}$ 元素碳 EC 排放以 EC2 和 EC3 为主。如图 8-25b 所示,细颗粒 $PM_{0.1 \sim 0.5}$ 元素碳 EC 以 EC2 和 EC3 为主。随生物柴油比例增加元素碳 EC2 呈逐渐增加趋势,B5、B10 和 B20 时元素碳浓度较 B0 增加 2.14 倍、2.49 倍和 4.76 倍;B5、B10 和 B20 元素碳 EC3 浓度较 B0 分别降低 32.31%、16.77% 和 73.44%。图 8-25c 所示,细颗粒 $PM_{0.5 \sim 2.5}$ 元素碳 EC 以 EC2 和 EC3 为主。如图 8-25d 所示,大颗粒 $PM_{2.5 \sim 18}$ 元素碳含量几乎为零,可忽略不计。

综上所述,燃用生物柴油时 EC 主要集中在细颗粒 $PM_{0.1 \sim 0.5}$,而超细颗粒 $PM_{0.05 \sim 0.1}$ 和细颗粒 $PM_{0.5 \sim 2.5}$ 含量偏少,大颗粒 $PM_{2.5 \sim 18}$ 浓度几乎为零。燃用生物柴油时元素碳增加主要是因为细颗粒 $PM_{0.1 \sim 0.5}$ 元素碳 EC2 浓度升高,细颗粒 $PM_{0.5 \sim 2.5}$ 元素碳 EC2 含量也略有升高。

图 8-26 所示为不同比例生物柴油在各粒径段 EC 排放分布。EC 在细颗粒 $PM_{0.1 \sim 0.5}$ 排放较高,占比达 70%;超细颗粒 $PM_{0.05 \sim 0.1}$ 随生物柴油比例增加 EC 排放呈先增加后减小趋势,B5、B10 和 B20 元素碳 EC 浓度较 B0 分别增加 119.69%、86.79% 和 49.56%;细颗粒 $PM_{0.5 \sim 2.5}$ 随生物柴油比例增加元素碳 EC 呈先增加后减少趋势,较 B0 分别增加 41.68%、64.89% 和 12.96%;$PM_{2.5 \sim 18}$ 段元素碳 EC 含量几乎为零。

图 8-27 所示为生物柴油各粒径段较 B0 时 EC 变化率。由图 8-27 可得,燃用 B10 和 B20 时 EC 在三个粒径段均升高而燃用 B5 时细颗粒 $PM_{0.05 \sim 0.1}$ 颗粒 OC 排放降低。与 B0 相比,燃用 B10 时超细颗粒 $PM_{0.05 \sim 0.1}$、细颗粒 $PM_{0.1 \sim 0.5}$ 和大颗粒 $PM_{0.5 \sim 2.5}$ EC 分别升高 86.79%、15.39%、64.89%;与 B0 相比,燃用 B20 时超细颗粒 $PM_{0.05 \sim 0.1}$、细颗粒 $PM_{0.1 \sim 0.5}$ 和 $PM_{0.5 \sim 2.5}$ EC 分别升高 49.56%、13.76% 和 12.96%;与 B0 比燃用 B5 时超细颗粒 $PM_{0.05 \sim 0.1}$ 和细颗粒 $PM_{0.5 \sim 2.5}$ EC 升高 119.69% 和 41.69%,而细颗粒 $PM_{0.1 \sim 0.5}$ 元素碳 EC 降低 3.81%。$PM_{2.5 \sim 18}$ 不同比例生物柴油 EC 基本为零。

柴油车颗粒主要包含 OC 和 EC,而其中 EC 通常以单质状态存在于颗粒物中,是一种高聚合的、常温下呈惰性的物质,在 400℃ 以下很难被氧化。针对燃用生物柴油时柴油车 EC 变化,研究了各粒径段 EC 变化趋势,得出主要结论:柴油车 EC 整体显著低于 OC,元素碳 EC 以 EC2 和 EC3 为主,其中以细颗粒 $PM_{0.1 \sim 0.5}$ 占比偏高;$PM_{2.5 \sim 18}$ 颗粒元素碳基本为零;燃用生物柴油会使 EC 增加。

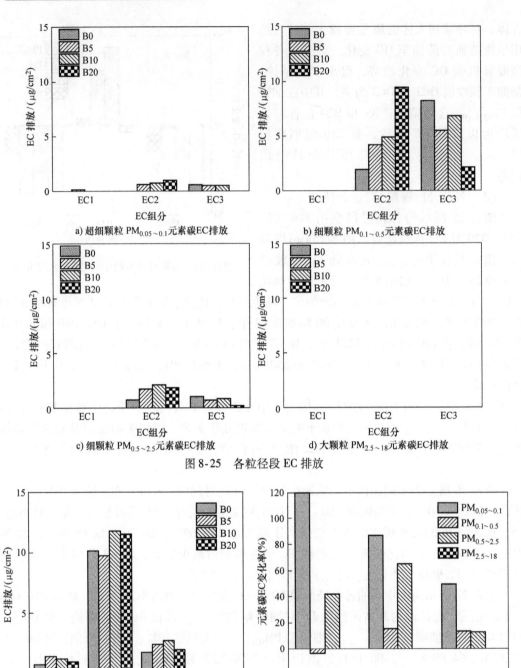

图 8-25　各粒径段 EC 排放

图 8-26　不同粒径段 EC 排放

图 8-27　生物柴油各粒径段 EC 排放变化率

（3）各粒径段颗粒 OC/EC

图 8-28 所示为不同比例生物柴油在不同粒径段下有机碳和元素碳之比（OC/EC）。细颗粒 $PM_{0.1\sim0.5}$ OC/EC 值远低于其余粒径段；细颗粒 $PM_{0.5\sim2.5}$ OC/EC 整体较高，其中 B0 时 OC/EC 为 8.97 而 B20 时仅为 4.90；超细颗粒 $PM_{0.05\sim0.1}$ 颗粒 OC/EC 变化幅度较大。各粒径

段 OC/EC 变化趋势与图 8-27 趋势相近，这说明燃用生物柴油 OC 整体偏低而 EC 整体偏高，导致颗粒 OC/EC 值呈下降趋势。

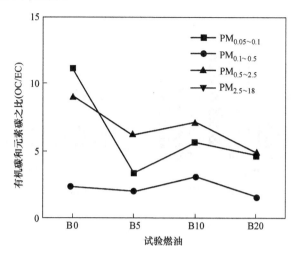

图 8-28　不同比例生物柴油在不同粒径段下有机碳和元素碳之比（OC/EC）

综上所述，燃用生物柴油会降低颗粒 OC/EC 值，其中在超细颗粒 $PM_{0.05 \sim 0.1}$ 和细颗粒 $PM_{0.5 \sim 2.5}$ 颗粒 OC/EC 值降幅明显，而细颗粒 $PM_{0.1 \sim 0.5}$ 不同比例生物柴油 OC/EC 值均偏低；燃用 B10 时颗粒 OC/EC 较 B5 和 B20 略有增加，这可能是因为 B10 喷油时雾化和挥发性较差使得 OC 增加导致的。

3. 生物柴油对颗粒离子排放特性影响

水溶性离子是颗粒物组分主要的化学成分之一，可以反映颗粒物形成及其表面性质，也可以改变颗粒物的酸碱度，同时也与雾霾的发生有关。硝酸盐硫酸盐及铵盐等是水溶性无机盐的最主要成分。本节主要研究燃用生物柴油时颗粒组分中各类阴阳离子浓度变化情况。

主要研究 SO_4^{2-}、NO_3^-、NO_2^- 和 Cl^- 四种阴离子，以及 Na^+、NH_4^+、K^+ 和 Ca^{2+} 四种阳离子。

（1）生物柴油对颗粒离子排放特性影响

图 8-29 所示为燃用 B0 以及 B5、B10 和 B20 时颗粒阴阳离子排放对比。如图 8-29a 所示，燃用 B5 和 B10 时 Cl^- 和 NO_2^- 排放显著上升，较 B0、B10 和 B20 显著升高，B20 的 SO_4^{2-} 排放浓度较高，而 B10 的各阴离子浓度均显著下降。B5 和 B20 的 Cl^- 排放浓度较 B0 分别升高 103.35% 和 115.24%，NO_2^- 排放较 B0 分别升高 68.20% 和 36.82%；B5 的 NO_3^- 排放较 B0 升高 33.60%；B10 各离子浓度较 B0 降幅达 5%～35%。综合上述，随生物柴油比例增加，阴离子排放整体呈升高趋势，B10 离子浓度略有降低。

由图 8-29b 所示，不同比例生物柴油的颗粒阳离子比阴离子低 1～2 数量级。随生物柴油比例升高，颗粒阳离含量整体呈升高趋势。B5 和 B20 的 NH_4^+ 较 B0 升高 26.32% 和 56.14%；B10 和 B20 时 K^+ 浓度几乎为零；B5 的 Ca^{2+} 排放远高于 B0 而 B10 和 B20 的 Ca^{2+} 则低于 B0。综合上述，生物柴油含量的增加会整体提高阳离子的浓度。

燃用生物柴油时颗粒中阴阳离子变化的来源有以下原因：

1）餐厨废弃油脂制生物柴油的组分中阴阳离子变化。

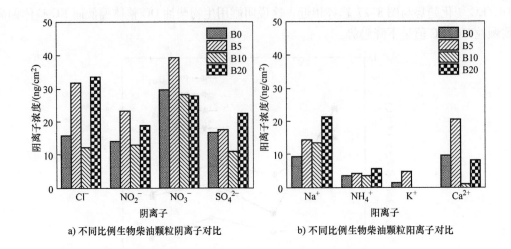

a) 不同比例生物柴油颗粒阴离子对比　　　　　b) 不同比例生物柴油颗粒阳离子对比

图 8-29　不同比例生物柴油颗粒阴离子对比

2）餐厨废弃油脂制生物柴油对燃烧的影响导致阴阳离子变化。

3）餐厨废弃油脂制生物柴油对柴油机摩擦等造成的影响。

其中，SO_4^{2-}、Cl^- 和 Na^+ 主要来自油品燃烧，而 NO_3^-、NO_2^- 和 NH_4^+ 主要来自后处理 SCR 中尿素，Ca^{2+} 不是油品燃烧引起的。根据图 8-30 所示阴阳离子变化情况，可推测生物柴油组分对阴阳离子影响较大，因此在制备生物柴油时除理化指标外也要注意其化学组分。

（2）各粒径段颗粒离子排放特性

由于上述不同比例生物柴油阴离子变化没有呈现出明显的规律，同时柴油排气中颗粒以硫酸盐和硝酸盐为主，及生物柴油仅导致部分颗粒离子变化，因此下面在介绍各粒径段颗粒阴离子时以硝酸根系和硫酸根系阴离子为主。图 8-30 所示为各粒径段硝酸根系和硫酸根系离子排放。

不同比例生物柴油颗粒 NO_3^- 和 SO_4^{2-} 主要集中在细颗粒 $PM_{0.1\sim0.5}$、细颗粒 $PM_{0.5\sim2.5}$ 和大颗粒 $PM_{2.5\sim18}$。细颗粒 $PM_{0.1\sim0.5}$ 和大颗粒 $PM_{2.5\sim18}$ 生物柴油颗粒中 NO_3^- 和 SO_4^{2-} 浓度高于纯柴油，而细颗粒 $PM_{0.5\sim2.5}$ 生物柴油阴离子浓度偏低。

由于阳离子中 K^+ 含量偏低，而 Ca^{2+} 不是生物质燃烧产生的，因此下面研究各粒径段颗粒阳离子排放时主要研究 Na^+ 和 NH_4^+。

同颗粒阴离子相比，颗粒阳离子含量整体呈偏低趋势，浓度排放整体在 $4ng/cm^2$ 以下，且仅存在部分粒径段内。如图 8-31a 所示，超细颗粒 $PM_{0.05\sim0.1}$ 随生物柴油比例增加 Na^+ 和 NH_4^+ 浓度逐渐降低。如图 8-31b 所示，细颗粒 $PM_{0.1\sim0.5}$ 随生物柴油比例增加 Na^+ 和 NH_4^+ 浓度逐渐升高。如图 8-31c 所示，细颗粒 $PM_{0.5\sim2.5}$ 随生物柴油比例增加 Na^+ 和 NH_4^+ 浓度先降低后升高。如图 8-31d 所示，大颗粒 $PM_{2.5\sim18}$ 随生物柴油比例增加 Na^+ 逐渐降低而 NH_4^+ 浓度先升高后降低。

综上所述，Na^+ 在四个粒径段含量偏高而 NH_4^+ 偏低，$PM_{0.1\sim0.5}$、$PM_{0.5\sim2.5}$ 和 $PM_{2.5\sim18}$ 燃用生物柴油时 Na^+ 含量高于纯柴油，而超细颗粒 $PM_{0.05\sim0.1}$ 降低；超细颗粒 $PM_{0.05\sim0.1}$ 和细颗粒 $PM_{0.1\sim0.5}$ 燃用生物柴油时 NH_4^+ 浓度高于纯柴油，细颗粒 $PM_{0.5\sim2.5}$ 和 $PM_{2.5\sim18}$ 反而

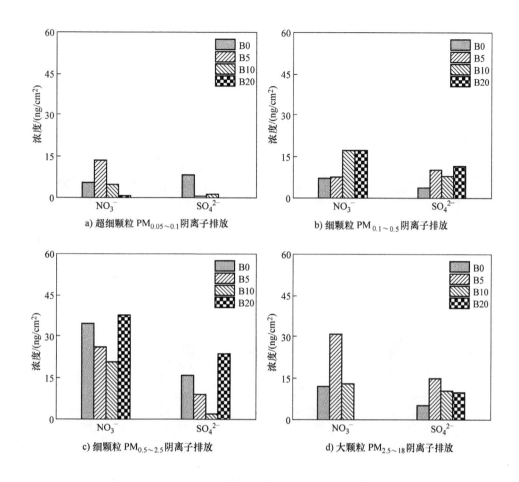

图 8-30 各粒径段硝酸根系和硫酸根系离子排放

降低。

（3）生物柴油对颗粒有机组分排放特性影响

正构烷烃普遍存在于可吸入颗粒物中的有机污染物，其麻醉性随分子量的增大而增加，同时其生物毒性能够损伤皮肤和癌变的危险[3]。此外，正构烷烃也是大气颗粒和有机地球化学研究的重要的内容，其机动车排放特性是环境中正构烷烃的排放源来源表征重要的内容之一。脂肪酸是颗粒物中重要的水溶性有机物，极易聚集在颗粒物表面，其较低的蒸汽压和强吸湿性，同时有较强的酸性，可以改变颗粒物中重金属形态[4]。多环芳烃 PAHs 是由两个或更多数量芳环稠合在一起的有机化合物，因其极强的致癌、致畸和致突变性，成为研究颗粒组分的重点。

以重型转鼓测功机试验为基础，针对瞬态 CCBC 时采用微孔均匀沉积式多级碰撞采样器 MOUDI 中石英膜收集到的颗粒，进行离线颗粒组分有机物分析，其中颗粒有机组分中烷烃类、脂肪酸类和 PAHs 是本节研究的主要内容，通过对比研究燃用 B0、B5、B10 和 B20 四类油品时颗粒中有机组分组分差异，也为进一步研究生物柴油对颗粒的影响作用提供基础。

4. 生物柴油对颗粒相正构烷烃和脂肪酸影响

（1）总颗粒正构烷烃和脂肪酸排放特性

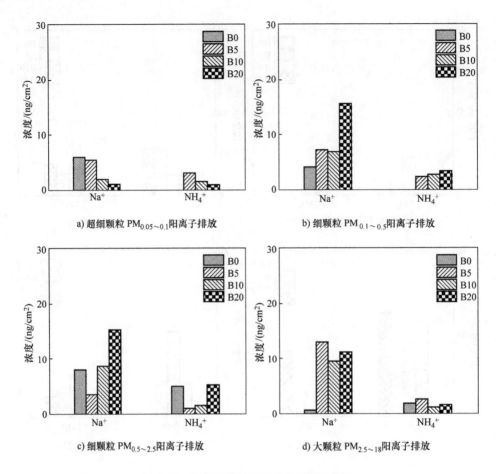

a) 超细颗粒 $PM_{0.05\sim0.1}$ 阳离子排放

b) 细颗粒 $PM_{0.1\sim0.5}$ 阳离子排放

c) 细颗粒 $PM_{0.5\sim2.5}$ 阳离子排放

d) 大颗粒 $PM_{2.5\sim18}$ 阳离子排放

图 8-31　各粒径段钠离子和铵根离子排放

　　图 8-32 所示为燃用 B0、B5、B10 和 B20 时颗粒组分烷烃和脂肪酸浓度排放对比。由图 8-32a 所示，燃用生物柴油时正构烷烃浓度较 B0 时显著降低，且随生物柴油比例增加烷烃略有增加。与 B0 相比，燃用 B5、B10 和 B20 时烷烃浓度分别降低 60.84%、58.97% 和 37.88%。图 8-32b 所示，燃用 B5 和 B20 时脂肪酸浓度比 B0 时均有所降低，而 B10 时脂肪酸浓度偏高。与 B0 时相比，燃用 B5 和 B20 时脂肪酸浓度分别降低 12.49% 和 17.66%。

　　正构烷烃呈先下降后升高趋势，这可能是因为生物柴油含氧较高可以促进燃烧，降低颗粒中正构烷烃的含量，同时生物柴油含有较多脂类，其含量升高反而使颗粒正构烷烃含量。而脂肪酸各类文献中主要集中在研究颗粒组分时，归类为有机酸进行研究，对于生物柴油部分颗粒脂肪酸缺乏相关研究。本试验研究颗粒脂肪酸浓度以评价燃用生物柴油时颗粒脂肪酸浓度指标。

　　（2）各粒径段烷烃和脂肪酸分布特性

　　本节对颗粒正构烷烃和脂肪酸进行分粒径段比对，研究其规律。图 8-33 所示为不同比例生物柴油不同粒径段正构烷烃含量。燃用 B5 时颗粒正构烷烃浓度在各粒径段均低于 B0 时。燃用 B5 时正构烷烃在 $PM_{0.05\sim0.1}$、$PM_{0.1\sim0.5}$、$PM_{0.5\sim2.5}$ 和 $PM_{2.5\sim18}$ 浓度比 B0 时分别降低 38.61%、79.95%、11.48% 和 2.74%。燃用 B10 时颗粒正构烷烃浓度在超细颗粒

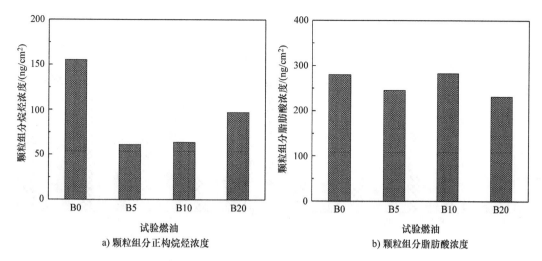

图 8-32 燃用不同比例生物柴油颗粒组分烷烃类和脂肪酸浓度

$PM_{0.05 \sim 0.1}$ 和细颗粒 $PM_{0.1 \sim 0.5}$ 低于 B0 而细颗粒 $PM_{0.5 \sim 2.5}$ 和大颗粒 $PM_{2.5 \sim 18}$ 反而升高。燃用 B10 时正构烷烃在 $PM_{0.05 \sim 0.1}$ 和 $PM_{0.1 \sim 0.5}$ 浓度比 B0 时分别降低 52.94% 和 84.92%；燃用 B10 时正构烷烃在 $PM_{0.5 \sim 2.5}$ 和 $PM_{2.5 \sim 18}$ 浓度比 B0 时分别升高 41.25% 和 6.19%。燃用 B20 时颗粒正构烷烃浓度在各粒径段均低于 B0 时。燃用 B20 时正构烷烃在 $PM_{0.05 \sim 0.1}$、$PM_{0.1 \sim 0.5}$、$PM_{0.5 \sim 2.5}$ 和 $PM_{2.5 \sim 18}$ 浓度比 B0 时分别降低 18.04%、48.57%、3.43% 和 14.21%。

综上所述，超细颗粒 $PM_{0.05 \sim 0.1}$ 正构烷烃浓度偏低，且不同比例生物柴油变化较小；细颗粒 $PM_{0.1 \sim 0.5}$ 正构烷烃浓度极大，生物柴油比例增加会降低其浓度；细颗粒 $PM_{0.5 \sim 2.5}$ 和 $PM_{2.5 \sim 18}$ 正构烷烃浓度较为稳定，各油品变化较小；B20 时正构烷烃增加是因为在细颗粒段 $PM_{0.1 \sim 0.5}$ 浓度增加。

图 8-34 所示为柴油机燃用不同比例生物柴油不同粒径段脂肪酸含量。由图 8-34 可知，燃用 B5 时，颗粒脂肪酸烃浓度在超细颗粒 $PM_{0.05 \sim 0.1}$ 和细颗粒 $PM_{0.1 \sim 0.5}$ 时均低于 B0 时，在细颗粒 $PM_{0.5 \sim 2.5}$ 时与 B0 持平，在大颗粒 $PM_{2.5 \sim 18}$ 反而高于 B0。燃用 B5 时脂肪酸在 $PM_{0.05 \sim 0.1}$、$PM_{0.1 \sim 0.5}$、$PM_{0.5 \sim 2.5}$ 浓度比 B0 时降低 33.53%、30.51% 和 0.89%；燃用 B5 时脂肪酸在 $PM_{2.5 \sim 18}$ 浓度比 B0 升高 24.46%。

燃用 B10 时颗粒脂肪酸浓度在超细颗粒 $PM_{0.05 \sim 0.1}$ 和细颗粒 $PM_{0.1 \sim 0.5}$ 均低于 B0，而在细颗粒 $PM_{0.5 \sim 2.5}$ 和大颗粒 $PM_{2.5 \sim 18}$ 高于 B0。燃用 B10 时脂肪酸在 $PM_{0.05 \sim 0.1}$ 和 $PM_{0.1 \sim 0.5}$ 浓度比 B0 时降低 35.23% 和 28.14%；燃用 B10 时脂肪酸在 $PM_{2.5 \sim 18}$ 和 $PM_{0.5 \sim 2.5}$ 浓度比 B0 升高 55.34% 和 25.86%。燃用 B20 时颗粒脂肪酸烃浓度在超细颗粒 $PM_{0.05 \sim 0.1}$、细颗粒 $PM_{0.1 \sim 0.5}$ 和细颗粒 $PM_{0.5 \sim 2.5}$ 均低于 B0 时，在大颗粒 $PM_{2.5 \sim 18}$ 高于 B0。燃用 B20 时脂肪酸在 $PM_{0.05 \sim 0.1}$ 和 $PM_{0.1 \sim 0.5}$ 浓度比 B0 时降低 24.51% 和 29.96%；燃用 B20 时脂肪酸在 $PM_{2.5 \sim 18}$ 浓度比 B0 升高 6.51%。

综上所述，颗粒脂肪酸浓度集中在细颗粒 $PM_{0.5 \sim 2.5}$，超细颗粒 $PM_{0.05 \sim 0.1}$ 浓度最低；燃用生物柴油时脂肪酸浓度整体会降低，而 B10 时脂肪酸浓度升高时主要是因为 $PM_{0.5 \sim 2.5}$ 浓度升高。

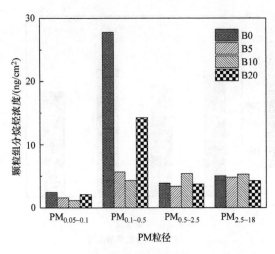

图 8-33　柴油机燃用不同比例生物柴油　　　　　图 8-34　不同比例生物柴油不同
　　　　　不同粒径段正构烷烃含量　　　　　　　　　　　　粒径段脂肪酸含量

5. 生物柴油对颗粒相 PAHs 特性影响

多环芳烃 PAHs 是颗粒组分中生物毒性极强的有机物。美国国家环保局（USEPA）将 16 种 PAHs 优先列为致癌污染物，包括苊烯（Acpy）、苊（Acp）、芴（Flu）、菲（Phe）、蒽（Ant）、荧蒽（Flua）、芘（Pyr）、苯并［a］蒽（BaA）、䓛（Chr）、苯并［b］荧蒽（BbF）、苯并［k］荧蒽（BkF）、苯并［a］芘（BaP）、茚并［1，2，3-cd］芘（IND）、苯并［g，h，i］芘（BghiP）、二苯并［a，h］蒽（DBA）。表 8-5 列出 16 种 PAHs 的分子式。

表 8-5　16 种 PAHs 的分子式

萘 Nap	苊烯 Acpy	苊 Acp	芴 Flu
菲 Phe	蒽 Ant	荧蒽 Flua	芘 Pyr
苯并（a）蒽 BaA	䓛Chr	苯并［b］荧蒽 BbF	苯并［k］荧蒽 BkF
苯并［a］芘 BaP	茚并［1，2，3-cd］芘 IND	苯并［g，h，i］芘 BghiP	二苯并［a，h］蒽 DBA

（1）总颗粒 PAHs 排放特性

表 8-6 所示为燃用 B0 以及 B5、B10 和 B20 时颗粒 PAHs 组分排放结果。燃用 B0、B5、B10 和 B20 时，总 PAHs 质量浓度分别为 $2.13ng/cm^2$、$2.01ng/cm^2$、$2.28ng/cm^2$ 和

1.94ng/cm²。燃用 B0 时，萘、菲、蒽和芘含量较高，分别达到 0.21ng/cm²、0.30ng/cm²、0.45ng/cm² 和 0.20ng/cm²；燃用 B5 时，萘、菲、蒽和芘含量较高，分别达到 0.22ng/cm²、0.26ng/cm²、0.32ng/cm² 和 0.21ng/cm²，整体较 B0 时略有降低；燃用 B10 时，萘、菲、蒽和芘含量较高，分别达到 0.27ng/cm²、0.29ng/cm²、0.43ng/cm² 和 0.22ng/cm²，整体与 B0 时持平；燃用 B20 时，萘、菲、蒽和芘含量较高，分别达到 0.18ng/cm²、0.21ng/cm²、0.39ng/cm² 和 0.19ng/cm²，整体较 B0 时明显降低。总之，B5 和 B20 时总 PAHs 浓度偏低，而 B10 时总 PAHs 浓度较 B0 略有升高。

B10 时 PAHs 含量高于 B0 主要就集中在萘、䓛、茚并 [1, 2, 3 - cd] 芘和苯并 [ghi] 蒽，其余 PAHs 含量则呈降低趋势。部分 PAHs 偏高而多数 PAHs 呈降低趋势。B10 排放略有升高，这可能是因为喷油时雾化和挥发性差导致的，由此带来的影响强于油品含量高的因素。

表 8-6　各类油品颗粒 PAHs 组分排放结果

PAHs 种类	符号	PAHs 排放质量/（ng/cm²）			
		B0	B5	B10	B20
萘	Nap	0.21	0.22	0.27	0.18
苊烯	Acpy	0.12	0.13	0.13	0.12
苊	Acp	0.00	0.00	0.00	0.00
芴	Flu	0.08	0.06	0.07	0.07
菲	Phe	0.30	0.26	0.29	0.21
蒽	Ant	0.45	0.32	0.43	0.39
荧蒽	Flua	0.11	0.11	0.12	0.08
芘	Pyr	0.20	0.21	0.22	0.19
惹烯	Ret	0.10	0.07	0.07	0.08
苯并 [g, h, i] 荧蒽	BghiF	0.03	0.03	0.04	0.03
苯并 [a] 蒽	BaA	0.05	0.05	0.05	0.05
䓛	Chr	0.08	0.09	0.10	0.08
苯并 [b+k] 荧蒽	B（b+k）F	0.05	0.05	0.06	0.06
苯并 [e] 芘	BeP	0.02	0.02	0.03	0.02
苯并 [a] 芘	BaP	0.01	0.01	0.02	0.01
1, 3, 5 - 三苯基苯	NSC	0.02	0.06	0.02	0.02
茚并 [1, 2, 3 - cd] 芘	IND	0.08	0.10	0.12	0.11
苯并 [g, h, i] 芘	BghiP	0.09	0.11	0.14	0.11
二苯并 [a, h] 蒽	DBA	0.01	0.01	0.00	0.00
六苯并苯	COR	0.12	0.11	0.13	0.13
总计	—	2.13	2.01	2.28	1.94

（2）各粒径段颗粒 PAHs 排放特性

图 8-35 所示为不同比例生物柴油颗粒 PAHs 组分在各粒径段浓度分布特性。由图 8-35

可得，细颗粒 $PM_{0.1~0.5}$ 颗粒 PAHs 浓度最高，细颗粒 $PM_{0.5~2.5}$ PAHs 浓度次之，超细颗粒 $PM_{0.05~0.1}$ PAHs 浓度最低。超细颗粒 $PM_{0.05~0.1}$ 随生物柴油比例增加颗粒 PAHs 浓度先增加后减小，在 B10 时达到最大值，为 $0.31ng/cm^2$；细颗粒 $PM_{0.1~0.5}$ B0、B5 和 B20 的 PAHs 浓度逐渐降低，降幅分别为 4.28% 和 15.89%，在 B10 时 PAHs 浓度升高 2.36%；细颗粒 $PM_{0.5~2.5}$ B0、B5 和 B20 的 PAHs 浓度逐渐降低，降幅为 17.13% 和 5.09%，B10 时 PAHs 浓度升高 16.70%；$PM_{2.5~18}$ B5、B10 和 B20 颗粒 PAHs 浓度比 B0 分别降低 7.74%、4.79% 和 16.99%。由此可知，颗粒 PAHs 浓度在细颗粒 $PM_{0.1~0.5}$ 最高而在超细颗粒 $PM_{0.05~0.1}$ 最低，B10 颗粒 PAHs 浓度在 $PM_{2.5~18}$ 偏低其余粒径段偏高。

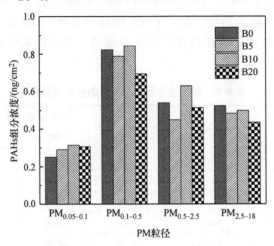

图 8-35　不同比例生物柴油颗粒 PAHs 组分在不同粒径段总量分布

表 8-7 ~ 表 8-10 对 EPA 规定的 PAHs 质量浓度进行详细分析比对，其中 PAHs 苊（Acp）没有检测到，而苯并［b］荧蒽（BbF）和苯［k］并荧蒽（BkF）合并在一起，记为苯并［b+k］荧蒽（B(b+k)F）。

表 8-7 为燃用 B0 时颗粒 PAHs 组分分布。由表 8-7 可得，超细颗粒 $PM_{0.05~0.1}$ 萘（Nap）、菲（Phe）和蒽（Ant）含量分别为 $0.05ng/cm^2$、$0.03ng/cm^2$ 和 $0.04ng/cm^2$，其余 PAHs 含量偏低均在 $0.01ng/cm^2$ 以下；细颗粒 $PM_{0.1~0.5}$ 萘（Nap）、菲（Phe）、蒽（Ant）、荧蒽（Flua）和芘（Pyr）含量较高，而其余 PAHs 浓度在 $0.4ng/cm^2$ 以下，整体含量高于超细颗粒段；细颗粒 $PM_{0.5~2.5}$ 萘（Nap）、菲（Phe）、蒽（Ant）和芘（Pyr）浓度为 $0.05ng/cm^2$、$0.07ng/cm^2$、$0.12ng/cm^2$ 和 $0.05ng/cm^2$，略低于 $PM_{0.1~0.5}$；$PM_{2.5~18}$ 萘（Nap）、苊烯（Acpy）、菲（Phe）和蒽（Ant）浓度较高，其余 PAHs 低于 $0.03ng/cm^2$。各粒径段 PAHs 浓度分布相近，以菲（Phe）和蒽（Ant）浓度偏高。

表 8-7　燃用 B0 时颗粒 PAHs 组分分布

PAHs	符号	$PM_{0.05~0.1}$	$PM_{0.1~0.5}$	$PM_{0.5~2.5}$	$PM_{2.5~18}$
萘	Nap	0.05	0.06	0.05	0.05
苊烯	Acpy	0.00	0.03	0.03	0.06
芴	Flu	0.01	0.03	0.02	0.03

（续）

PAHs	符号	$PM_{0.05\sim0.1}$	$PM_{0.1\sim0.5}$	$PM_{0.5\sim2.5}$	$PM_{2.5\sim18}$
菲	Phe	0.03	0.13	0.07	0.08
蒽	Ant	0.04	0.14	0.12	0.15
荧蒽	Flua	0.01	0.06	0.02	0.01
芘	Pyr	0.02	0.11	0.05	0.02
苯并 [a] 蒽	BaA	0.01	0.02	0.01	0.01
䓛	Chr	0.01	0.04	0.02	0.02
苯并 [b+k] 荧蒽	B (b+k) F	0.01	0.02	0.01	0.01
苯并 [a] 芘	BaP	0.00	0.01	0.00	0.00
茚并 [1, 2, 3-cd] 芘	IND	0.01	0.04	0.02	0.01
苯并 [g, h, i] 芘	BghiP	0.01	0.04	0.02	0.01
二苯并 [a, h] 蒽	DBA	0.00	0.00	0.00	0.00

表8-8为燃用B5时颗粒PAHs组分分布。由表8-8可得，超细颗粒$PM_{0.05\sim0.1}$萘（Nap）和蒽（Ant）含量分别为0.04ng/cm²和0.04ng/cm²，其余PAHs含量偏低均在0.03ng/cm²以下；细颗粒$PM_{0.1\sim0.5}$菲（Phe）和蒽（Ant）含量为0.11ng/cm²和0.15ng/cm²，整体含量高于超细颗粒段；细颗粒$PM_{0.5\sim2.5}$菲（Phe）和芘（Pyr）浓度为0.07ng/cm²和0.05ng/cm²；$PM_{2.5\sim18}$萘（Nap）、苊烯（Acpy）、菲（Phe）和蒽（Ant）浓度较高。燃用B5时，各粒径段PAHs浓度分布与燃用B0时相近，以菲（Phe）和蒽（Ant）浓度偏高。

表8-8 燃用B5时颗粒PAHs组分分布

PAHs	符号	$PM_{0.05\sim0.1}$	$PM_{0.1\sim0.5}$	$PM_{0.5\sim2.5}$	$PM_{2.5\sim18}$
萘	Nap	0.04	0.05	0.10	0.04
苊烯	Acpy	0.01	0.03	0.04	0.04
芴	Flu	0.01	0.03	0.01	0.02
菲	Phe	0.03	0.11	0.07	0.05
蒽	Ant	0.04	0.15	0.00	0.13
荧蒽	Flua	0.02	0.06	0.03	0.01
芘	Pyr	0.03	0.11	0.05	0.02
苯并 [a] 蒽	BaA	0.01	0.01	0.01	0.01
䓛	Chr	0.01	0.03	0.02	0.03
苯并 [b+k] 荧蒽	B (b+k) F	0.01	0.01	0.01	0.01
苯并 [a] 芘	BaP	0.00	0.01	0.00	0.00
茚并 [1, 2, 3-cd] 芘	IND	0.02	0.04	0.02	0.01
苯并 [g, h, i] 芘	BghiP	0.02	0.05	0.02	0.01
二苯并 [a, h] 蒽	DBA	0.00	0.00	0.00	0.00

表8-9为燃用B10时颗粒PAHs组分分布。由表8-9可知，超细颗粒$PM_{0.05\sim0.1}$各类

PAHs 浓度均低于 0.04ng/cm^2；细颗粒 PM$_{0.1\sim0.5}$菲（Phe）、蒽（Ant）和芘（Pyr）含量为 0.09ng/cm^2、0.14ng/cm^2 和 0.11 ng/cm^2，其余浓度偏低；细颗粒 PM$_{0.5\sim2.5}$萘（Nap）、菲（Phe）、蒽（Ant）和芘（Pyr）浓度为 0.07ng/cm^2、0.07ng/cm^2、0.13ng/cm^2 和 0.07ng/cm^2；PM$_{2.5\sim18}$菲（Phe）和蒽（Ant）浓度较高。燃用 B10 时各粒径段 PAHs 浓度分布与燃用 B0 和 B5 时相近，以菲（Phe）和蒽（Ant）浓度偏高。

表 8-9 燃用 B10 时颗粒 PAHs 组分分布

PAHs	符号	PM$_{0.05\sim0.1}$	PM$_{0.1\sim0.5}$	PM$_{0.5\sim2.5}$	PM$_{2.5\sim18}$
萘	Nap	0.10	0.05	0.07	0.04
苊烯	Acpy	0.00	0.03	0.05	0.04
芴	Flu	0.01	0.02	0.02	0.02
菲	Phe	0.02	0.09	0.07	0.11
蒽	Ant	0.04	0.14	0.13	0.12
荧蒽	Flua	0.01	0.06	0.03	0.01
芘	Pyr	0.02	0.11	0.07	0.02
苯并［a］蒽	BaA	0.01	0.02	0.01	0.01
䓛	Chr	0.01	0.04	0.02	0.02
苯并［b+k］荧蒽	B（b+k）F	0.01	0.03	0.01	0.01
苯并［a］芘	BaP	0.00	0.01	0.01	0.00
茚并［1，2，3-cd］芘	IND	0.02	0.06	0.03	0.01
苯并［g，h，i］芘	BghiP	0.02	0.07	0.03	0.01
二苯并［a，h］蒽	DBA	0.00	0.00	0.00	0.00

表 8-10 中各类 PAHs 浓度均低于 0.05ng/cm^2；细颗粒 PM$_{0.1\sim0.5}$菲（Phe）、蒽（Ant）和芘（Pyr）含量为 0.09ng/cm^2、0.09ng/cm^2 和 0.10ng/cm^2，其余浓度偏低；细颗粒 PM$_{0.5\sim2.5}$蒽（Ant）浓度为 0.12ng/cm^2；PM$_{2.5\sim18}$苊烯（Acpy）和蒽（Ant）浓度为 0.06ng/cm^2 和 0.13ng/cm^2。燃用 B20 时各粒径段 PAHs 浓度分布与燃用 B0 和 B5 时相近，整体偏低。

表 8-10 燃用 B20 时颗粒 PAHs 组分分布

PAHs	符号	PM$_{0.05\sim0.1}$	PM$_{0.1\sim0.5}$	PM$_{0.5\sim2.5}$	PM$_{2.5\sim18}$
萘	Nap	0.05	0.05	0.04	0.04
苊烯	Acpy	0.01	0.00	0.04	0.06
芴	Flu	0.01	0.02	0.02	0.01
菲	Phe	0.02	0.09	0.06	0.04
蒽	Ant	0.05	0.09	0.12	0.13
荧蒽	Flua	0.02	0.04	0.02	0.01
芘	Pyr	0.02	0.10	0.05	0.02
苯并［a］蒽	BaA	0.01	0.02	0.01	0.01

（续）

PAHs	符号	$PM_{0.05\sim0.1}$	$PM_{0.1\sim0.5}$	$PM_{0.5\sim2.5}$	$PM_{2.5\sim18}$
䓛	Chr	0.01	0.03	0.02	0.02
苯并［b+k］荧蒽	B（b+k）F	0.01	0.02	0.01	0.01
苯并［a］芘	BaP	0.00	0.01	0.00	0.00
茚并［1, 2, 3 – cd］芘	IND	0.03	0.05	0.02	0.01
苯并［g, h, i］芘	BghiP	0.03	0.06	0.02	0.01
二苯并［a, h］蒽	DBA	0.00	0.00	0.00	0.00

综上所述，细颗粒 $PM_{0.1\sim0.5}$PAHs 浓度偏高而超细颗粒 $PM_{0.05\sim0.1}$浓度偏低；在超细颗粒 $PM_{0.05\sim0.1}$随生物柴油增加 PAHs 含量逐渐升高，其余粒径段则是逐渐降低而 B10 反而升高；各油品颗粒 PAHs 主要以萘（Nap）、菲（Phe）和蒽（Ant）浓度偏高。

（3）颗粒 PAHs 环数分布特性

本节将颗粒总 PAHs 按分子结构的环数进行分类，其中二环 PAHs 包括气态和固态，本节只研究固态类型的二环 PAHs。如图 8-36 所示，颗粒 PAHs 主要集中在三环和四环，而五环 PAHs 浓度偏低。二环 PAHs 浓度在各类油品时变化较小；燃用生物柴油时三环 PAHs 浓度显著低于 B0 时浓度，分别降低 21.64%、6.66% 和 18.13%；四环 PAHs 浓度在 B5 和 B10 时浓度高于 B0 时而 B20 时浓度最低；五环 PAHs 浓度呈逐渐升高趋势，且在 B20 时略有降低，与 B0 相比 B5、B10 和 B20 时 PAHs 浓度分别升

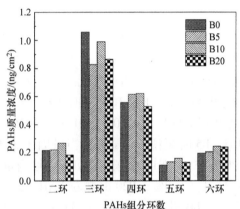

图 8-36 燃用不同比例生物柴油颗粒 PAHs 组分环数分布

高 22.17%、47.19%和 20.22%；六环 PAHs 浓度在 B0、B5、B10 和 B20 时分别为 0.20ng/cm^2、0.20ng/cm^2、0.25ng/cm^2和 0.24ng/cm^2。

6. 生物柴油对颗粒相 PAHs 毒性影响

不同种类 PAHs 对人体危害相差较大，苯并［a］芘（Bap）是 EPA 规定的 16 种 PAHs 中致癌性和毒性最强的物质，被认为是致癌多环芳烃的代表物[5]。目前较多研究采用苯并［a］芘（BAP）等效毒性（BAP equivalent, BEQ）来评价 PAHs 的毒性。Nisbet[6]等以苯并［a］芘为标准，测得各类 PAHs 相对于 BaP 的致癌毒性，提出各类 PAHs 的毒性当量因子（Toxic equivalency factor, TEF），现在常采用这种方法进行 PAHs 的健康风险评价。

BEQ（Bap equivalent）就是建立在毒性相当因子 TEF 基础上的，用来评价 PAHs 对人体健康的影响[7]。各燃料的 PAHs 毒性当量因子计算如下：

$$BEQ = \sum w_i \times T_i \tag{8-2}$$

式中，w_i 为各类 PAHs 质量浓度；T_i 为各类 PAHs 毒性当量因子。本节下文均根据上述公式推算出来的不同燃油不同粒径段 PAHs 毒性当量。

（1）总颗粒 PAHs 毒性对比

表 8-11 为颗粒 PAHs 毒性当量因子，苯并 [a] 芘（BaP）和二苯并 [a，h] 蒽（DBA）毒性当量因子为 1，苯并 [a] 蒽（BaA）、苯并 [b] 荧蒽（BbF）、苯并 [k] 荧蒽（BkF）和茚并 [1，2，3 - cd] 芘（IND）毒性当量因子为 0.1，蒽（Ant）和䓛（Chr）毒性当量因子为 0.01，其余 PAHs 毒性当量因子为 0.001。

表 8-11 颗粒 PAHs 毒性当量因子

PAHs 种类	英文名称	毒性当量因子	PAHs 种类	英文名称	毒性当量因子
萘	Nap	0.001	苯并 [a] 蒽	BaA	0.1
苊烯	Acpy	0.001	䓛	Chr	0.01
苊	Acp	0.001	苯并 [b] 荧蒽	BbF	0.1
芴	Flu	0.001	苯并 [k] 荧蒽	BkF	0.1
菲	Phe	0.001	苯并 [a] 芘	BaP	1
蒽	Ant	0.01	茚并 [1，2，3 - cd] 芘	IND	0.1
荧蒽	Flua	0.001	苯并 [g，h，i] 芘	BghiP	0.001
芘	Pyr	0.001	二苯并 [a，h] 蒽	DBA	1

图 8-37 所示为燃用 B0 以及 B5、B10 和 B20 时颗粒 PAHs 毒性当量对比。由图 8-36 可得，燃用 B0、B5、B10 和 B20 时颗粒 PAHs 毒性当量因子分别为 0.0160、0.0151、0.0168 和 0.0165。B5 时颗粒 PAHs 毒性当量因子较 B0 时降低 5.63%，B10 时颗粒 PAHs 毒性当量因子较 B0 升高 5.0%，B20 时颗粒 PAHs 毒性当量因子较 B0 升高 3.13%。比较 5.2 节中总 PAHs 排放可知，燃用 B5 时颗粒 PAHs 浓度较 B0 时下降而 PAHs 毒性当量反而升高，燃用 B10 时颗粒 PAHs 浓度较 B0 升高而 PAHs 毒性当量也升高，且 PAHs 毒性当量增幅略小，燃用 B20 时颗粒 PAHs 浓度较 B0 下降而 PAHs 毒

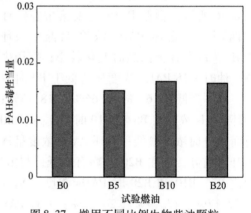

图 8-37 燃用不同比例生物柴油颗粒 PAHs 组分毒性对比

性当量与 B0 基本持平。燃用 B10 时颗粒毒性增加，主要是因为 B10 时毒性较强的苯并 [b+k] 荧蒽 [B（b+k）F]、苯并 [a] 芘（BaP）和苯并 [1，2，3 - cd] 芘（IND）含量分别比 B0 升高 21.76%、50.55% 和 60.03%，这是 B10 毒性比 B0 强的主要原因。这说明，燃用 B5 和 B20 时可以降低颗粒 PAHs 浓度，而 PAHs 毒性当量反而略有增加，即燃用生物柴油时致癌性较强的 PAHs 浓度呈升高趋势。

（2）各粒径段颗粒 PAHs 毒性对比

图 8-38 所示为燃用 B0 以及 B5、B10 和 B20 时不同粒径段 PAHs 毒性当量对比研究。由图 8-38 可得，细颗粒 $PM_{0.1 \sim 0.5}$ PAHs 毒性当量均高于其余粒径段下 PAHs 毒性当量，而超细颗粒 $PM_{0.05 \sim 0.1}$ PAHs 毒性当量普遍低于其余粒径段毒性。超细颗粒 $PM_{0.05 \sim 0.1}$ 随生物柴油比例增加 PAHs 毒性呈先升高再降低后上升的趋势，即在 B20 时 PAHs 毒性达到最大；B5 颗粒 PAHs 毒性较 B0 时升高 31.78%，B10 颗粒 PAHs 毒性较 B5 时降低 21.43%，B20 颗粒 PAHs

毒性较 B10 时升高 36.36%。细颗粒 $PM_{0.1\sim0.5}$ 随生物柴油比例增加 PAHs 毒性呈先降低再上升后降低的趋势，即在 B10 时达到最大；B5 颗粒 PAHs 毒性较 B0 降低 13.56%，B10 颗粒 PAHs 毒性较 B5 时升高 29.41%，B20 颗粒 PAHs 毒性较 B10 降低 7.58%。细颗粒 $PM_{0.5\sim2.5}$ 随生物柴油比例增加 PAHs 毒性趋势与细颗粒 $PM_{0.1\sim0.5}$ 类似，呈先下降再上升后降低的趋势，在 B10 时颗粒 PAHs 毒性达到最大；B5 颗粒 PAHs 毒性较 B0 时降低 29.27%，B10 颗粒 PAHs 毒性较 B5 升高 34.09%，B20 时颗粒 PAHs 毒性与 B10 时基本持平。

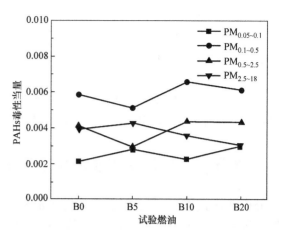

图 8-38 燃用不同比例生物柴油颗粒 PAHs 组分在各粒径段毒性对比

燃用 B0 时超细颗粒 $PM_{0.05\sim0.1}$、细颗粒 $PM_{0.1\sim0.5}$、$PM_{0.5\sim2.5}$ 和 $PM_{2.5\sim18}$ 颗粒 PAHs 毒性当量因子分别为 0.0021、0.0028、0.0022 和 0.0030，$PM_{0.1\sim0.5}$ PAHs 毒性较 $PM_{0.05\sim0.1}$ 升高 33.33%，$PM_{0.5\sim2.5}$ PAHs 毒性较 $PM_{0.05\sim0.1}$ 升高 4.76%，$PM_{2.5\sim18}$ PAHs 毒性较 $PM_{0.05\sim0.1}$ 升高达 42.86%；燃用 B5 时超细颗粒 $PM_{0.05\sim0.1}$、细颗粒 $PM_{0.1\sim0.5}$、$PM_{0.5\sim2.5}$ 和 $PM_{2.5\sim18}$ 颗粒 PAHs 毒性当量因子分别为 0.0028、0.0051、0.0029 和 0.0043，$PM_{0.1\sim0.5}$ PAHs 毒性较 $PM_{0.05\sim0.1}$ 升高 82.14%，$PM_{0.5\sim2.5}$ PAHs 毒性较 $PM_{0.05\sim0.1}$ 升高 3.57%，$PM_{2.5\sim18}$ PAHs 毒性较 $PM_{0.05\sim0.1}$ 升高达 53.57%；燃用 B10 时超细颗粒 $PM_{0.05\sim0.1}$、细颗粒 $PM_{0.1\sim0.5}$、$PM_{0.5\sim2.5}$ 和 $PM_{2.5\sim18}$ 颗粒 PAHs 毒性当量因子分别为 0.0022、0.0066、0.0044 和 0.0036，$PM_{0.1\sim0.5}$ PAHs 毒性较 $PM_{0.05\sim0.1}$ 升高 200%，$PM_{0.5\sim2.5}$ PAHs 毒性较 $PM_{0.05\sim0.1}$ 升高 100%，$PM_{2.5\sim18}$ PAHs 毒性较 $PM_{0.05\sim0.1}$ 升高达 63.64%；燃用 B20 时超细颗粒 $PM_{0.05\sim0.1}$、细颗粒 $PM_{0.1\sim0.5}$、$PM_{0.5\sim2.5}$ 和 $PM_{2.5\sim18}$ 颗粒 PAHs 毒性当量因子分别为 0.0030、0.0061、0.0043 和 0.0030，$PM_{0.1\sim0.5}$ PAHs 毒性较 $PM_{0.05\sim0.1}$ 升高 103.33%，$PM_{0.5\sim2.5}$ PAHs 毒性较 $PM_{0.05\sim0.1}$ 升高 43.33%，$PM_{2.5\sim18}$ PAHs 毒性与 $PM_{0.05\sim0.1}$ 毒性持平。由此可得，各类油品颗粒 PAHs 毒性在细颗粒 $PM_{0.1\sim0.5}$ 较大，细颗粒 $PM_{0.5\sim2.5}$ 与 $PM_{2.5\sim18}$ 颗粒 PAHs 毒性相近，超细颗粒 $PM_{0.05\sim0.1}$ 颗粒 PAHs 毒性偏小。

图 8-39 所示为燃用生物柴油时各粒径段颗粒 PAHs 毒性较 B0 时毒性升高百分比。燃用 B5 时颗粒 PAHs 毒性降低是因为细颗粒 $PM_{0.1\sim0.5}$ 和 $PM_{0.5\sim2.5}$ 其毒性下降，而 B10 和 B20 颗粒 PAHs 毒性增加时因为超细颗粒 $PM_{0.05\sim0.1}$、细颗粒 $PM_{0.1\sim0.5}$ 和 $PM_{0.5\sim2.5}$ 颗粒 PAHs 毒性升高，而 $PM_{2.5\sim18}$ B10 和 B20 的颗粒 PAHs 毒性反而降低。与 B0 比超细颗粒 $PM_{0.05\sim0.1}$ B10 的 PAHs 毒性

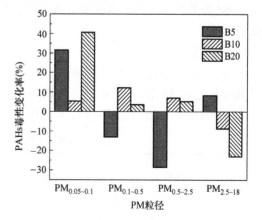

图 8-39 燃用不同比例生物柴油颗粒 PAHs 组分毒性变化率

增加率远低于 B10 和 B20 的毒性增加率，这是因为 B5 和 B20 中苯并［a］芘（BaP）和苯并［g，h，i］芘（BghiP）含量上升明显，导致两者毒性急剧增加，而其他 PAHs 毒性与 B10 相近；与 B0 比细颗粒 $PM_{0.5\sim2.5}$ B5 的 PAHs 毒性下降较为明显，这是因为 B5 中蒽（Ant）含量急剧下降，导致蒽（Ant）毒性下降 0.0012，而其他 PAHs 毒性与 B5 和 B20 相近。由此可得，不同比例生物柴油 PAHs 毒性比较时，少数 PAHs 含量的增加会改变整个油品 PAHs 毒性当量，因而 PAHs 毒性由若干 PAHs 决定。

8.3 公交车燃用生物柴油混合燃料的实际道路性能

分析研究了实际道路运行中，生物柴油公交车的动力性和经济性。以及研究公交车燃用不同比例餐厨废弃油脂制生物柴油后的实际道路排放特性。包括气态物排放、颗粒物排放和颗粒物粒径分布随综合车辆比功率 VSP（综合了车速和加速度影响，表征了车辆的功率需求）的变化关系和规律。

试验车辆为正常运营的 57 辆 B10 国三公交车和 35 辆 B10 国五公交车，同时选择 126 辆国三、119 辆国五柴油公交车作为对比车辆。国三公交车均为同一车型，国五公交车分为 A 和 B 两种车型。所有试验车辆整车和柴油机主要参数及车辆分布见表 8-12。

表 8-12 试验车辆主要参数及分布

参数	国三公交车		国五公交车 A		国五公交车 B	
整备质量/kg	10100		10830		11900	
长×宽×高/mm	10499×2500×3150		10500×2500×3200		11995×2530×3150	
轴距/mm	5000		5000		5945	
柴油机排量/L	7.15		7.14		8.82	
额定功率/kW	177		176		192	
燃料	D100	B10	D100	B10	D100	B10
车辆数量	126	57	100	30	19	5

8.3.1 实际道路动力性及燃油经济性分析

以 B0 为参照，分析了 B10 餐厨废弃油脂制生物柴油混合燃料对公交车动力性、燃油经济性的影响。

1. 动力性

国三、国五柴油公交车使用 B0 与 B10 的最高车速、直接档 25—70km/h 全加速时间、0—70km/h 全加速时间见表 8-13，与 B0 相比，国三、国五公交车使用 B10 的最高车速、直接档 25—70km/h 全油门加速时间、0—70km/h 全加速时间等动力性与使用 B0 相当。

表 8-13 B0 和 B10 的实际道路动力性对比

参数	国三公交车		国五公交车	
	B0	B10	B0	B10
最高车速/(km/h)	100.7	100.5	57.5	87.6
直接档 25—75km/h 全加速时间/s	23	24	22	22
0—70km/h 全加速时间/s	33	33	33	34

2. 燃油经济性

183 辆国三公交车和 154 辆国五公交车 16 个月试验应用期间，月平均百公里油耗随试验运行时间的变化情况见图 8-40，16 个月试验运行期间，柴油公交车使用 B0 与 B10 的月平均百公里油耗随试验时间的变化趋势一致，受夏季使用空调及其他月份不使用空调的影响，柴油公交车燃用 B0 与 B10 不同月份的月平均百公里油耗存在差异，夏季（7—9 月）公交车的月平均百公里油耗升高。

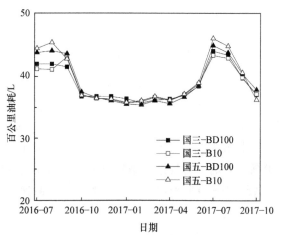

图 8-40　月平均百公里油耗曲线

图 8-41 所示为试验应用期间的月平均百公里油耗进行统计分析，其百公里油耗概率分布见，可知：国三、国五公交车燃用 B0 与 B10 的月平均百公里油耗样本均服从正态分布，百公里油耗分别为 26L－54L、32L－52L、28L－54L、32L－58L，百公里油耗均值分别为 38.67L、38.60L、39.06L 和 39.27L。B10 百公里油耗与 B0 相当，这是因为，生物柴油是含氧燃料，相同工况下，柴油机燃用生物柴油调和燃料后，缸内最高燃烧压力升高，且缸内最大压力对应的曲轴转角也提前，柴油机热效率有所提高；同时，生物柴油的体积热

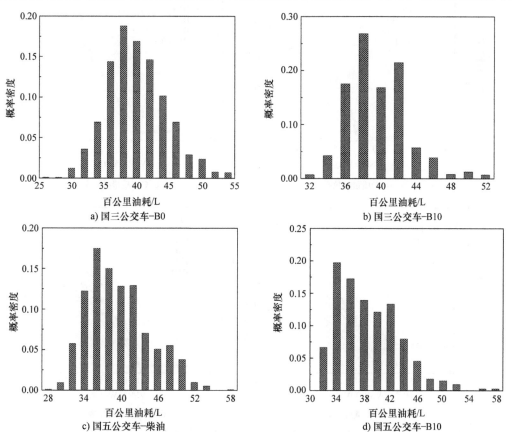

图 8-41　月平均百公里油耗概率分布

值相对较低，产生相同功率消耗燃料的体积增加。二者综合作用导致 B10 公交车的百公里油耗与柴油相当。

8.3.2 气态物排放特性

图 8-42 所示为公交车燃用 B0 以及 B5、B10、B20、B50 和 BD100 六种不同燃料时的气态排放物随 VSP 的变化关系。从图 8-42 分析可知，四种气态排放物与 VSP 的关系基本上都呈现出三段：在 VSP 小于 0 时污染物排放率都缓慢变化；0 ～ 7.5kW/t 或 0 ～ 10kW/t 区间内污染物排放率则呈近似直线地快速上升；大于 7.5kW/t 或 10kW/t 逐渐下降或变化不大；在 VSP 等于 0 时，各气态污染物排放率都有不同程度的下降。

VSP 小于 0 时对应的车辆行驶状况是减速，所以各种气态污染物排放量不大，VSP 为较小的负值时可能只是略微松开加速踏板导致的而且此时车速往往较高，所以污染物排放量比 VSP 为较大负值时略有增大；VSP 等于 0 时，车辆大部分时间都处于怠速状态，此时加速踏板完全松开，柴油机喷油量减少，所以此时的污染物排放率有所减小；VSP 在 0 ～ 10kW/t 区间对应着车辆行驶速度较高或车速不高但加速度较大，此时柴油机供油量突然增加，缸内燃烧状况突变导致各污染物排放量快速升高；VSP 大于 10kW/t 后，柴油机运行较为稳定，燃烧状况得到改善，因此各污染物排放量变化不大或逐渐下降。

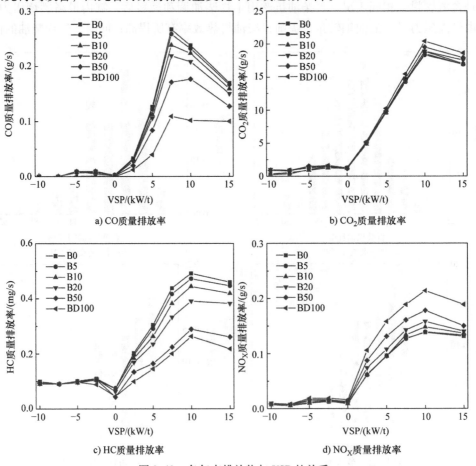

a) CO质量排放率 b) CO₂质量排放率

c) HC质量排放率 d) NO_X质量排放率

图 8-42　各气态排放物与 VSP 的关系

随着生物柴油配比的增加，CO 的质量排放率逐渐减小，而且当 VSP 较大时，各燃料之间的差别越明显，VSP 在 5 ~ 7.5kW/t 范围内，BD100 相对于 B0 的 CO 质量排放率降低了 61.5%；CO_2 变化不是很显著，含生物柴油燃料相对于 B0 略有上升，VSP 在 7.5 ~ 10kW/t 区间内，BD100 比 B0 增加 10% 左右；与 CO 类似，HC 的质量排放率也逐渐降低，并且在 VSP 较大时各燃料之间的差异更明显，VSP 在 7.5 ~ 10kW/t 区间内，BD100 与 B0 相比，HC 质量排放率下降约 50%；NO_X 的质量排放率随着生物柴油配比的增加逐渐增大，VSP 在 7.5 ~ 10kW/t 的区间内，BD100 比 B0 的 NO_X 质量排放率升高 50%。

8.3.3　颗粒物排放特性

1. 颗粒数量排放特性

图 8-43 所示为公交车燃用 B0、B5、B10、B20、B50 和 BD100 六种不同燃料时的 PN 排放随 VSP 的变化关系。分析图 8-43 可知：PN 排放随 VSP 的变化关系与加速度的变化规律基本一致，VSP 小于 0 时，PN 排放变化不大，VSP 在 0 ~ 7.5kW/t 之间时，PN 排放快速升高，VSP 大于 7.5kW/t 后 PN 增加变缓，VSP 大于 10kW/t 后 PN 排放有所下降；生物柴油掺混比例加大对 PN 减少有促进作用，而且比功率越大，这种促进作用越显著，VSP 在 7.5 ~ 10kW/t 之间时，BD100 相对于纯柴油 B0 的 PN 排放率降低了 70% 左右。

2. 颗粒质量排放特性

图 8-44 所示为公交车燃用 B0、B5、B10、B20、B50 和 BD100 六种不同燃料时的细微 PM 排放随 VSP 的变化关系。分析图 8-44 可知：PM 排放率与 VSP 的关系与 PN 的变化规律基本相同，VSP 小于 0 时，PM 排放变化不大，VSP 在 0 ~ 7.5kW/t 之间时，PM 排放快速升高，VSP 大于 7.5kW/t 后 PM 增加变缓，VSP 大于 10kW/t 后 PM 排放有所下降。

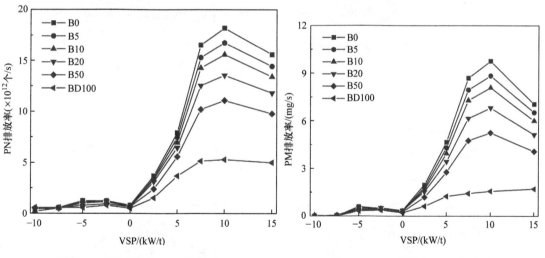

图 8-43　PN 排放与 VSP 的关系　　　　图 8-44　PM 排放与 VSP 的关系

3. 不同配比生物柴油的颗粒粒径排放特征

图 8-45 所示为公交车燃用 B0、B5、B10、B20、B50 和 BD100 六种不同燃料在不同 VSP 下的细微 PN 排放率粒径分布特性。分析图 8-45 可知：当 VSP 小于 0 时，所有配比燃料各粒径范围的颗粒数量排放率都很小，除 BD100 外，其他五种燃料在粒径为 100nm 左右

出现一个很小的峰值，BD100 的核态颗粒排放比聚集态多；当 VSP 大于 0 后，聚集态 PN 先突然增加，然后缓慢变化甚至下降，在 7.5 ~ 10kW/t 的区间有最大值，B0 的聚集态峰值达到了 15×10^{11} 个/s 左右，BD100 在 4×10^{11} 个/s 左右；生物柴油配比的增加对降低聚集态 PN 的效果很显著，BD100 相对于 B0，聚集态峰值降低了 73% 左右，但核态 PN 则变化不大。

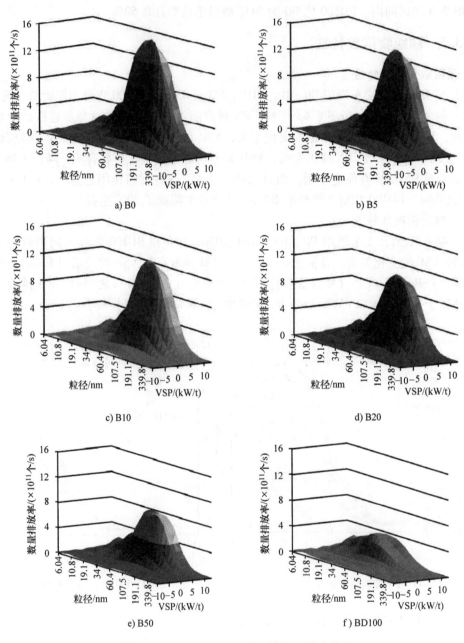

图 8-45　不同 VSP 下 PN 排放率粒径分布特性

参 考 文 献

[1] JOSÉ L, JIMÉNEZ P. Understanding and Quantifying Motor Vehicle Emissions with Vehicle Specific Power and TILDAS Remote Sensing [D]. Cambridge：Massachusetts Institute of Technology, 1999.

[2] TSAI J H, CHEN S J, HUANG K L, et al. Emissions from a generator fueled by blends of diesel, biodiesel, acetone, and isopropyl alcohol：Analyses of emitted PM, particulate carbon, and PAHs [J]. Science of the Total Environment, 2014, 466（1）：195 – 202.

[3] 王娟, 钟宁宁, 栾媛, 等. 鄂尔多斯市秋季大气 PM2.5、PM10 颗粒物中正构烷烃的组成分布与来源特征 [J]. 环境科学学报, 2007, 27（11）：1915 – 1923.

[4] 何翔, 钱枫, 李峣. 北京西三环地区不同粒径大气颗粒物中有机脂肪酸的污染特性 [J]. 环境科学研究, 2013, 26（9）：942 – 947.

[5] TINSDALE M, PRICE P, CHEN R, et al. The impact of biodiesel on particle number size and mass emissions from a Euro 4 diesel vehicle [J]. SAE Paper, 2010（01）：0796.

[6] NISBET I C, LAGOY P K. Toxic Equivalency Factors（TEFs）for Polycyclic Aromatic Hydrocarbons（PAHs）[J]. Regulatory Toxicology & Pharmacology, 1993, 16（3）：290 – 300.

[7] 谭丕强, 楼狄明, 胡志远. 发动机燃用生物柴油的核膜态颗粒排放 [J]. 工程热物理学报, 2010, 31（7）：1231 – 1234.

[8] 胡炜. 基于 PEMS 的生物柴油公交车瞬态排放特性研究 [D]. 上海：同济大学, 2012.

[9] 李文书. 替代燃料乘用车实际道路尾气排放特性研究 [D]. 上海：同济大学, 2012.

[10] 李鹏. 基于不同替代燃料的公交车道路排放特性研究 [D]. 上海：同济大学, 2012.

[11] 谢亚飞. 柴油公交车燃用餐厨废弃油脂制生物柴油的颗粒排放特性研究 [D]. 上海：同济大学, 2016.

[12] 张烨. 餐厨废弃油脂制生物柴油公交车实际道路排放特性研究 [D]. 上海：同济大学, 2016.

[13] 林骠骑. 柴油公交车燃用餐厨废弃油脂制生物柴油的颗粒物微观特性研究 [D]. 上海：同济大学, 2019.

[14] 谢毅. B20 生物柴油公交车喷油策略匹配及整车试验研究 [D]. 上海：同济大学, 2019.

[15] 胡志远, 章昊晨, 谭丕强, 楼狄明. 生物柴油公交车颗粒物可溶有机组分和多环芳烃排放 [J]. 同济大学学报（自然科学版）, 2019, 47（07）：1046 – 1054.

[16] 胡志远, 林骠骑, 黄文明, 谭丕强, 楼狄明. B10 餐厨废弃油脂制生物柴油公交车应用性能 [J]. 交通运输工程学报, 2018, 18（06）：73 – 81.

[17] 胡志远, 章昊晨, 谭丕强, 楼狄明. 国 V 公交车燃用生物柴油的颗粒物碳质组分排放特性 [J]. 中国环境科学, 2018, 38（08）：2921 – 2926.

[18] 胡志远, 林骠骑, 黄成, 王红丽, 景盛翔, 楼狄明. 公交车使用废食用油制生物柴油的污染物排放及 VOCs 成分谱 [J]. 环境科学, 2018, 39（02）：626 – 632.

[19] 楼狄明, 耿小雨, 谭丕强, 胡志远, 孙瑜泽. 公交车燃用不同比例生物柴油的颗粒物组分特性研究 [J]. 中国环境科学, 2017, 37（09）：3285 – 3291.

[20] 张允华, 楼狄明, 谭丕强, 胡志远. 公交车燃用生物柴油的排放性、经济性与可靠性 [J]. 中国环境科学, 2017, 37（07）：2773 – 2778.

[21] 楼狄明, 赵成志, 徐宁, 谭丕强, 胡志远. 不同排放标准公交车燃用生物柴油颗粒物排放特性 [J]. 环境科学, 2017, 38（06）：2301 – 2307.

[22] 楼狄明, 朱刚, 胡志远, 谭丕强. 国 V 公交车燃用生物柴油的实际道路排放特性研究 [J]. 柴油机, 2017, 39（02）：1 – 7, 14.

[23] 楼狄明, 朱育严. 公交车燃用不同比例生物柴油的道路排放特性 [J]. 内燃机与动力装置, 2016, 33

(06)：60 – 64，74.

［24］楼狄明，苏芝叶，胡志远，谭丕强. CCRT 对公交车燃用生物柴油混合燃料的颗粒排放影响研究 ［J］.
环境工程，2016，34（S1）：441 – 444，459.

［25］楼狄明，张允华，谭丕强，胡志远. 基于 DOC + CDPF 技术的公交车燃用生物柴油气态物道路排放特性
［J］. 环境科学，2016，37（12）：4545 – 4551.

［26］胡志远，谢亚飞，谭丕强，楼狄明. 在用国Ⅳ公交车燃用 B5 生物柴油的排放特性 ［J］. 同济大学学报
（自然科学版），2016，44（04）：625 – 631.

［27］谭丕强，沈海燕，胡志远，楼狄明. 不同品质燃油对公交车道路颗粒排放特征的影响 ［J］. 环境科学
研究，2015，28（03）：340 – 346.

［28］楼狄明，冯谦，谭丕强，胡志远，姚笛. 柴油替代燃料乘用车实际道路气态物排放特性 ［J］. 汽车工
程，2014，36（09）：1034 – 1039.

［29］姚笛，楼狄明，胡志远，谭丕强，冯谦. 柴油轿车燃用混合燃料道路颗粒物排放测试 ［J］. 汽车工
程，2014，36（07）：818 – 823，827.

［30］楼狄明，阚泽超，胡志远，谭丕强. 燃用生物柴油的柴油乘用车颗粒物排放特性 ［J］. 汽车技术，
2014（01）：58 – 62.

［31］楼狄明，陈峰，胡志远，谭丕强，胡炜. 公交车燃用生物柴油的颗粒物排放特性 ［J］. 环境科学，
2013，34（10）：3749 – 3754.

［32］谭丕强，周舟，胡志远，楼狄明. 生物柴油轿车排气颗粒的理化特性 ［J］. 工程热物理学报，2013，34
（08）：1586 – 1590.

［33］谭丕强，李洁，胡志远，楼狄明. 柴油公交车燃用不同替代燃料的排放特性 ［J］. 交通运输工程学报，
2013，13（04）：63 – 69.

［34］楼狄明，范文佳，胡志远，谭丕强，谢霞. 燃用不同柴油替代燃料的柴油轿车经济性分析 ［J］. 汽车
工程，2012，34（11）：963 – 967.

［35］胡志远，林建军，谭丕强，楼狄明. 柴油轿车燃用生物柴油的模态颗粒排放特性 ［J］. 同济大学学报
（自然科学版），2012，40（06）：937 – 941.

［36］谭丕强，周舟，胡志远，楼狄明. 柴油轿车燃用生物柴油的排放特性 ［J］. 汽车工程，2012，34（05）：
428 – 432.

［37］胡志远，岳晗，谭丕强，楼狄明. 柴油出租车燃用不同替代燃料的试验研究 ［J］. 同济大学学报（自
然科学版），2012，40（04）：596 – 600.

［38］胡志远，孙鹏举，谭丕强，楼狄明. 柴油轿车燃用不同替代燃料的模态排放特性 ［J］. 汽车工程，
2012，34（01）：22 – 25，17.

［39］胡志远，李金，李文书，谭丕强，楼狄明. 柴油轿车燃用不同替代燃料的排放特性研究 ［J］. 汽车技
术，2011，（05）：23 – 24，55.

［40］胡志远，谭丕强，楼狄明. 柴油出租车燃用麻疯树制生物柴油的试验研究 ［J］. 同济大学学报（自然
科学版），2010，38（06）：898 – 902.

［41］胡志远，谭丕强，楼狄明，黄家良，刘得斌. 在用柴油公交车燃用生物柴油的试验研究 ［J］. 汽车技
术，2009，（10）：47 – 50.

［42］赵杰，韩维维，胡志远. 燃用生物柴油公交的颗粒物排放特性 ［J］. 内燃机与配件，2019，（22）：
36 – 38.

［43］ZHANG Y H, LOU D M, HU Z Y, TAN P Q. Particle number, size distribution, carbons, polycyclic aromat-
ic hydrocarbons and inorganic ions of exhaust particles from a diesel bus fueled with biodiesel blends ［J］.
Journal of Cleaner Production, 2019, 225 (7)：627 – 636.

［44］ZHANG Y H, LOU D M, TAN P Q, HU Z Y. Particulate emissions from urban bus fueled with biodiesel blend and their reducing characteristics using particulate after – treatment system ［J］. Energy, 2018, 155 (7): 77 – 86.

［45］ LOUDM, KAN Z C, HU Z Y, et al. Emission Characteristics of Particulate Number in an On – board Test of a Diesel Passenger Car Fueled with Biodiesel ［J］. Advanced Materials Research, 2013 (668): 167 – 173.

［46］ LOU D M, SHAO C, HU Z Y, et al. Emission characteristics of gaseous pollutants in an on – board test of a diesel passenger car fueled with biodiesel ［J］. Advanced Materials Research, 2012, (534): 261 – 268.

［47］ ZHANG Y, LOU D, TAN P, HU Z. et al. Experimental Study on Particulate Emission Characteristics of an Urban Bus Equipped with CCRT After – Treatment System Fuelled with Biodiesel Blend ［J］. SAE Technical Paper, 2017 (01): 933.

［48］ YAO D, LOU D, HU Z, TAN P, et al. Laboratory Investigation on Emission Characteristics of a Diesel Car Fuelled with Biodiesel Blends ［J］. SAE Technical Paper, 2012 (01): 1063.

第9章

柴油机燃用餐废油脂制车用生物柴油的可靠性

本章对柴油机/车燃用餐废油脂制车用生物柴油的可靠性进行了介绍。针对柴油机动力性、经济性、排放性、零部件以及整车可靠性进行了分析。通过对柴油机燃用 B20 的耐久台架测试后，证明燃用生物柴油对柴油机动力性、经济性、排放特性影响较小，耐久试验后性能均符合柴油机要求。同时对柴油机零件进行拆解分析，证明柴油机各关键零部件性能保持良好，长时间使用生物柴油并未对燃油系统的金属部件造成明显的磨损、腐蚀。整车测试方面，燃用 B5、B10 均符合相应法规对排放的要求，同时车辆在柴油机未作专门匹配的情况下，燃用生物柴油后，并无明显的积炭产生，也没有机械性的损伤，不影响车辆正常使用。

9.1　可靠性试验方法

9.1.1　柴油机台架可靠性试验方法

1. 柴油机可靠性验证工况

柴油机试验台架结构及测试设备详见第 5 章介绍，试验所采用的耐久循环按照国家标准 GB 20890—2007《重型汽车排气污染物排放控制系统耐久性要求及试验方法》[1]、GB/T 19055—2003《汽车发动机可靠性试验方法》[2]，图 9-1 所示为柴油机台架耐久性运行试验循环示意图。

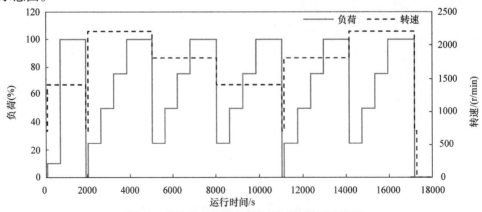

图 9-1　柴油机台架耐久性运行试验循环示意图

按照图 9-1 中的要求，试验工况需要采用高转速大负荷，每 5h 为一个循环，每循环为 800km，若柴油机台架运转 500h，折合为 8 万 km 的整车道路耐久行驶里程，可以达到行驶里程数的最低要求。

可靠性试验一般流程如下：

（1）试前精密测量

1）对柴油机测量曲轴轴颈/轴瓦、缸筒/活塞组、凸轮/挺杆/摇臂和气门/导管摩擦副的尺寸（确定磨损用）；测量曲轴、凸轮轴止推间隙及齿隙；测量气门/气门座接触带宽和气门下沉量（试前为基准点）等。

2）对柴油机测量缸垫自由状态厚度及尺寸、缸体上平面及缸盖下平面的平面度、排气歧管密封面的平面度和尺寸（确定变形用）等。

（2）磨合及机油取样

按柴油机制造厂的规范磨合。柴油机安装到台架后，第一次起动前，检查并清除整个进气系统内的尘埃及异物。在磨合初期和未使用过的机油油样以及试验过程中，每隔 100h 停机检测时进行机油取样，最后一起进行分析。

（3）性能初试

磨合完成后，柴油机需按照国家标准进行耐久前试验样机性能初试，试验内容包括：净功率、燃油消耗率、负荷特性及外特性试验以便衡量柴油机的动力性、经济性等性能。

（4）耐久试验

耐久试验工况如图 9-1 所示，试验台架控制的相关要求可参考标准 GB/T 18297—2001《汽车发动机性能试验方法》的规定。试验中需使用空气滤清器，推荐使用粗滤效率 >90%、总成效率 >99.8% 的空气滤清器。推荐每 250h 进行一次常规保养，更换机油和机油滤清器。

（5）性能复试

耐久试验完成结束后，为衡量柴油机的动力性、经济性等性能的劣化程度柴油机需按照国家标准进行耐久后试验样机性能复试，试验内容包括：净功率、燃油消耗率、负荷特性及外特性试验的复试。

（6）耐久后零部件的拆检

对完成耐久试验的柴油机进行拆检，拆检内容如下：

1）检测紧固件（如螺栓、螺母等）拧紧力矩松动量。即拧松紧固件，再准确地拧回到原来的位置（事先应做好记号），此力矩与试验前的拧紧力矩之差为松动量。

2）对主要摩擦副的表面拍摄局部清晰照片。主要摩擦副有轴颈/轴瓦、缸筒（头环换向处）/活塞（裙部）/环、凸轮/挺杆/摇臂、气门/气门座等。

3）拍摄断口的断面及裂纹的放大照片。

4）拍摄活塞顶上、下表面、油嘴的照片。

5）拍摄在油底壳、罩盖、缸盖上表面、活塞和凸轮等表面上的沉积物、油泥及漆膜的照片。

6）拍摄密封件，如缸垫、进排气管垫、排气管及油封等窜漏的印迹。

其中，第 4）~6）项所指零部件，拍照前不应清洗。

（7）试后精密复测

对耐久前测量过的零部件进行复测，考核柴油机零部件的可靠性，复测内容包括：机体、缸盖、曲轴、活塞（活塞环）、缸套、连杆瓦、主轴瓦、推力轴承、曲轴齿轮、凸轮轴齿轮、油泵齿轮、气缸盖垫片、挺柱、曲轴前油封、曲轴后油封、气门等，具体如下。

1）对柴油机测量曲轴轴颈/轴瓦、缸筒/活塞组、凸轮/挺杆/摇臂和气门/导管摩擦副的尺寸；测量曲轴、凸轮轴止推间隙及齿隙；测量气门/气门座接触带宽和气门下沉量等。

2）对柴油机测量缸垫自由状态厚度及尺寸、缸体上平面及缸盖下平面的平面度、排气歧管密封面的平面度和尺寸等。

精测后，要妥善保管所有零部件，以备进一步检查和分析。

2. 柴油机后处理系统可靠性验证方法

对于柴油机燃用生物柴油后处理的可靠性，主要通过耐久试验进行验证，对比耐久试验前后的柴油机整机排放，可以验证柴油机燃用生物柴油后处理系统可靠性。

对于后处理可靠性能的评价，催化剂的活性、选择性和稳定性等无法直接测量，但是可以通过一些参数进行表征，主要包括载体组分含量、载体几何特征参数、载体工艺性能参数等[3]。后处理系统催化剂测试内容和测试方法见表9-1。

表9-1　后处理系统催化剂测试内容和测试方法

测试内容	测试方法	说明
气密性测试	空气泄漏检测仪	检测经耐久过程后处理器是否有漏气
比表面积测试	比表面测试仪	检测载体不同区域的比表面积
组分测试	XRF 分析	测试催化剂主要催化成分的含量
晶型测试	XRD 表征	对比耐久前后不同区域晶型结构变化
催化剂小样评价	SCR 催化剂小样规范	对比耐久前后催化剂小样评价

（1）气密性测试

气密性是指仪器的气体密封性能，气密性试验主要是检验设备的各联接部位是否有泄漏现象，对具有密闭容器性质的后处理系统来说，如果在使用过程中发生了泄漏且泄漏量超过允许范围，不仅不能净化柴油机排放的尾气，还会导致比如尿素（氨）泄漏等问题，为了保证质量及安全，需要对耐久试验后的后处理装置的气密性进行检验。气密性检验采用空气泄漏检测仪，图9-2为DOC装置气密性检测图，表9-2为后处理装置的气密性检测项目。

图9-2　DOC后处理装置气密性检测（见彩插）

表9-2　后处理装置气密性检测项目

项目	值
设定压力/bar	0.30
漏气量限值/（L/min）	5.00

（2）催化剂比表面积测试

比表面积（BET）是反映催化剂和载体材料表面吸附能力的重要参数之一，如果催化剂的化学组成和结构已经无法改变，比表面积的大小决定了单位重量催化剂的活性，一般来说，催化活性随比表面积增大而升高。比表面积损失率的计算公式如下：

$$损失率 = (\,[BET]_前 - [BET]_后)/[BET]_前 \times 100\% \tag{9-1}$$

（3）组分测试

X 射线荧光光谱分析（XRF）可以分析载体不同位置催化剂组分变化。通过对载体样品进行 X 射线衍射，分析衍射图谱，获得载体内部原子或分子的结构和形态等信息的研究手段。应用已知晶面间距 d 的晶体来测量衍射方向（即 θ 角），从而计算的得出特征型 X 射线的波长，这是 X 射线用于检测试样中所含的元素的方法（即 XRF）。在实际应用中，XRF 有效的元素测量范围为 11 号元素（Na）到 92 号元素（U）。

（4）晶型测试

X 射线衍射方法（XRD）可以分析催化剂的晶型。通过对载体样品进行 X 射线衍射，分析衍射图谱，获得催化剂载体的成分。应用已知波长的 X 射线来测量 θ 角，结合布拉格公式计算出晶面间距 d，这是 X 射线用于结构分析的方法。例如对 SCR 载体来说，要保证高效的催化活性，其二氧化硅（TiO_2）的晶型以锐态为最佳。XRD 分析仪的扫描范围：$2\theta = 20° \sim 80°$。XRD 分析技术可以对载体中的催化剂组分进行精确的晶型分析，但是不能分析催化剂中的氧化物和低含量的组分。

（5）小样评价

试验用后处理小样从载体上切割，将载体小样（体积为 0.01L）用石英棉包裹后放到反应器内通道的中间位置。用程序控温电炉控制反应温度，催化剂前放置温度传感器测量催化剂入口处的温度。NH_3、NO、O_2、CO_2、N_2 及 SO_2 气体经混合器混合后进入反应器，通过饱和蒸气发生器使 H_2O 成气态进入反应器。最后通过气体分析仪分析经过小样后的气体组分含量。

9.1.2　整车可靠性试验方法

为系统评价柴油车燃用餐废油脂制生物柴油混合燃料的可靠性，还需要考虑整车适应性。对于整车可靠性的研究，主要通过进行实车进行验证。

1. 整车试验

燃用生物柴油混合燃料的车辆进行了跟踪测试，着重分析了随着车辆燃用生物柴油行驶里程的增加，油耗的变化、气态污染物及颗粒物排放特性的变化以及重要零部件的磨损情况。

2. 车载法（PEMS）试验

对于实车的排放验证，主要通过车载法（PEMS）试验设备，主要包括：气态物排放测试设备和颗粒物测试设备，具体见第 8 章。

3. 监测柴油机的磨损情况

对于整车在用柴油机，将柴油机拆卸检测的方法较为繁琐，不能满足实际应用中对大量整车柴油机进行测试，因而使用内窥镜检测车辆在燃用生物柴油后，柴油机重要零部件的积炭情况，包括：活塞顶面、燃烧室顶面（主要为气门底部表面）、气门与气门座间隙和喷油嘴处。内窥镜测试根据运行里程进行分阶段测试验证。

9.2 柴油机台架耐久测试性能分析

柴油机耐久试验前后的动力性、经济性、排放性变化幅度是评价柴油机是否通过耐久试验的重要指标之一，也是分析柴油机燃用生物柴油关键零部件损坏、磨损、表面沉淀情况的重要前提。本节建立在台架试验基础上，研究分析柴油机在500h耐久试验期间，燃用B20后的动力性、经济性、排放特性影响规律[4]。

9.2.1 动力性分析

对于试验柴油机的动力性，主要通过耐久试验后柴油机转矩及功率变化进行验证。

耐久试验不同时间柴油机的动力性在外特性工况下的动力性如图9-3所示。外特性时，耐久试验过程中，柴油机燃用生物柴油的功率均随转速升高逐渐升高，转矩均随转速先升高后降低，各转速下柴油机功率和转矩均经历先上升后平稳最后下降的过程。随运行时间增加，在各转速下其功率最大降幅为1.4%，转矩最大降幅为1.8%，均不超过5%。

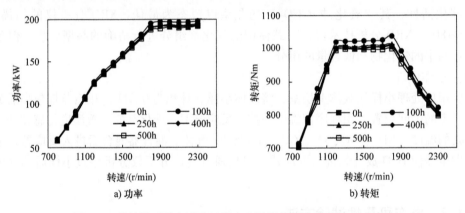

图9-3 外特性时耐久试验过程中柴油机燃用生物柴油的动力性

此外，耐久试验过程中，柴油机燃用生物柴油的动力性在最大转矩转速1400r/min和额定转速2300r/min下负荷特性，结果如图9-4所示。两种转速工况下，耐久试验过程中（0h、100h、250h、400h、500h五个时间点），柴油机燃用生物柴油的功率均随负荷百分比升高逐渐上升。柴油机燃用生物柴油的转矩均随负荷比升高而上升且柴油机转矩经历先上升后平稳最后下降的过程，各负荷比下柴油机功率转矩最大降幅均小于4%。

9.2.2 燃油经济性分析

柴油机燃用生物柴油混合燃料的经济性方面，通过耐久试验期间柴油机外特性及定转速变负荷条件下的燃油消耗率可以看出，由于柴油机磨合、磨损、环境条件变化、缸内积炭等原因，燃油消耗率与耐久前（0h）相比随时间变化有所波动，但总体升幅不超过3%。

图9-5所示为外特性时耐久试验过程中柴油机燃用生物柴油的经济性的。耐久试验过程中，柴油机燃用生物柴油的燃油消耗率均随转速升高先降低后升高，柴油机在转速为1200~

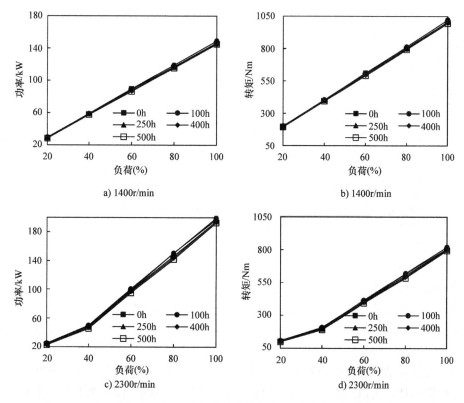

图 9-4　各转速负荷特性下耐久试验过程中柴油机燃用生物柴油的动力性

1400r/min 之间，燃油消耗率最小。耐久试验过程中，由于柴油机磨合、磨损、环境条件变化、缸内积炭等原因，燃油消耗率与耐久前（0h）相比随时间变化有所波动，但是波动幅度较小，转速为1200r/min 时出现最大升幅为1.57%。

图 9-6 所示分别为柴油机燃用生物柴油在转速为1400r/min 和2300r/min 负荷特性下耐久试验过程中柴油机的燃油消耗率变化曲线。由图9-6 可知，柴油机燃油消耗率均随负荷升高而减小，在低负荷下 BSFC 变化幅度较大。这是由于燃油消耗率是用油耗仪测得的单位时间燃油消耗量与台架测得功率之比计算而成，相较于高功率时，

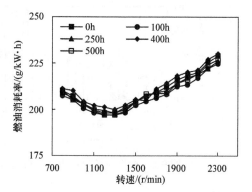

图 9-5　外特性时耐久试验过程中柴油机
燃用生物柴油的经济性

低负荷低功率时台架测量功率的波动量对燃油消耗率的计算值影响较大。燃油消耗率与耐久前（0h）相比随时间变化有所波动，但是波动幅度较小，最大升幅分别为 2.92%、1.98%、2.48%。

9.2.3　排放特性分析

在排放特性方面，本节通过研究试验柴油机在耐久试验期间，燃用 B20 后，耐久试验

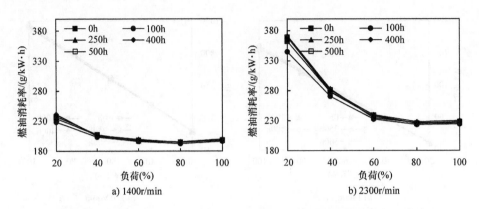

图 9-6　各转速负荷特性下耐久试验过程中柴油机燃用生物柴油的经济性

对柴油机燃用生物柴油的排放特性影响规律进行研究。

本节分析了耐久试验过程中，柴油机分别运行 0h、250h、500h 时的常规气态物排放特性，包括 NO_X、CO、HC，经过耐久试验后，后处理装置有一定劣化，常规气态物排放均有上升，但是仍满足柴油机相应的排放限值。非常规气态物排放特性，包括 CO_2、SO_2、醛类。经过耐久试验后，CO_2 有一定下降，SO_2 没有明显变化规律，而醛类浓度排放有一定程度的上升。

图 9-7 为耐久试验过程中负荷特性下经过 DOC + SCR 后处理后的 NO_X 浓度随时间的变化。通过对数据计算可以得出，耐久试验后，NO_X 浓度在不同负荷下都有明显上升，第二阶段的劣化程度大于第一阶段，且转速越高，劣化程度也越大。

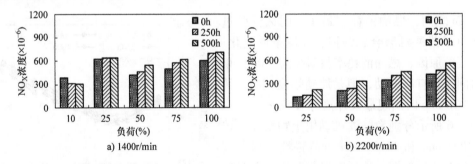

图 9-7　耐久试验过程中柴油机运行 0h、250h、500h 时的 NO_X 浓度随负荷变化

图 9-8 所示是耐久试验过程中经过 DOC + SCR 后处理后的 CO 浓度。耐久试验后，CO 的浓度在不同负荷下都有明显上升，第二阶段的劣化程度大于第一阶段，且转速越高，劣化程度也越大。CO 浓度比耐久试验前分别上升 38.5% 和 52.9%。这说明 DOC 经过耐久试验后，DOC 装置在耐久试验中有一定程度的劣化，但是，仍然符合原机对应的排放标准。

图 9-9 所示是耐久试验过程中经过 DOC + SCR 后处理后的 HC 浓度排放，HC 排放浓度随着负荷变化规律不明显。在经过耐久试验后，HC 浓度都有一定程度的上升。在 0 ~ 250h 期间，HC 浓度上升并不明显，而相比耐久试验开始时，500h 时 HC 浓度排放有一定程度的上升。

图 9-10 所示是耐久试验过程中经过 DOC + SCR 后处理后的 CO_2 浓度排放。由图 9-10 可

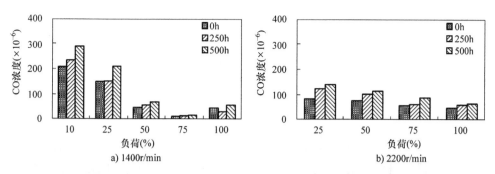

图 9-8　耐久试验过程中柴油机运行 0h、250h、500h 时的 CO 浓度随负荷的变化

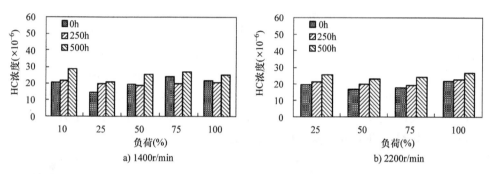

图 9-9　耐久试验过程中柴油机运行 0h、250h、500h 时的 HC 浓度随负荷的变化

知，在 1400r/min、2200r/min 两种转速下，CO_2 排放随转速升高而降低，随着转速升高，空燃比提高，燃烧完全率降低；相同转速时，CO_2 排放浓度随着负荷增加而增大，这是因为负荷增大，功率转矩增大，喷油量增加，燃烧产生的 CO_2 增多。在经过耐久试验后，CO_2 浓度都有一定程度的下降，在耐久试验 250h 后，CO_2 浓度下降并不明显；耐久试验 500 后，CO_2 浓度排放下降明显，试验进行到 250h 时，按照法规要求，对柴油机进行了一次保养，更换了空气滤清器，这导致柴油机性能变好，油耗下降，因此 CO_2 也下降，DOC + SCR 对 CO_2 排放的影响较小。

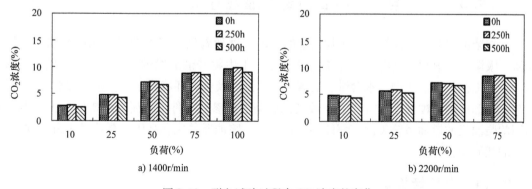

图 9-10　耐久试验过程中 CO_2 浓度的变化

图 9-11 所示是耐久试验过程中经过 DOC + SCR 后处理后的 SO_2 浓度排放。可以看出，相同转速下，随着负荷的上升，SO_2 排放有上升的趋势，这是因为柴油机排气中硫主要来自

于柴油，随着负荷的上升，油耗增加，SO_2排放增多。耐久试验过程中，SO_2浓度排放没有明显的变化规律，$DOC + SCR$虽然对SO_2有一定的固定作用，但是SO_2排放的累计会导致硫酸盐的形成，吸附在载体表面，从而降低对HC，CO和NO_X等的净化效率。

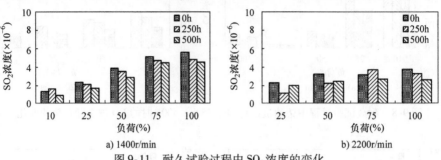

a) 1400r/min　　　　　　　　b) 2200r/min

图9-11　耐久试验过程中SO_2浓度的变化

本试验中检测到的醛类排放主要包括甲醛、乙醛和丙醛，由于三种醛类浓度均较低，故将其合并予以分析。图9-12所示是耐久循环工况下，耐久试验前后及耐久试验过程中经过$DOC + SCR$后处理后的醛类浓度，相同转速时，醛类浓度随着负荷变化规律不明显。在经过耐久试验后，醛类浓度都有一定程度的上升。在$0 \sim 250h$期间，醛类浓度上升并不明显，而相比耐久试验开始时，500h醛类浓度有一定程度的上升。

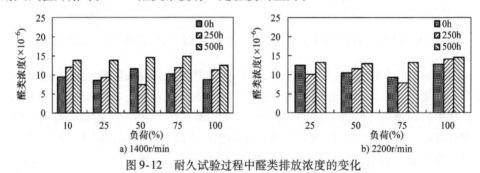

a) 1400r/min　　　　　　　　b) 2200r/min

图9-12　耐久试验过程中醛类排放浓度的变化

9.3　柴油机燃油系统可靠性分析

生物柴油比柴油腐蚀性强，生物柴油的腐蚀程度随着生物柴油的混合比例增加而增加。杂质、吸湿性、氧化、高温、高含硫量等均加大了生物柴油的腐蚀趋势[5]。生物柴油的原料、生产工艺、掺混比例、水含量、酸值、工作温度及储存环境因素都会影响其对燃油喷射系统金属部件的腐蚀性[6]。本节在不改变试验柴油机参数条件下，研究分析使用B20与B0的同款柴油机的燃油系统关键零部件共轨管总成、喷油器总成和高压油泵总成在耐久试验过程中的性能变化[7]。

9.3.1　共轨管总成

图9-13所示为耐久试验用共轨管总成示意图。

1. 性能检测

在500h耐久试验过程中实时监测共轨系统的各参数情况，并每50h进行一次喷油参数

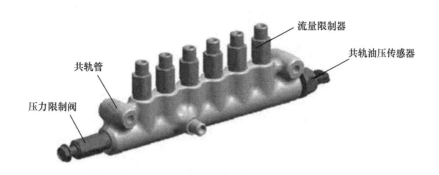

图9-13　耐久试验用共轨管总成示意图

采样。图9-14所示为柴油机燃用生物柴油的共轨油压随耐久试验时间的变化规律。由图9-14可知，500h耐久试验中共轨油压均值为127.20MPa，整个试验过程中油压波动不明显。

为进一步了解耐久试验后共轨管总成的性能是否完好，在专用喷油试验台上对共轨管总成的密封性、流量限制器的工作流量和压力限制阀的开启压力进行检测。表9-3为共轨管总成耐久试验后的性能指标。由表9-3可知，柴油机燃用B20经过500h耐久试验

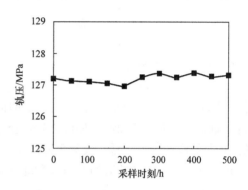

图9-14　耐久试验过程中共轨油压变化

后共轨管总成的密封性良好，流量限制器工作流量达标，压力限制阀开启压力符合要求。共轨管总成各项性能正常，使用生物柴油并未对其产生明显劣化影响。

表9-3　共轨管总成耐久试验后的性能指标

性能指标	标准值	检测结果
密封性	共轨油压 $P_c \leqslant 200$MPa 时，无泄漏	无泄漏
	松动转矩符合标准值	见表9-4，符合标准
流量限制器工作流量	（495±180）mm³/st	477~493 mm³/st
压力限制阀开启压力	（221±9）MPa	223MPa

2. 松动转矩

鉴于目前共轨系统最高喷油压力能够达到280MPa，要保证如此高的喷油压力，对共轨管总成各部件的密封性提出了相当高的要求。因此，对于共轨管来说，首先要考虑的就是各部件连接处的松动转矩。在试验后将压力限制阀、流量限制器和共轨油压传感器从共轨管上拆卸下来，检测松动转矩是否达标。其中#1、#2、#3、#4、#5、#6为流量限制器编号。松动转矩检测结果见表9-4。

表 9-4　共轨管总成各部件松动转矩

部件	位置	标准值	松动转矩检测值/Nm
流量限制器	#1	≥35N·m	159
	#2		167
	#3		163
	#4		165
	#5		164
	#6		147
压力限制阀		≥42N·m	180
共轨油压传感器		≥16N·m	40

由表 9-4 可以看出，500h 耐久试验后，流量限制器、压力限制阀和共轨油压传感器与共轨管连接处的固定密封面松动转矩达标。

3. 部件的磨损及侵蚀

共轨管总成各部件并无运动结合面，主要考虑固定密封处泄漏。鉴于所用生物柴油混合燃料对共轨部件有一定的腐蚀性，且试验时间较长，在试验后需对共轨管各组件与共轨管本体结合面处的磨损、腐蚀情况如何，是否会造成泄漏。对共轨管、流量限制器和压力限制阀中的 16 个部位进行了检测，表 9-5 为检测结果。

共轨管总成各部件的磨损及腐蚀情况见表 9-5。

表 9-5　共轨管总成各部件的磨损及腐蚀情况

部件		检测项目	标准	检测结果
共轨管		外部裂纹		无明显痕迹
流量限制器	阀体	磨损	<良好>	轻微
	限位器	磨损	5. 无明显痕迹	轻微
	柱塞偶件	磨损（柱塞侧）	4. 轻微	轻微
		磨损（柱塞腔）	3. 尚可使用	轻微
	弹簧	磨损（两端）	2. 不可使用	无明显痕迹
		磨损（外部）	1. 彻底损坏	无明显痕迹
		形变	<失效>	无明显痕迹
压力限制阀	阀体	磨损（阀座）		轻微
		侵蚀（阀导向面）		轻微
	球阀	磨损		轻微
	阀导	侵蚀（导向面）		轻微
	弹簧	磨损（两端）		无明显痕迹
		磨损（外部）		无明显痕迹
		形变		无明显痕迹
	滤清器	磨损		轻微

由表 9-5 可以看出，共轨管、流量限制器和压力限制阀的各个组件及连接面处磨损及侵

蚀情况良好。

为更加直观地观测压力限制阀、高压油管、共轨油压传感器与共轨管本体结合面处的磨损及腐蚀情况，对此三处连接部位进行了拆解，并观察。除高压油管与共轨管连接处有肉眼可见的轻微磨损痕迹外，其他部位均无明显痕迹。这是因为，相较于共轨管其他连接部位，高压油管与共轨管连接处要承受来自高压燃油喷射系统中的油压脉动带来的机械负荷，磨损相对明显。高压油管与共轨管连接处如图 9-15 所示。

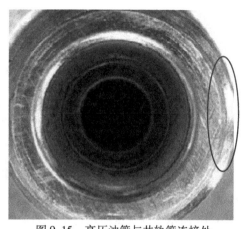

图 9-15　高压油管与共轨管连接处

总体来说，在耐久试验后共轨管总成的工作性能并未出现明显的劣化，各个固定密封面松动转矩达标，无明显的磨损、侵蚀现象。

9.3.2　喷油器总成

1. 外观变化性能检测

喷油器是燃油喷射系统的核心部件，它有一部分暴露在燃烧室中，工作中不仅仅要承受来自高压燃油喷射系统中的油压脉动带来的机械负荷，还要承受很高的热负荷。这使得喷油器总成各部件在长时间使用过程中更易产生劣化。试验过程中，每隔 50h 对喷油器的工作电流、喷油脉宽、喷油量及喷油正时进行采样。

图 9-16 所示为耐久试验过程中，喷油器工作电流（峰值电流、保持电流）随试验时间的变化。柴油机燃用生物柴油的电控共轨喷油过程是通过 ECU 控制电磁阀线圈中工作电流大小来实现的。喷油器工作过程有两种不同的电流脉冲信号，分别是峰值电流与保持电流，我们把由这两种电流信号组成的波形称为"峰值—保持波形"。一般情况下，峰值电流比保持电流大一些，以此可以克服衔铁的重量从而打开电磁阀，获取良好的动态响应能力。然而维持喷油器电磁阀开启状态所需的保持电流较小，因此不必输入较大电流，从而降低柴油机电控单元所需的功率和喷油器中的机械能损失。在柴油机燃用生物柴油运行时，共轨系统工作电流一旦出现异常，喷油器将无法执行原定喷油策略，从而影响到发动力性和可靠性。因此，保持工作电流的稳定性对柴油机燃用生物柴油的耐久性能力至关重要。

由图 9-16a 可知，相对于 500h 峰值电流均值 21.04A，喷油器峰值电流在 0 ~ 350h 之间波动幅度较缓，350 ~ 500h 之间峰值电流有比较明显的下降，并且下降幅度随耐久时间增大，这可能是由于喷油器电磁阀线圈温度随环境温度变高，从而增大电磁线圈内阻，因此峰值电流有所下降，但下降幅度并不是很大。由图 9-16b 可知，相对于 500h 保持电流均值 12.37A，喷油器保持电流在 0h 测量值较低，50 ~ 500h 的试验中始终保持在一个较为稳定的工作状态，波动幅度较小，运行稳定。

图 9-17 所示为耐久试验过程中，喷油器喷油脉宽随试验时间的变化。由图 9-17 可知，0 ~ 150h 内喷油脉宽稳定，且相对 500h 均值来说较高；150 ~ 200h 内喷油脉宽有所下降，

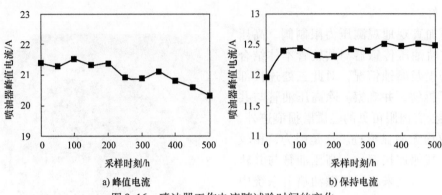

a) 峰值电流   b) 保持电流

图 9-16 喷油器工作电流随试验时间的变化

200～500h 内保持稳定。

图 9-18 所示为耐久试验过程中，喷油器喷油量随试验时间的变化。由图 9-18 可知，与喷油脉宽显示出的变化规律类似，0～150h 内喷油量保持稳定，且相对 500h 均值来说较高；150～200h 内喷油量有所下降，200～500h 内保持稳定。

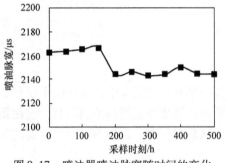

图 9-17 喷油器喷油脉宽随时间的变化

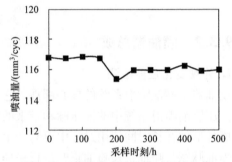

图 9-18 喷油器喷油量随时间的变化

图 9-19 所示为耐久试验过程中，喷油器喷油正时随试验时间的变化。由图 9-19 可知，0～500h 试验过程中，喷油正时总体呈缓慢上升趋势，但幅度并不大，小于 0.2° CA。

由监测数据可以看出，柴油机台架耐久试验过程中喷油器工作特性稳定，无明显波动。为进一步了解耐久试验后喷油器的性能是否完好，依照国际相关企业标准，选取 1－3 号喷油器在专用喷油试验台上对其进行性能检测。喷油器耐久试验后的性能指标见表 9-6。

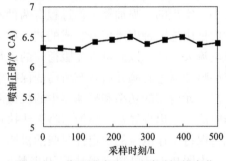

图 9-19 喷油器喷油正时随时间的变化

表 9-6 1－3 号喷油器耐久试验后的性能指标

检测结果			标准值	耐久试验后测试值
喷油器性能指标	共轨油压 $P_c = 180\text{MPa}$	喷油器流量变化（%）	≤ ±5	+0.8 ～ +1.4
		漏油量变化/（mm^3/st）	≤ +40	+1.1 ～ +9.9
	$P_c = 30\text{MPa}$	喷油器流量变化（%）	≤ ±2	0 ～ +1.6

对6支喷油器进行零部件劣化程度检测。其检测结果见表9-7。耐久试验后控制阀，控制柱塞导向部磨损轻微。针阀液压流量及工作温度在标准范围内。针阀座有轻微磨损，且喷油嘴侧磨损相对较明显，这是携带杂质的高压燃油反复冲击造成的。针阀顶端部位出现轻微的磨损及穴蚀现象，尤其3号喷油器的针阀顶端出现了部分穴蚀现象，这也主要是由高压的携带杂质的柴油冲击，但这种程度的磨损仍在标准允许的范围内。

表9-7 6支喷油器的零部件劣化程度检测结果

检测结果			标准值	耐久试验后测试值
	控制阀	导向部位磨损	轻微磨损	轻微磨损
	控制柱塞		轻微磨损	轻微磨损
零部件	针阀	液压流量/(mm³/cyc) (共轨油压 P_c =10MPa)	1222~1298	1233~1261
		工作温度/℃	150~300	260~270
		阀座磨损 喷油嘴侧/μm	—	1.7~2.7
		阀座磨损 针阀测/μm	—	0.5~0.8
		针阀顶端穴蚀	≤完整穴蚀痕迹	3号喷油嘴：部分穴蚀痕迹 其他：轻微磨损

2. 拆解检测分析

生物柴油特殊的理化性质可能更易造成喷油器部件的腐蚀。当喷油器总成中出现磨损、腐蚀等劣化现象后，喷雾效果变差，燃油燃烧不充分，会导致喷油孔、燃烧室、进排气门及活塞环处大量积炭。使柴油机各方面性能下降。因此针对喷油器总成可能出现的磨损、腐蚀等问题进行研究是十分必要的。

为进一步观测喷油器总成内部磨损、侵蚀情况，对性能劣化相对明显的3号喷油器进行拆解分析，分别观测其电磁线圈、控制阀导向部、球阀座、球阀密封面、控制柱塞导向部、连接体上、下表面、针阀导向部和针阀顶端的劣化情况。图9-20所示为喷油器总成结构及以上拆解部位示意图。

图9-21所示为图9-20中说述各部位的拆解检测结果。

图9-21中有线圈的部位为有锈迹的部位，可以看出电磁线圈、控制柱塞底部及喷油器紧固件两端有明显锈迹，这很可能是由于这些部位燃油流动性较弱，且生物柴油中水分及脂肪酸含量较高，氧化安定性较差，且具有吸湿性造成的。此外，控制阀导向部有轻微的腐蚀现象，这是由于生物柴油中的杂质，这些杂质在导向部和阀体之间不断摩擦，使导向部下端磨损增大。使得导向部与阀体之间的间隙增大，回油量变多，供油量减少，喷油压力下降，喷油时间延迟；球阀座及球阀密封面无明显磨损及侵蚀痕迹；控制柱塞上半部有

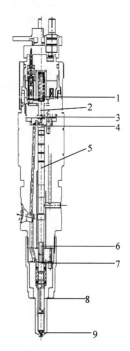

图9-20 喷油器总成结构及拆解部位示意图

1—电磁线圈 2—控制阀导向部
3—球阀座 4—球阀密封面
5—控制柱塞导向部 6—连接体上表面
7—连接体下表面 8—针阀导向部
9—针阀顶端

轻微磨损，这同样是由生物柴油中的杂质摩擦造成的；针阀顶端有磨损、穴蚀痕迹，这是由于针阀工作环境恶劣，承受携带杂质的高压燃油的机械冲击并直接承受气缸内的热负荷。针阀顶端还出现少量积炭，这是主要是因为生物柴油密度及运动黏度较大，且随着磨损、穴蚀等劣化现象出现后，燃油喷雾效果较差，燃油燃烧不充分。

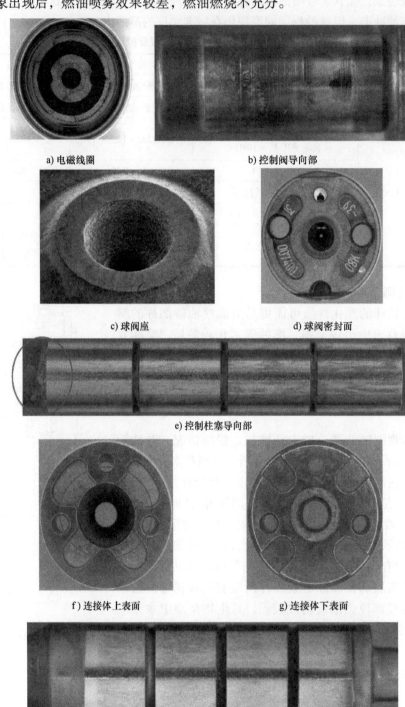

a) 电磁线圈　　　　　　　b) 控制阀导向部

c) 球阀座　　　　　　　d) 球阀密封面

e) 控制柱塞导向部

f) 连接体上表面　　　　　　g) 连接体下表面

h) 针阀导向部

图 9-21　3 号喷油器各部位的拆解检测结果（见彩插）

i) 针阀顶端

图 9-21 3 号喷油器各部位的拆解检测结果（见彩插）（续）

9.3.3 高压油泵总成

1. 外观变化性能检测

图 9-22 所示为油泵转速 $n_p = 3000\text{r/min}$，共轨油压 $P_c = 180\text{MPa}$ 时，高压油泵供油量检测结果。由图可知，供油量由最初的 $1400\text{mm}^3/\text{r}$ 下降到 $1375\text{mm}^3/\text{r}$ 左右，降幅在 1.8% 左右，远高于标准所要求的最低限值 $1080\text{mm}^3/\text{r}$。这说明长时间使用生物柴油并没有对高压油泵总成的工作性能造成明显的劣化。另外，对共轨油压的检测结果显示，耐久试验中共轨油压在表现稳定，这也说明位于共轨输入侧的高压油泵工作特性保持了稳定。

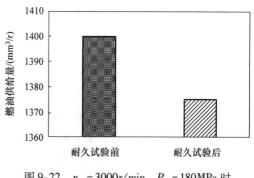

图 9-22 $n_p = 3000\text{r/min}$，$P_c = 180\text{MPa}$ 时
高压油泵供油量

2. 拆解检测分析

为了进一步了解长时间使用生物柴油混合燃料对高压油泵总成内部及部件功能产生的影响及可能存在的问题，对高压油泵总成及零部件进行彻底地拆解观测。

拆解试验对以下 22 个部位进行了检测：输油泵转子、输油泵盖、泵油盘、固定销、调节阀、油泵壳体、壳体盖、凸轮轴、轴瓦、推力垫圈、凸轮环、柱塞、柱塞弹簧、柱塞腔、进油阀、进油阀弹簧、进油阀压、压力控制阀、吸入式进油阀、油封、O 形圈和油滤。耐久试验后高压油泵总成组件中调节阀开启压力、压力控制阀线圈、吸入式进油阀开启压力与耐久试验前一致，完好如新。其余各组件及各个滑动接触面的磨损也仅仅是初始水平，完全没有出现足以影响其功能的劣化，各电子元器件、密封元件功能也保持良好。具体详细结果见表 9-8。

表 9-8 高压油泵总成各部件拆解检测的详细结果

编号	部件名称		检测项目	检测结果
1	输油泵	内部转子	磨损/损耗	初始磨损水平
		外部转子	磨损/损耗	初始磨损水平
2	输油泵盖		磨损/损耗	初始磨损水平
3	泵油盘		磨损/损耗	初始磨损水平

（续）

编号	部件名称		检测项目	检测结果
4	固定销		磨损	初始磨损水平
5	调节阀		开启压力变化	完好如新
			活塞磨损	初始磨损水平
			轴瓦/柱塞磨损	初始磨损水平
6	外壳	泵油元件接触面	磨损/侵蚀	初始磨损水平
		壳体盖盖接触面	磨损/侵蚀	初始磨损水平
7	壳体盖		磨损/侵蚀	初始磨损水平
8	凸轮轴	油封	磨损	初始磨损水平
		凸轮环侧	磨损/损耗	初始磨损水平
		输油泵侧	磨损/损耗	初始磨损水平
		锥形件	磨损/损耗	初始磨损水平
9	轴瓦	壳体盖部位	磨损/损耗	初始磨损水平
		凸轮环部位	磨损/损耗	初始磨损水平
		壳体	磨损/损耗	初始磨损水平
10	推力垫圈	壳体盖侧	磨损/损耗	初始磨损水平
		输油泵侧	磨损/损耗	初始磨损水平
11	凸轮环	柱塞侧	磨损/损耗	初始磨损水平
		壳体盖侧	磨损/损耗	初始磨损水平
		输油泵侧	磨损/损耗	初始磨损水平
12	柱塞		磨损/损耗	初始磨损水平
13	柱塞弹簧		位置/磨损	初始磨损水平
14	柱塞腔	吸入式进油阀座密封面	磨损/侵蚀	初始磨损水平
		柱塞接触面	磨损/损耗	初始磨损水平
15	进油阀（球阀）		磨损/侵蚀	初始磨损水平
16	进油阀弹簧		位置/磨损	初始磨损水平
17	进油阀压		磨损/侵蚀	初始磨损水平
18	压力控制阀	阀体	滑动卡滞	初始磨损水平
		线圈	磨损	初始磨损水平
			电阻值	完好如新
			绝缘电阻值	完好如新
		电插头	线筒裂痕	完好如新
			磨损	初始磨损水平
19	吸入式进油阀		开启压力变化	完好如新
			磨损	初始磨损水平
			裂痕	完好如新
			其他劣化	初始磨损水平

（续）

编号	部件名称	检测项目	检测结果
20	油封	磨损	初始磨损水平
		残存干涉	初始磨损水平
21	O形圈	磨损/损耗	初始磨损水平
22	油滤	异物残留	初始磨损水平

为进一步观测高压油泵总成内部磨损、侵蚀情况，对每个泵油元件的吸入式进油阀（缸体侧）、吸入式进油阀（阀座侧）、吸入式进油阀顶杆（与阀座接触侧）、泵油柱塞端面、凸轮环与泵油柱塞接触面、凸轮轴及压力控制阀柱塞的表面磨损、腐蚀情况进行拆解观测。图9-23为高压油泵总成侧视图，1、2、3为3个泵油元件的编号。

吸入式进油阀缸体侧和阀座侧两侧均仅有轻微的磨损。#3进油阀缸体侧有锈迹，如图9-24所示，这个部位的锈蚀在使用传统石化柴油的时候几乎不会发生，这主要因为生物柴油中水分及脂肪酸含量较高，氧化安定性较差，且具有吸湿性，所以与传统石化柴油相比更易造成金属部件锈蚀。

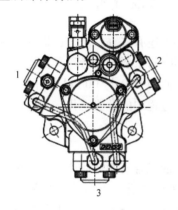

图9-23　高压油泵总成侧视图（见彩插）

图9-24　#3泵油元件吸入式进油阀（缸体侧）

吸入式进油阀顶杆（与阀座接触侧）仅有轻微的磨损，并无腐蚀、生锈痕迹。功能保持良好。泵油柱塞端面仅有轻微的磨损，并无腐蚀、生锈痕迹。功能保持良好。

凸轮环与泵油柱塞接触面仅有轻微的磨损，并无腐蚀、生锈痕迹，但是有明显的积炭，如图9-25所示。这主要是因为在柱塞运动过程中，燃油对柱塞运动副起到润滑作用，而生物柴油中的水分会使燃油

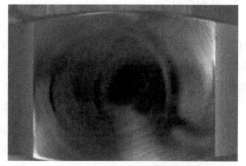

图9-25　凸轮环与泵油柱塞接触面（见彩插）

润滑性变差，且随着工作温度的上升燃油润滑也会下降。一旦燃油润滑性恶化超过一定限度，引起柱塞运动副中的干摩擦，产生高温，就会出现积炭。

凸轮轴表面磨损痕迹不明显，但略有锈迹，如图9-26所示。这也是因为生物柴油中水

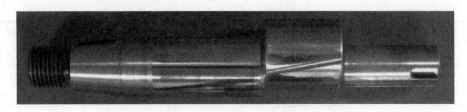

图 9-26　凸轮轴（见彩插）

分及脂肪酸含量较高，氧化安定性较差，且具有吸湿性。

油压控制阀柱塞表面光洁，无明显磨损、侵蚀痕迹，功能保持良好。

综上所述，对高压油泵的拆解检测结果显示，高压油泵大部分零部件表明仅有轻微磨损现象。个别部件表面出现了锈蚀，这是生物柴油中水分及脂肪酸含量较高造成的。另有个别部件表面有积炭，这是柱塞运动副中的干摩擦，产生高温造成的。但总体来看，高压油泵的工作性能保持良好，并未受到明显的影响。

9.4　柴油机其他主要零部件可靠性分析

柴油机中与燃油接触的主要部件除燃油喷射系统外，还有气缸、活塞、排气系统等，研究这几个零件对研究柴油机燃用生物柴油的耐久性能影响有重要的参考意义。本节选取其他柴油机零部件在耐久试验过程中的特性分析，分析对比使用 B20 与 B0 的同款同工况柴油机的活塞、活塞环、气门、缸套及后处理系统在耐久试验过程中的性能变化。

9.4.1　活塞

柴油机燃用生物柴油的活塞主要功能是承受生物柴油混合气燃烧后产生的气体压力，并将此力通过活塞销传递给连杆以推动曲轴旋转。活塞是柴油机中工作条件最为严酷的零部件。其工作条件包括高温、高压、高速滑动、交变的侧压力，柴油机使用的耐久性及工作的可靠性在很大程度上取决于活塞组的工作情况。

1. 外观变化

图 9-27 所示为耐久试验后柴油机燃用生物柴油的 6 个活塞的外观图。此柴油机活塞为凹顶铝合金活塞，采用三环密封，活塞裙部采用了涂抹石墨的表面处理，石墨涂层可以加速磨合过程，可使裙部磨损均匀，在润滑不良的情况可避免拉缸现象发生。与柴油机耐久试验后相比较，柴油机燃用生物柴油的耐久试验后活塞火力岸周围及活塞环环槽周围结碳非常严重；活塞顶部燃烧较为均匀、未出现裂纹，裙部石墨层完整，活塞底部无变色现象。

活塞积炭严重的主要原因是由于生物柴油主要是由少量非酯物质和脂肪酸甘油酯组成，其主要含有碳、氢、氧原子，脂肪酸包括饱和脂肪酸与不饱和脂肪酸，其主要成分脂肪酸甘油酯分子的分子链较长，长链间的引力大，导致其较大的运动黏度和较高的密度，在高温高压下燃烧的生物柴油，其长链不饱和脂肪酸有缩聚形成凝胶的倾向，凝胶无法充分燃烧，最后在活塞外部形成了积炭现象[8]。

2. 活塞磨损情况

图 9-28 所示为耐久试验后柴油机燃用生物柴油的活塞主要尺寸各测量及其规定要求。D0、

a) 耐久试验后活塞侧面

b) 耐久试验后活塞顶部

图 9-27　耐久试验后活塞外观（见彩插）

D2～D6 为活塞各部位的直径测量尺寸，其中 D0 为基准尺寸，H1、H2 及 H3 为各环环槽高度。D5、D6 两个测量点需测量 x – x、y – y 方向两个值，x – x 为与活塞销平行、y – y 为与活塞销垂直方向，测量仪器为杠杆卡规。

图 9-29 所示为耐久试验后柴油机燃用生物柴油的各活塞的侧面磨损形变量图，其中 D5、D6 取 x – x、y – y 方向的均值。由图可知，各活塞侧面形变量沿活塞顶部向下，由正及负，变形量基本由大到小。活塞头部由于和高温燃烧生物柴油气体直接接触，引起了较大的热膨胀，且膨胀变形量大于铝合金活塞的弹性极限，活塞头部侧面无法恢复其原来大小，热膨胀引起的形变量是主要因素，其值大于活塞侧面与缸套间摩擦引起的磨损量，因此六个气缸活塞头部侧面形变量均为膨胀变大。由于柴油机工作时活塞温度梯度方向为沿活塞底部向上，温度沿活塞顶部向下逐渐减小，因此活塞裙部热膨胀变形量小于磨损量，形变量以磨损为主。在 D2 测量点处，热膨胀变形量和磨损量基本持平。除第四缸 D6 的 y – y 方向测量值超过规定值 0. 16% 外，六个活塞侧面各测量点耐久试验后均满足规定值要求。虽然不会影响柴油机燃用生物柴油的正常运行，但也应引起注意。

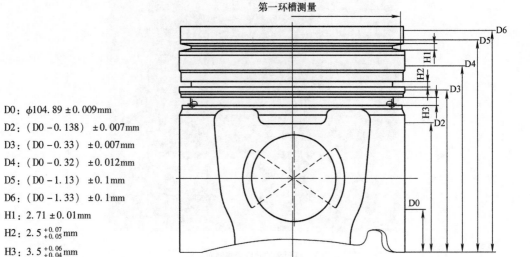

D0：φ104.89±0.009mm

D2：（D0−0.138）±0.007mm

D3：（D0−0.33）±0.007mm

D4：（D0−0.32）±0.012mm

D5：（D0−1.13）±0.1mm

D6：（D0−1.33）±0.1mm

H1：2.71±0.01mm

H2：2.5$^{+0.07}_{+0.05}$mm

H3：3.5$^{+0.06}_{+0.04}$mm

图 9-28　柴油机燃用生物柴油的活塞尺寸各测点及测量要求

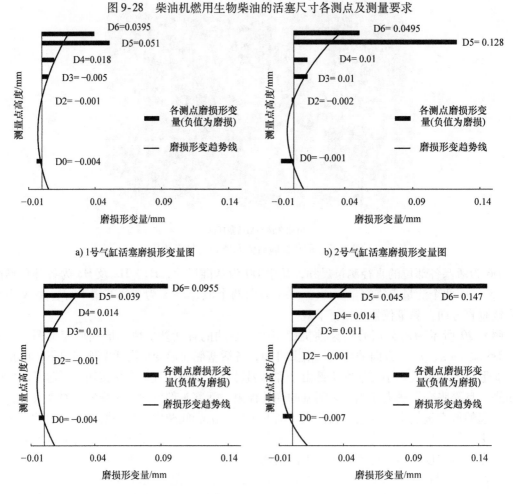

a) 1号气缸活塞磨损形变量图　　　　b) 2号气缸活塞磨损形变量图

c) 3号气缸活塞磨损形变量图　　　　d) 4号气缸活塞磨损形变量图

图 9-29　各活塞侧面磨损形变量图

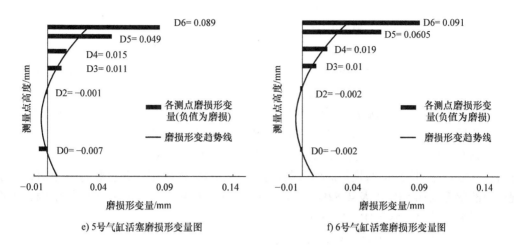

e) 5号气缸活塞磨损形变量图   f) 6号气缸活塞磨损形变量图

图 9-29　各活塞侧面磨损形变量图（续）

图 9-30 所示为柴油机燃用生物柴油与柴油机耐久试验后各活塞主要测量参数变化量的

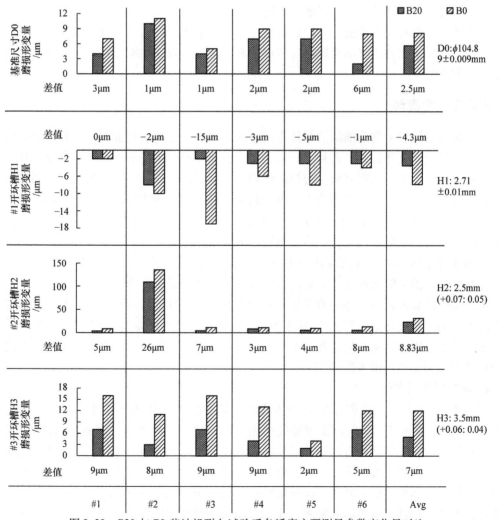

图 9-30　B20 与 B0 柴油机耐久试验后各活塞主要测量参数变化量对比

对比图。由图可知，耐久试验后柴油机燃用生物柴油的各气缸活塞基准尺寸 D0 的磨损量均小于柴油机各对应气缸活塞 D0 处的磨损量。耐久试验后两台柴油机 D0 处磨损量均在规定值范围内。

耐久试验后柴油机燃用生物柴油的各气缸活塞上气环环槽高度 H1 的形变量均小于柴油机各对应气缸活塞 H1 处的形变量。由于柴油机工作时活塞顶部中心的温度大于其边缘温度，以致柴油机顶部呈凸起膨胀形变，膨胀最终压缩了上气环上边缘，使之下移，因此 H1 在耐久试验后变小了。耐久试验后两台柴油机 H1 处磨损量均在规定值范围内。

耐久试验后柴油机燃用生物柴油的各气缸活塞下气环环槽高度 H2 的磨损量均小于柴油机各对应气缸活塞 H2 处的磨损量。两台柴油机二号缸 H2 的磨损量都已超过规定值，分别超规定值的幅度为 3.53% 以及 4.82%，属于中度磨损。但由于上气环在正常范围内，工作稳定，不影响柴油机正常工作，应引起注意。

耐久试验后柴油机燃用生物柴油的各气缸活塞油环环槽高度 H3 的磨损量均小于柴油机各对应气缸活塞 H3 处的磨损量。两台柴油机各活塞 H3 处磨损量较为平均。耐久试验后两台柴油机 H3 处磨损量均在规定值范围内，工作稳定。

综上所述，耐久试验后柴油机燃用生物柴油的各活塞的主要测量参数的磨损形变量都优于柴油机各活塞的对应参数值。其原因可能是生物柴油大密度高运动黏度的理化特性在活塞与气缸壁之间形成比普通柴油更厚的油膜层，起到了更有效的润滑作用，从而减小了活塞各主要部位的磨损。

9.4.2　活塞环

以某柴油机燃用生物柴油的活塞环为例，活塞环由 1 个梯形桶面环、1 个扭曲锥面环以及 1 个油环组成。气环起到了密封和导热的作用；油环起到了刮油和布油的作用。其中气环的密封作用第一重要，只有完成了密封的作用，才能实现传热作用。活塞环，特别是气环的工作条件很恶劣。它不仅在应力状态下承受高温、高压气体的作用，而且在气缸中作高速往复滑动，从而受到摩擦和磨损。据统计，活塞组的摩擦功损失占柴油机全部磨损功损失的 50%~65% 磨损功变成了热量，加热活塞环，进一步恶化了活塞环的工作环境。第一道气环的工作温度将达到 300℃，这么高的温度不能保证气环的良好润滑，机油被炭化又会恶化传热条件和环在环槽中的活动性；高温还将使环的力学性能显著下降。

从活塞环的故障来看，环的磨损是经常发生的。活塞环的磨损基本属于磨料磨损和粘着磨损两类。第一道气环的工作条件相对来说最为恶劣，所以大部分故障是发生在这道气环上。由于以上原因，活塞环是柴油机中最容易出现故障的零件之一，它也一定程度上决定了柴油机燃用生物柴油的耐久性能。

1. 活塞环外观变化

图 9-31 所示为柴油机燃用生物柴油的耐久试验后六组活塞环的外观图。柴油机燃用 B20、500h 后，柴油机两个气环出现轻度磨损，油环属于轻微磨损，表面未出现可见裂纹，活塞环在环槽内转动灵活，有轻微的沉淀物。与柴油机耐久试验后相比较，柴油机燃用生物柴油的活塞气环内积炭较严重，但不影响活塞环灵活转动。出现积炭现象的主要原因一方面可能是，使用生物柴油后，其主要成分脂肪酸甘油酯分子的分子链较长，长链间的引力大，导致其较大的运动黏度和较高的密度，在高温高压下燃烧的生物柴油，其长链不饱和脂肪酸

有缩聚形成凝胶的倾向，凝胶无法充分燃烧，最后在活塞环及环槽槽形成了积炭现象；另一方面可能由于活塞环的泵油现象，柴油机气缸壁上的机油被不断挤入燃烧室中，使得机油在气环、活塞顶和燃烧室内被高温炭化，形成积炭现象。

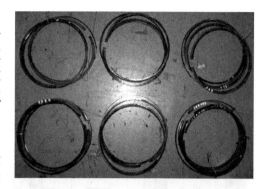

图9-31 耐久试验后六组活塞环外观（见彩插）

2. 活塞环磨损情况

耐久试验前后活塞环开口处的重要检测量包括：环高、闭口间隙以及切向弹力。其中闭口间隙是指将活塞环放入直径为气缸大小的环规内，测量开口端最窄的距离。闭口间隙的大小对柴油机性能影响较大，如果该值过大，则引起柴油机较大漏气量、增大机油耗量，从而影响柴油机动力性及经济性；如果过小，则柴油机大负荷下易出现活塞环卡死，出现拉缸现象。测量方法是把活塞环放入相应环规内，再用卡规测量开口的间隙。切向弹力测量为使用柔性带，固定在活塞环外表面处，再对活塞环开口处施加压力，使得开口尺寸缩小到装配端口距离时，测量压力大小，所得力的大小就是活塞环切向弹力大小，使用千分尺测量环高。

油环由于制造工艺不同、并且工作环境比气环好很多，因此两台柴油机的油环的切向弹力和闭门间隙与耐久前相比几乎都没有变化。除此以外，两台柴油机三个活塞环的环高与耐久前相比无明显变化。

在上下气环方面，耐久试验后两台柴油机各气缸上、下气环闭口间隙都有所增大，即闭口间隙都有磨损，且下气环各缸磨损均值都小于上气环。柴油机燃用生物柴油与柴油机耐久试验后各缸活塞气环闭口间隙、切向弹力变化量对比如图9-32所示，活塞环#1～#6分别对应活塞#1～#6的活塞环，纵坐标#1、#2分别表示各气缸的上气环和下气环。耐久试验后，两台柴油机下气环切向弹力均在规定值范围内。总体上看，与耐久试验前相比，B20柴油机每缸上气环及下气环的闭口间隙比B0柴油机要少，上气环磨损量改善了11.13%，下气环磨损量改善了12.45%。耐久磨损后，两台柴油机上气环闭口间隙均在规定值范围内。耐久试验后两台柴油机各气缸上气环及下气环切向弹力均有一定下降，柴油机燃用生物柴油的上下气环的切向弹力下降量均优于纯柴油机，与耐久试验前相比，B20柴油机每缸上气环的切向弹力比B0柴油机每缸上气环下降幅度改善了19.4%，下气环下降幅度改善了14.0%。

综上所述，经过500h耐久试验后两台柴油机两气环的闭口间隙都变大了，这可能是由于气环外圈表面与缸套之间摩擦产生磨损，导致气环产生外扩倾向。两台柴油机两气环切向弹力都有所下降，这可能是由于气环长期处于高温高压状态，金属材料相当于多次进行回火的表面处理工艺，使得气环材料的弹性下降，但是下降幅度并不是很大，这是由于在气环制造过程中采用了热定型处理，使得金属在高温环境中弹性改变量变化不大。同时也能发现，燃用B20的柴油机耐久试验后，两气环切向弹力以及闭门间隙的变化量都优于燃用纯柴油的柴油机。

9.4.3 气门

以某柴油机燃用生物柴油为例，所采用的进排气门均为菌形平顶结构气门，由气门头部

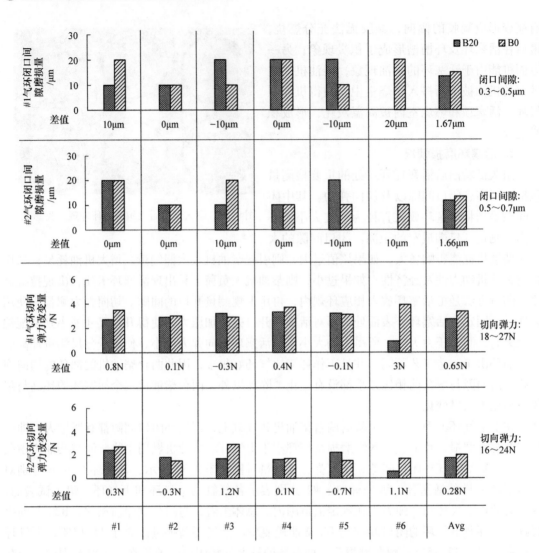

图 9-32　B20 与 B0 柴油机耐久后活塞气环闭口间隙、切向弹力变化量对比

和气门杆两部分构成,每缸气门数为两进两排。气门的工作条件相当恶劣。

　　耐久试验后,进排气门需要复测的参数包括气门杆径、气门下沉量和气门间隙。

1. 气门外观变化

　　图 9-33 所示为耐久试验后柴油机燃用生物柴油的进气门外观图,试验柴油机有 12 个进气门,编号#1 ~ #12,两两一组依次对应活塞#1 ~ #6。由图 9-33 可见,在燃用 B20、500h后,柴油机进气门锥面无异常磨损,锥面光洁,未出现显著变色与变形;进气门杆部积炭较少,表面光洁,未出现可见裂纹及沉淀物;进气门伞部有轻微积炭现象,进气门#2 及#8 气门积炭现象相对较严重,但在耐久试验后的合理范围内,出现积炭的主要原因是柴油机气门在工作过程中,生物柴油中不饱和烯烃和胶质在高温状态下产生的一种焦着状的物质。从耐久试验后进气门外观角度而言,柴油机燃用生物柴油的进气门耐久试验后工作可靠。

　　图 9-34 所示为耐久试验后柴油机燃用生物柴油的排气门外观图,柴油机有 12 个排气门,编号两两一组依次对应活塞#1 ~ #6。由图 9-34 可见,在燃用 B20、500h 后,柴油机排

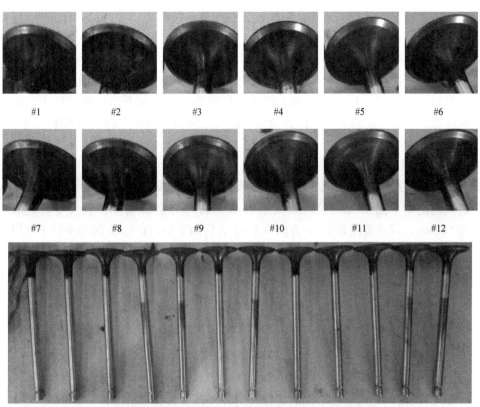

图 9-33　耐久试验后柴油机进气门外观（见彩插）

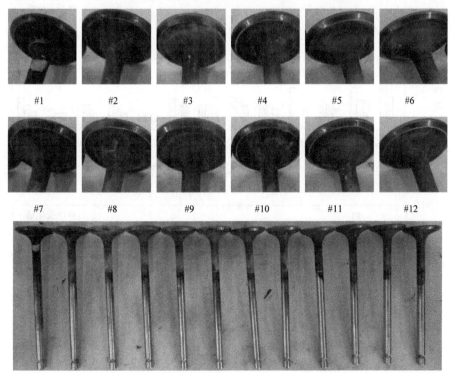

图 9-34　耐久试验后排气门外观（见彩插）

气门锥面无异常磨损，锥面光洁，未出现显著变色与变形；由于排气门工作条件温度较高，排气门杆部出现少量积炭，表面光洁度下降，但未出现可见裂纹及沉淀物；排气门伞部有少量积炭现象，但在耐久试验后的合理范围内，出现积炭的主要原因是柴油机气门在工作过程中，生物柴油中不饱和烯烃和胶质在高温状态下产生的一种胶着状的物质。除此以外，由于过高的工作温度，#1 排气门颈部出现表面镀铬层脱落现象，虽不影响柴油机正常运行，但也应引起注意。从耐久试验后排气门外观角度而言，柴油机燃用生物柴油的排气门耐久试验后工作可靠。

2. 气门磨损情况

图 9-35 所示为柴油机燃用生物柴油的进排气门杆径的测量要求。其中，D_1、D_2、D_3 点分别是离气门尾端平面 50mm、75mm 及 100mm 的杆径外圆测量点，其尺寸规定值均为 ϕ（7 ± 0.007）mm，每点需测量 $x-x$ 方向及 $y-y$ 方向两个值，$x-x$ 方向为平行于气门编号方向，$y-y$ 为垂直于气门编号方向。

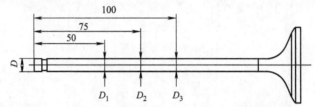

图 9-35　柴油机燃用生物柴油的进排气门杆径测量要求

图 9-36 为柴油机燃用生物柴油的进排气门杆径各参数变化量图。由图 9-36 可知，耐久

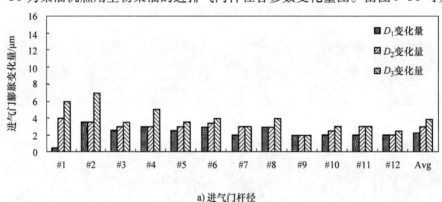

a) 进气门杆径

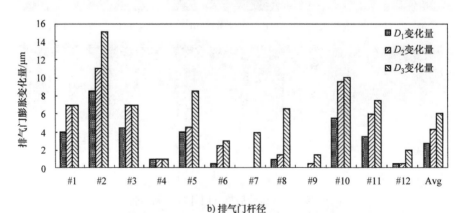

b) 排气门杆径

图 9-36　柴油机燃用生物柴油的进排气门杆径各参数变化量

试验后，柴油机燃用生物柴油的进气门和排气门杆径各测量点均为膨胀形变。各进气门膨胀变化量均属于轻度变化，#2、#10 膨胀量为中度变化，其余各排气门均为轻度变化，在合理范围内。各气门杆径膨胀量沿轴向向气门头部逐渐变大，是由于气门工作温度比较高，气门的温度梯度方向从气门尾端指向气门头部。

此外，将 B20 与 B0 柴油机耐久后各测量点变化量均值进行对比，如图 9-37 所示。耐久试验后，柴油机燃用生物柴油的气门杆径的膨胀量均值均大于柴油机的膨胀量，最大膨胀形变量差值为 3.29μm，形变量恶化了。同时也可以注意到，耐久试验后，相同测量点下，进气门杆径膨胀量小于排气门的膨胀量。这一方面是由于进气门工作温度小于排气门，另一方面排气门采用的耐热合金钢的膨胀系数大于进气门，因此膨胀形变量更大。

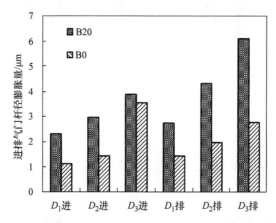

图 9-37　B20 与 B0 柴油机耐久后气门各测量点变化量均值对比

图 9-38 所示为柴油机燃用生物柴油的进排气门下沉量测量要求。图 9-38 中标注了单缸中进排气门所在位置，其中，A 为进气门的气门下沉量，其规定值为（0.83 ± 0.25）mm；B 为排气门的气门下沉量，其规定值为（1.292 ± 0.25）mm，测量时每个气门测量至少四个点，取其均值。测量工具为气门下沉量测量仪。

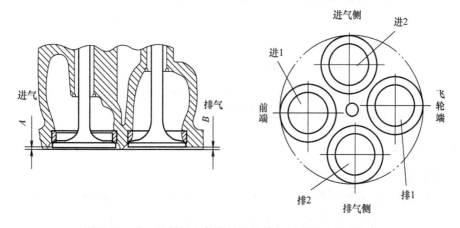

图 9-38　柴油机燃用生物柴油的进排气门下沉量测量要求

图 9-39 所示为 B20 与 B0 柴油机耐久后进排气门下沉量对比图。由图 9-39a 可知，耐久

试验后，柴油机各进气门和排气门下沉量均有所增大。柴油机燃用生物柴油耐久试验后，除排#9 气门下沉量为中度磨损外，其余进排气门下沉量均为轻度磨损，工作可靠稳定。相对于 B0 柴油机，使用 B20 后，进气门和排气门下沉量磨损值均有改善，进气门改善了 71%，排气门改善了 28.35%。

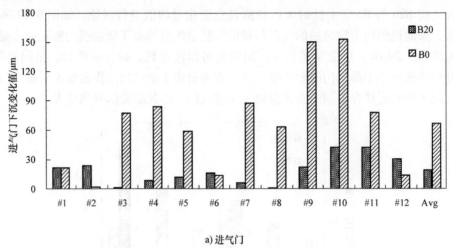

a) 进气门

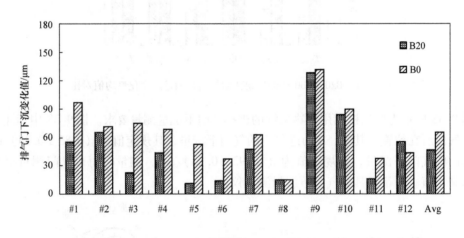

b) 排气门

图 9-39　B20 与 B0 柴油机耐久后进排气门下沉量对比

图 9-40 为 B20 与 B0 柴油机耐久试验后进排气门间隙的对比图。耐久试验后，进气门和排气门间隙均有所增大，但是均在规定值范围内。

9.4.4　缸套

1. 外观变化

试验所用柴油机采用的是湿式缸套，其气缸外壁和冷却液直接接触，导热性能好，温度分布相对较均匀。缸套的工作环境除了有活塞、活塞环在其表面高速滑动，使其内壁受到强烈摩擦外，在润滑不良的气、油中有杂质，以及冷车起动非正常燃烧的情况下均会导致气缸内壁磨损严重。除此以外，气缸内外较大的温差以及压力差导致缸套承受很大的热应力和机械应力。气缸内壁是内燃机中磨损最为严重的表面之一，它也是决定内燃机大修期的重要表

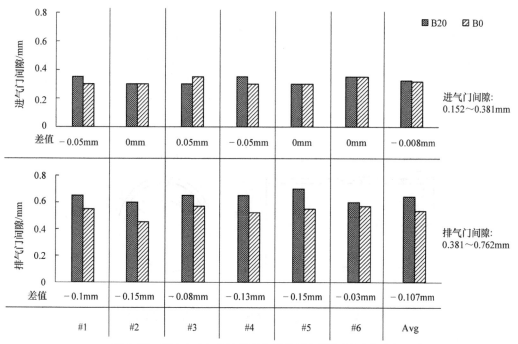

图 9-40　B20 与 B0 柴油机耐久试验后进排气门间隙对比

面之一。湿式缸套是利用气缸套装入机体后，气缸套高出机体顶面的突出量来实现上部的密封。在拧紧气缸盖螺栓后，大部分压紧力作用在气缸套凸缘上，使其与气缸盖衬垫与机体支撑面贴合得非常紧密，从而起到防止气缸漏气漏水的作用。因此，耐久试验后，除了对缸径进行复测外，还应注意缸套凸出量的变化。

图 9-41 所示为耐久试验后柴油机燃用生物柴油的#1 ~ #6 缸套内壁的外观图，编号与活塞一一对应。由图 9-41 可知，在柴油机燃用 B20、500h 后，柴油机缸套内壁光洁，内壁表面上止点分界线清晰，无可见表面沉淀物。内壁上采用平台珩磨工艺的网纹在耐久试验后依然清晰，网纹夹角显著可见。这说明从外观而言，柴油机缸套在耐久试验后工作可靠稳定。

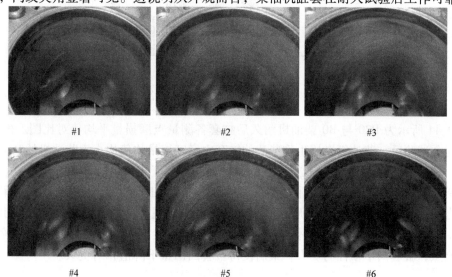

图 9-41　耐久试验后柴油机缸套内壁外观（见彩插）

2. 测点及磨损情况

图 9-42 所示为柴油机燃用生物柴油的缸套部件的测量要求，其中，D_1、D_2、D_3 分别是距离缸套顶面 15mm、105mm、185mm 的缸径测量点，其规定值均为 105 +0.25 −0mm，每点需测量 $x-x$ 方向及 $y-y$ 方向两个值，$x-x$ 方向为曲轴轴向。缸套突出量 δ 分别在图中 1、2、3、4 处测量四个值，取其均值，其尺寸规定值为 0.03 ~ 0.08mm。测量仪器分别为量缸表与千分表。

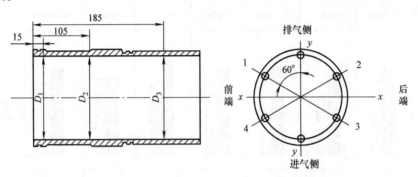

图 9-42　柴油机燃用生物柴油的缸套部件测量要求

图 9-43 所示为柴油机燃用生物柴油的缸套内径各参数变化量图。由图 9-43 可知，在耐久试验后，为柴油机燃用生物柴油的缸套内径均有所磨损，但均属于轻度磨损，在合理范围内。气缸套内径磨损量沿缸套上部向下逐渐变小，这可能是因为缸套在工作时，其温度梯度方向向上，上部热变形剧烈，缸套与活塞、活塞环间距变小，导致磨损量相对较大。

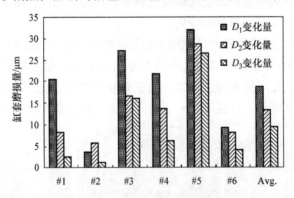

图 9-43　柴油机燃用生物柴油的缸套内径各参数变化量

图 9-44 所示为 B20 与 B0 柴油机耐久后缸套各测量点磨损量平均值对比图。由图 9-44 可知，耐久试验后，柴油机燃用生物柴油的缸套内径磨损量均值均小于柴油机的磨损量。相对于 B0 柴油机，使用 B20 后，缸套内径磨损量总体改善了 29.02%。

图 9-45 所示为 B20 与 B0 柴油机耐久后缸套凸出量对比图。由图 9-45 可知，耐久试验后，两台柴油机缸套凸出量均有所下降。相对于 B0 柴油机，使用 B20 后，缸套凸出量总体下降了 11.97μm。这可能是由于本次试验使用台架减振性能较差，使得柴油机试验过程中振动较剧烈，缸套向下惯性力更大，最后使得缸套凸出量下降值相对更大。

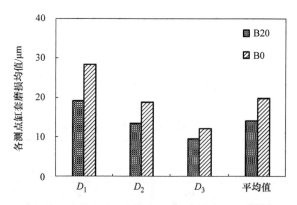

图 9-44　B20 与 B0 柴油机耐久后缸套各测量点磨损量平均值对比

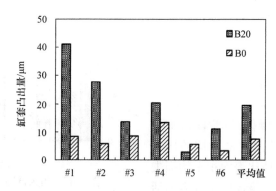

图 9-45　B20 与 B0 柴油机耐久后缸套凸出量对比

9.4.5　后处理系统

本节主要分析了后处理系统 DOC 及 SCR 的耐久特性，为了研究后处理系统内部不同区域内的载体在耐久试验后的催化性能，设置采样点如图 9-46 所示，其中 1 号 "上方" 表示在台架试验时，DOC 及 SCR 装置安装时，沿着气流方向的上方，2 号 "下方" 表示沿着气流方向的下方，4 号 "中心" 为载体的中心，3 号和 5 号 "左侧、右侧" 为沿着气流方向左右侧。

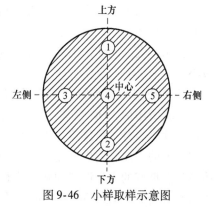

图 9-46　小样取样示意图

1. DOC 可靠性分析

为了研究 DOC 内部不同区域内的载体在耐久试验后的催化性能，选取的测试内容见表 9-9。

表 9-9　DOC 催化剂测试内容

测试内容	测试方法	说　　明
气密性测试	空气泄漏检测仪	检测经耐久过程后处理器是否漏气
比表面积测试	比表面测试仪	检测载体不同区域的比表面积
组分测试	XRF 分析	测试催化剂主要催化成分的含量

（1）气密性测试结果

气密性是指仪器的气体密封性能，气密性试验主要是检验设备的各连接部位有无泄漏现象。表 9-10 为 DOC 后处理装置的气密性检测结果，在经过耐久试验后，DOC 后处理装置的漏气量为 0L/min，气密性并没有劣化，可以认为 DOC 后处理装置本身的稳定性较好，DOC 对 HC、CO 的净化效率的降低与装置的气密性没有关系。

表 9-10　DOC 后处理装置的气密性检测结果

项目	值	项目	值
设定压力/bar	0.30	检测压力/bar	0.306
漏气量限值/(L/min)	5.00	检测漏气量/(L/min)	0

（2）催化剂比表面积 BET 测试结果

比表面积是反映催化剂和载体材料表面吸附能力的重要参数之一，如果催化剂的化学组成和结构已经无法改变，比表面积的大小决定了单位质量催化剂的活性，一般来说，催化活性随比表面积增大而升高。图 9-47 所示为 DOC 载体耐久试验前后 BET 值对比，可以看出 DOC 催化剂载体的比表面积损失严重，DOC 载体比表面积平均损失 40.4%，比表面积的减小导致催化剂表面活

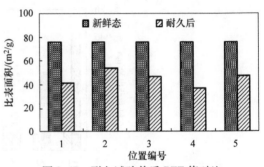

图 9-47　耐久试验前后 BET 值对比

性位减少，从而使催化活性下降，导致 DOC 对 HC 和 CO 净化效率下降的主要原因是 BET 的损失。

由图 9-47 可知，DOC 催化剂载体的中间位置，即区域"1"和"4"的比表面积损失率最大，这个区域的催化活性最低，由于 DOC 装置没有混合器，柴油机排出的尾气直接冲击在催化剂载体表面，而位于中心的"4"区域的气体流速快，且温度最高，高温对催化剂的性能影响最大。此外，排气中的炭烟颗粒、硫酸盐等堵塞了 DOC 载体，也会导致比表面积减小。

（3）DOC 催化剂组分 XRF 测试

试验所用的 DOC 载体主要包括三个部分：①载体组分，载体的作用是提供催化剂涂层涂覆的表面和发生催化反应的空间，载体应具有良好的力学性能和热稳定性；②催化活性部分，即在 DOC 氧化反应中起催化作用的部分，能够降低反应活化能，加快反应速率，促进 HC 和 CO 发生反应；③助剂，作用是优化活性部分的综合性能。图 9-48 所示为耐久试验后 DOC 载体不同区域内堇

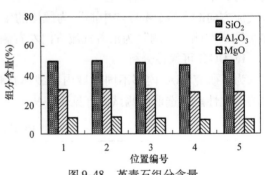

图 9-48　堇青石组分含量

青石组分含量，可以看出不同区域内二氧化硅（SiO_2），氧化铝（Al_2O_3）和氧化镁（MgO）这三种元素的含量基本保持一致，这说明组分含量的变化与区域无关，堇青石在耐久试验中

保持了比较优异的性能。

图 9-49 所示为耐久试验后 DOC 载体内活性组分的组分含量，可以看出不同区域内氧化铈（CeO_2）、氧化铁（Fe_2O_3）、氧化镧（La_2O_3）和氧化镨（Pr_6O_{11}）这四种组分的含量基本保持一致，这也说明组分含量的变化与区域位置无关。

图 9-50 所示为耐久试验后 DOC 载体内助剂的组分含量，可以看出不同区域内二氧化锆（ZrO_2）和二氧化钛（TiO_2）这三种组分的含量基本保持一致，这也说明组分含量的变化与区域位置无关。

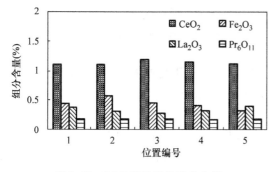

图 9-49　DOC 载体活性组分含量　　　　图 9-50　DOC 载体内助剂组分含量

2. SCR 可靠性分析

试验用 SCR 装置内有两个催化剂载体，为了方便描述，将前端 SCR 命名为 SCR - F，后端 SCR 命名为 SCR - R。为了研究 DOC 内部不同区域内的载体在耐久试验后的催化性能，选取的测试内容见表 9-11。

表 9-11　SCR 催化剂测试内容

测试内容	测试方法	说明
气密性测试	空气泄漏检测仪	检测经耐久过程后处理器是否有漏气
比表面积测试	比表面测试仪	检测载体不同区域的比表面积
组分测试	XRF 分析	测试催化剂主要催化成分的含量
晶型测试	XRD 表征	对比耐久前后不同区域晶型结构变化
催化剂小样评价	SCR 催化剂小样规范	对比耐久前后催化剂小样评价

（1）气密性测试结果

表 9-12 为 SCR 后处理装置的气密性检验结果，在经过耐久试验后，SCR 后处理装置的漏气量为 0.06L/min，气密性并没有明显劣化，可以认为 SCR 装置本身的稳定性较好，SCR 对 NO_X 的净化效率的降低与气密性没有关系。

表 9-12　SCR 后处理装置气密性检测结果

项目	值	项目	值
设定压力/bar	0.30	检测压力/bar	0.292
漏气量限值/（L/min）	5.00	检测漏气量/（L/min）	0.06

（2）SCR 催化剂比表面积 BET 测试

前端 SCR 和后端 SCR 两个催化剂载体各个区域内的 BET 测试结果如图 9-51 所示。由图 9-51 可以看出，SCR 催化剂载体的比表面积损失严重，比表面积的减小导致催化剂表面活性位的减少，从而使得催化活性下降，导致 SCR 对 NO_x 净化效率下降的主要原因是 BET 的损失。这可能是由于排气中的炭烟颗粒、硫酸盐等堵塞了 SCR 载体等。

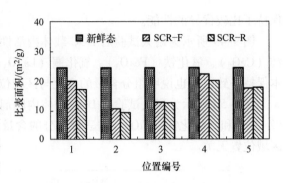

图 9-51 耐久试验前后 BET 值对比

另外，相比周围区域，SCR 载体的中心位置，即编号"4"区域比表面积损失最小，这是因为在 SCR 装置中，安装有扩散装置，该装置的作用是将排气向载体的周围引导，降低对 SCR 载体中心位置的影响。

（3）SCR 催化剂组分 XRF 测试

SCR 催化剂载体组分主要包括三个部分：①载体组分，载体的作用是提供催化剂涂层涂覆的表面和发生催化反应的空间，载体应有良好的力学性能和热稳定性，与此同时，SCR 载体还要求能够与活性组分有相互促进作用；②催化活性部分，即在 SCR 选择性还原反应中起催化作用的部分，能够降低反应活化能，加快反应速率，促进 NO_x 和 NH_3 发生反应；③助剂，主要作用是优化活性部分的综合性能。以耐久试验采用的 SCR 后处理为例，锐钛矿型 TiO_2 是载体，五氧化二钒（V_2O_5）是活性组分，同时加入三氧化钨（WO_3）作为助剂。图 9-52 为燃用生物柴油耐久试验后 SCR 载体的 X 射线荧光光谱分析（XRF）结果。

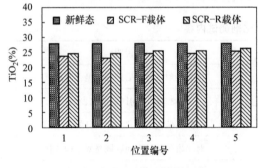

a) 耐久试验后SCR载体TiO_2组分含量变化

b) 耐久试验后SCR载体WO_3组分含量变化

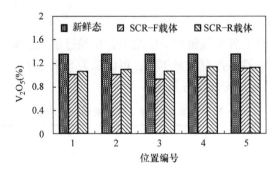

c) 耐久试验后SCR载体V_2O_5组分含量变化

图 9-52 耐久试验后 SCR 载体三种组分含量变化

由图 9-52 可以看出，在耐久试验后，SCR 载体存在涂层脱落，可能原因是高温导致 SCR 载体烧结，对同一块 SCR 而言，不同区域内脱落量基本一致，SCR 催化剂活性组分析出；且前端 SCR，即前端 SCR 的涂层脱落量大于后端 SCR，SCR 前的温度高于 SCR 后的温度，可以认为前端 SCR 涂层脱落量多的原因是因为温度高，活性组分析出得快。

（4）SCR 催化剂晶型 XRD 测试

耐久试验采用的 SCR 载体为氧化硅，要保证高效的催化活性，其 TiO_2 的晶型以锐态为最佳。图 9-53 和图 9-54 为耐久前后，前端 SCR 和后端 SCR 两个催化剂不同部位的 X 射线衍射图谱，由图谱可以判别出催化剂的晶型结构。从图 9-53 和图 9-54 中可看出，在经过耐久试验后，SCR 催化剂的 X 射线衍射峰与新鲜态催化剂相同，耐久试验后导致 SCR 对 NO_X 净化效率下降的原因不是晶型变化。

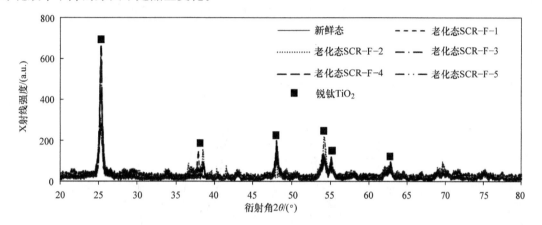

图 9-53　前端 SCR 载体各个区域的 XRD 检测结果

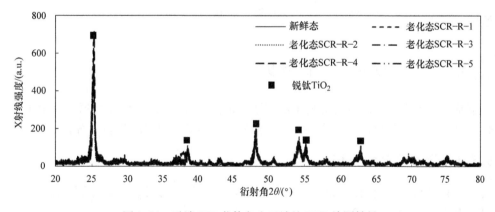

图 9-54　后端 SCR 载体各个区域的 XRD 检测结果

（5）SCR 催化剂小样评价

图 9-55 和图 9-56 所示分别是试验用 SCR 装置中前后两块 SCR 催化剂载体 10 个区域的小样评价结果，对新鲜态的 SCR 来说，对 NO_X 的催化效率在 50～250℃ 范围内呈上升趋势，在 250℃ 达到最大值，为 100%，在 250～460℃ 范围内都能保持较高的效率，在 460℃ 以后效率呈下降趋势。经过耐久试验后，前后两块 SCR 催化剂载体 10 个区域在温度低于 400℃

时，对 NO_X 的净化效率降低较少；而在高于 400℃时，净化效率急剧下降，在 500℃附近时时对 NO_X 的净化效率已接近 0%。原因可能是高温使得 SCR 载体烧结，表面可能有 SCR 催化组分的晶体析出，可以认为，高温是导致 SCR 催化剂活性下降的主要原因之一。

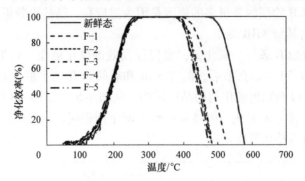

图 9-55　前端 SCR 载体各个区域的小样评价检测结果

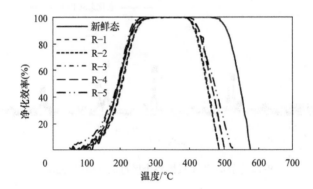

图 9-56　后端 SCR 载体各个区域的小样评价检测结果

9.5　整车可靠性分析

本节基于第 8 章所述已进行的整车示范运营试验，对柴油公交车燃用 B5 及 B10 的燃油经济性、排放性随行驶里程的变化特性及柴油机主要零部件可靠性进行了分析。

9.5.1　燃油经济性分析

燃用生物柴油公交车示范如前文所述。最终 B5、B10、B20 三种生物柴油公交车的平均燃油消耗消耗情况如图 9-57 所示。随着行驶里程的增加，油耗的变化没有明显规律，7 万 km 的百公里油耗与 1 万 km 的油耗大致相同[9]。燃用三种生物柴油都出现过在某个阶段油耗

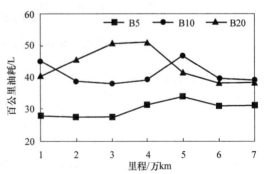

图 9-57　公交车燃用 B5、B10 和 B20 生物柴油百公里油耗情况

升高的情况，主要是在测试过程中受夏季使用空调及其他月份不使用空调的影响，不同里程下的平均百公里油耗存在差异，在夏季公交车的月平均百公里油耗升高。

9.5.2　排放特性分析

本小节以柴油公交车燃用生物柴油的示范运营试验结果为例，分析了柴油公交车长期燃用 B5 和 B10 后，对其进行的尾气排放跟踪检测试验结果。横坐标中的 B0 表示首次排放检测试验为纯柴油，也是之后与生物柴油排放进行对比的基础参考；之后横坐标的里程数则表示各次生物柴油排放检测试验时，生物柴油的累计使用里程[10-11]。

1. 燃用 B5 后排放特性

燃用 B5 后，气态物方面，CO 和 HC 综合排放因子总体降低，CO_2 和 NO_X 综合排放因子总体升高。颗粒物方面，PN 综合排放因子总体降低，PM 综合排放因子总体降低。

（1）里程间隔气态物排放比较分析

图 9-58 所示为公交车长期燃用 B5 后，对其进行的气态物排放跟踪检测试验结果。横坐标中的 B0 表示首次排放检测试验为纯柴油，也是之后与生物柴油排放进行对比的基础参考；0 表示首次 B0 试验之后随即进行的第一次生物柴油 B5 排放检测试验，生物柴油累计使用里程为 0；之后横坐标的里程数则表示各次生物柴油 B5 排放检测试验时的生物柴油累计使用里程。

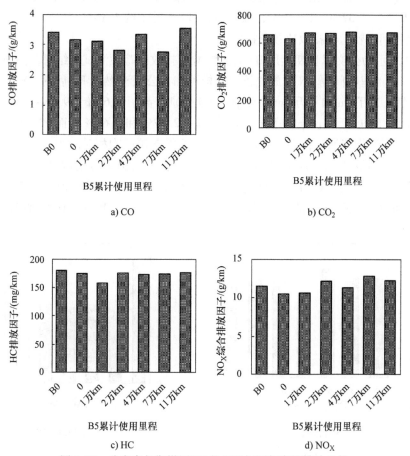

图 9-58　公交车长期燃用 B5 的里程间隔气态物排放比较

图 9-58a 为公交车长期燃用 B5 的里程间隔 CO 排放。分析可知，除了 11 万 km 检测值外，公交车燃用生物柴油后的 CO 排放因子总体低于 B0。这主要是因为其分子内氧有助于燃烧，使 CO 充分氧化。B5 的 CO 排放因子的平均值为 3.12g/km，而各次检测值围绕该均值的变化范围为 −11.31%~13.43%，该均值较 B0 下降了约 8.36%。

图 9-58b 为公交车长期燃用 B5 的里程间隔 CO_2 排放比较。分析可知，除了首次 B5 检测值外，公交车燃用生物柴油后的 CO_2 排放因子总体高于 B0。这主要是因为生物柴油密度大，热值低，输出相同的功率需要消耗更多燃料所致。B5 的 CO_2 排放因子的平均值为 664.12g/km，而各次检测值围绕该均值的变化范围为 −5.22%~2.96%，该均值较 B0 上升了约 0.91%。

图 9-58c 为公交车长期燃用 B5 的里程间隔 HC 排放比较。分析可知，公交车燃用 B5 生物柴油后的 HC 排放因子总体低于 B0。生物柴油含有分子内氧，有助于燃烧，能减少 HC 排放，B5 的 HC 排放因子的平均值为 171.48mg/km，而各次检测值围绕该均值的变化范围为 −8.32%~2.18%，该均值较 B0 下降了约 4.63%。

图 9-58d 为公交车长期燃用 B5 的里程间隔 NO_X 排放比较。分析可知，除了 B5 首次、1 万 km 和 4 万 km 检测值外，公交车燃用生物柴油后的 NO_X 排放因子总体高于 B0。这主要是因为生物柴油本身富氧的特点，且其促进燃烧，进一步使缸内温度和高温持续时间增加，这均有利于 NO_X 的生成。B5 的 NO_X 排放因子的平均值为 11.58g/km，而各次检测值围绕该均值的变化范围为 −9.37%~10.15%，该均值较 B0 上升了约 1.10%。

（2）里程间隔颗粒物排放比较分析

图 9-59 所示为公交车长期燃用 B5 后，颗粒物排放跟踪检测试验结果。图 9-59a 为公交车长期燃用 B5 的里程间隔 PN 排放比较。分析可知，公交车燃用 B5 后的 PN 排放表现出了一定的波动性，1 万 km 和 4 万 km 检测值较 B0 分别升高了 0.67%、9.83% 和 1.32%，而 2 万 km、7 万 km 和 11 万 km 分别降低了 15.59%、2.22% 和 7.63%。而 PN 排放的升高则可能是因为，燃用生物柴油后核态颗粒物增多，而聚集态颗粒物相对减少，使得整体的 PN 上升所致[12]。由于颗粒物检测仪器 ELPI 粒径范围和粒径通道划分的限制，并不能完全细致地对核态颗粒物排放展开研究。总体上，B5 的 PN 排放因子的平均值为 $5.75×10^{14}$#/km，而各次检测值围绕该均值的变化范围为 −13.63%~12.38%，该均值较 B0 下降了约 2.27%。

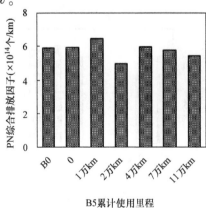
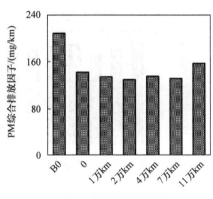

a) PN　　　　　　　　　b) PM

图 9-59　公交车长期燃用 B5 的里程间隔气态物排放比较

图 9-59b 为公交车长期燃用 B5 的里程间隔 PM 排放比较。分析可知，国Ⅲ公交车燃用 B5 后的 PM 排放因子总体明显低于纯柴油。燃用生物柴油后，质量较大的聚集态颗粒物明显减少是主要原因。B5 的 PM 排放因子的平均值为 137.71mg/km，而各次检测值围绕该均值的变化范围为 −6.12% ~13.60%，该均值较 B0 下降了约 33.93%。

2. B10 后排放特性

燃用 B10 后，气态物方面，CO 和 HC 综合排放因子总体降低，CO_2 和 NO_X 综合排放因子总体升高。颗粒物方面，PN 和 PM 综合排放因子总体降低。

（1）里程间隔气态物排放比较分析

图 9-60 所示为第五阶段投入示范运营的某辆公交车的气态物间隔排放特性。首次测试为 B0，之后 3 次均为 B10，里程间隔分别约为 3 万 km、5 万 km 和 7 万 km。

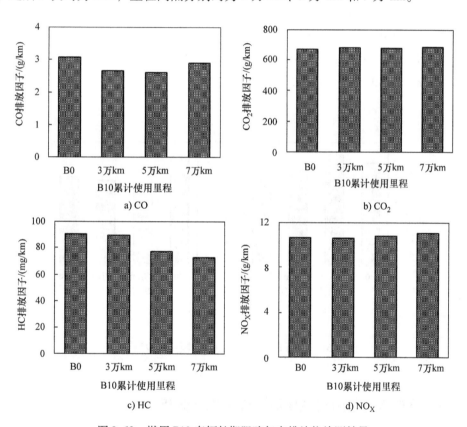

图 9-60　燃用 B10 车辆长期跟踪气态排放物检测结果

由图 9-60 可知，燃用 B10 后，CO 综合排放因子总体降低。B0 的排放因子为 3.06g/km，与之相比，之后各次 B10 排放分别下降了 13.73%、15.03% 和 6.03%，各次 B10 的排放因子均值为 2.70g/km，比 B0 下降了 11.60%。

燃用 B10 后，CO_2 综合排放因子总体升高。B0 的排放因子为 668.632g/km，与之相比，之后各次 B10 排放分别上升了 1.52%、0.82% 和 1.91%，各次 B10 的排放因子均值为 678.11g/km，比 B0 上升了 1.42%。

燃用 B10 后，HC 综合排放因子总体降低。B0 的排放因子为 90.199mg/km，与之相比，之后各次 B10 排放分别下降了 0.67%、14.41% 和 19.60%，各次 B10 的排放因子均值为 79.77mg/km，比 B0 下降了 11.56%。

燃用 B10 后，NO_X 综合排放因子总体升高。B0 的排放因子为 10.62g/km，与之相比，3 万 km 检测值下降了 0.40%，而 5 万和 7 万 km 检测值则分别上升了 1.35% 和 3.55%，各次 B10 的排放因子均值为 10.78g/km，比 B0 上升了 1.50%。

（2）里程间隔颗粒物排放比较分析

图 9-61 所示为第五阶段投入示范运营的某辆公交车的颗粒物间隔排放特性。燃用 B10 后，PN 综合排放因子总体降低。B0 的排放因子为 3.335×10^{14}#/km，与之相比，3 万 km 检测值上升了 8.31%，而 5 万和 7 万 km 检测值则分别下降了 2.53% 和 17.25%，各次 B10 的排放因子均值为 3.208×10^{14}#/km，比 B0 下降了 3.82%。

燃用 B10 后，PM 综合排放因子总体降低。B0 的排放因子为 107.254mg/km，与之相比，之后各次 B10 排放分别下降了 10.83%、22.20% 和 18.35%，各次 B10 的排放因子均值为 88.89mg/km，比 B0 下降了 17.12%。

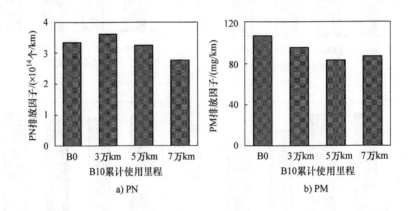

图 9-61　燃用 B10 车辆长期跟踪颗粒无检测结果

9.5.3　整车运行柴油机主要零部件可靠性分析

使用内窥镜检测车辆初次燃用生物柴油后，柴油机重要零部件的积炭情况，包括活塞顶面、燃烧室顶面（主要为气门底部表面）、气门与气门座间隙和喷油嘴处。燃用 B5 及 B10 后公交车柴油机内窥镜检测结果如图 9-62 和图 9-63 所示，活塞顶部凹坑和气门底部表面的纹理清晰可见，气门与气门座间隙和喷油嘴处均没有明显的积炭痕迹，且喷油孔基本干净畅通，喷油孔有轻微烧结，其表面有少许积炭。可知车辆在柴油机未作专门匹配的情况下，燃用生物柴油后，并无明显的积炭产生，也没有机械性的损伤，不影响车辆正常使用。

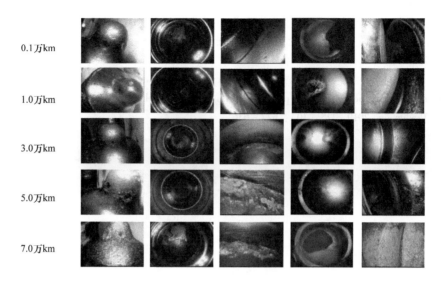

图 9-62　燃用 B5 公交车内窥镜检测结果（见彩插）

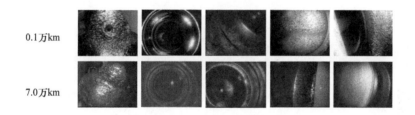

图 9-63　燃用 B10 公交车内窥镜检测结果（见彩插）

参 考 文 献

［1］国家环境保护总局．重型汽车排气污染物排放控制系统耐久性要求及试验方法：GB 20890—2007［S］．北京：中国标准出版社，2007．

［2］国家质量监督检验检疫总局．汽车发动机可靠性试验方法：GB/T 19055—2003［S］．北京：中国标准出版社，2003．

［3］张晓锋．生物柴油发动机 DOC + SCR 耐久性试验研究［D］．上海：同济大学，2016．

［4］毛铺葳．生物柴油发动机耐久性试验研究［D］．上海：同济大学，2016．

［5］周婷婷，曹攀．生物柴油对发动机部件腐蚀问题的研究进展［J］．腐蚀与防护，2014，35（5）：407 - 411．

［6］林培喜，揭永文，莫桂娣．生物柴油腐蚀性能及腐蚀原因分析［J］．石油与天然气化工，2009，38（5）：400 - 402．

［7］阮谨元．生物柴油发动燃油系统的耐久性研究［D］．上海：同济大学，2016．

［8］刘世英．内燃机活塞疲劳损伤与可靠性研究［D］．济南：山东大学，2007．

［9］胡志远，林骠骑，黄文明，等．B10 餐厨废弃油脂制生物柴油公交车应用性能［J］．交通运输工程学报，2018，18（006）：73 –81.

［10］张烨．餐厨废弃油脂制生物柴油公交车实际道路排放特性研究［D］．上海：同济大学，2016.

［11］张允华，楼狄明，谭丕强，等．公交车燃用生物柴油的排放性、经济性与可靠性［J］．中国环境科学，2017，37（7）：2773 –2778.

［12］ZHANG Y H，LOU D M，TAN P Q. Particle number, size distribution, carbons, polycyclic aromatic hydrocarbons and inorganic ions of exhaust particles from a diesel bus fueled with biodiesel blends［J］．Journal of Cleaner Production, 2019, 225（10）：627 –636.

结　语

　　我国每年产生餐废油脂近千万吨，如果处理不当会造成极大的环境危害和食品安全隐患。以餐废油脂为原料制备生物柴油是一种变废为宝、利国利民的重要举措，是贯彻国家节能减排重大战略需求、推动经济内循环、促进碳中和的重要支撑。

　　本书聚焦餐废油脂制车用生物柴油及应用这一关系国计民生的重大课题，在国家"863"计划、国家自然科学基金、上海市科技攻关计划等十余项国家及省部级课题资助下，经过十余年产学研用联合攻关，在餐废油脂制生物柴油工艺技术、机内燃烧技术、车用匹配技术、污染物排放控制技术、规模化应用技术等方面已取得显著成果，在国内首次建立了特色鲜明的餐废油脂制生物柴油"收、运、处、调、用"闭环管理模式，填补了复杂来源餐废油脂生物柴油制备及应用关键技术上的空白。

　　本书主体内容绝大多数来自作者及其团队近年来发表的百余篇 SCI、EI 检索相关论文以及项目研究报告等，聚焦国际前沿，引领科技发展；本书结合研究成果首次提出了复杂来源餐废油脂制生物柴油智能一体化工艺技术，大幅度提升了生物柴油制备效率，系统阐述了餐废油脂制生物柴油兼容性，揭示了餐废油脂制生物柴油的机内燃烧机理及排放特性，阐明了减排技术对餐废油脂制生物柴油发动机排放特性的影响规律，全面分析了餐废油脂制生物柴油的整机应用可靠性及整车应用性能。本书凝聚了作者及其团队多年的研究经验和成果，从理论研究到实际应用均有较详细的分析和数据支持，能够为车用动力、能源环保、生物柴油生产等领域的从业人员提供科学指导，具有很强的参考价值。

　　餐废油脂制车用生物柴油及应用关键技术方面目前仍有许多提升的空间。首先是生物柴油制备工艺技术方面，在生物柴油脱色、水洗精制和蒸馏精制法等方面已取得阶段性成果，生物柴油品质得到显著提升，但未来需要探索更为环保高效的餐废油脂制生物柴油工艺；其次是油品管理方面，需要进一步完善生物柴油质量保证体系，建立智能化联网监控平台，对生物柴油原料、产品、调合用纯柴油以及应用车辆进行实时监控，保证产品质量的稳定与溯源；再次是应用技术方面，还需要细化研究开发生物柴油专用设备，包括生物柴油专用发动机及其配套专用后处理等；最后是政策支撑方面，餐废油脂制生物柴油的生产及应用是一项民生工程，需要政府的大力支持，应建立健全废弃油脂回收利用的价格补贴机制，明确责任界定和风险分摊机制，制定废弃油脂资源化利用的政策支撑体系，完善"收、运、处"一体化特许经营管理模式等，探索出更为完善的"政产学研用"模式，推动餐废油脂制生物柴油产业的健康可持续发展。

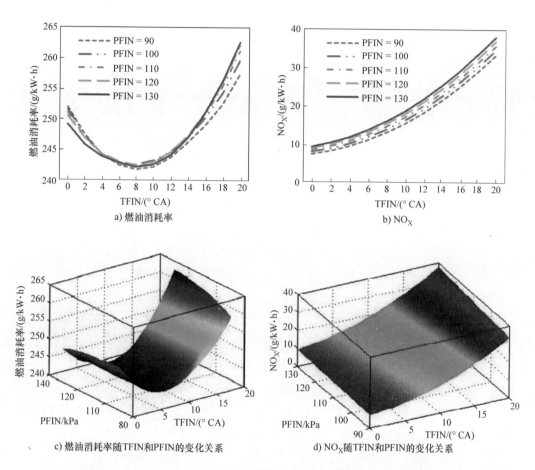

a) 燃油消耗率

b) NO_X

c) 燃油消耗率随TFIN和PFIN的变化关系

d) NO_X随TFIN和PFIN的变化关系

图 6-32   转速 1337r/min、25.4% 负荷，燃油消耗率和 NO_X 排放与 TFIN 和 PFIN 之间的关系

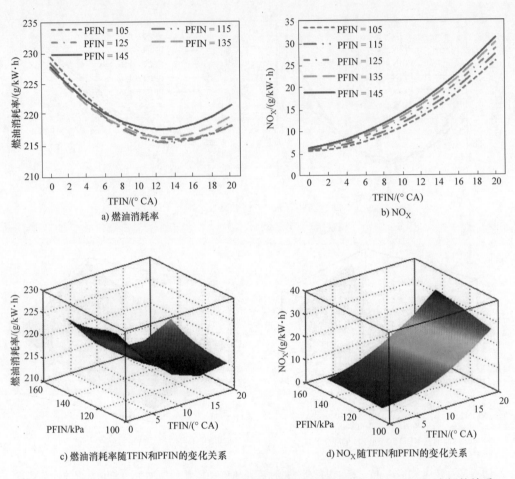

a) 燃油消耗率

b) NO_X

c) 燃油消耗率随TFIN和PFIN的变化关系

d) NO_X随TFIN和PFIN的变化关系

图 6-33 转速 1657r/min、45.5% 负荷，燃油消耗率和 NO_X 排放与 TFIN 和 PFIN 之间的关系

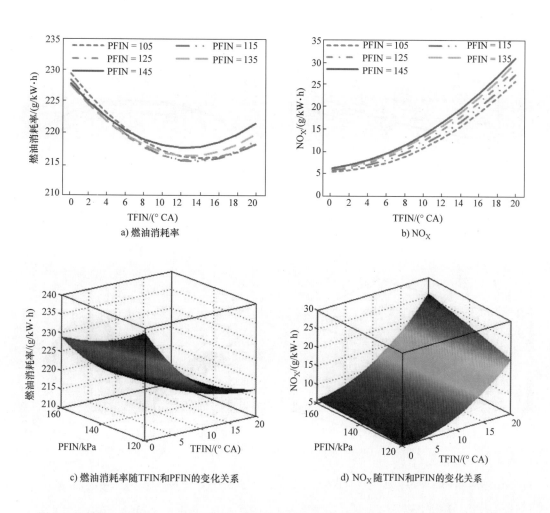

a) 燃油消耗率

b) NO_X

c) 燃油消耗率随TFIN和PFIN的变化关系

d) NO_X 随TFIN和PFIN的变化关系

图 6-34 转速 1976r/min、50.6% 负荷，燃油消耗率和 NO_X 排放与 TFIN 和 PFIN 之间的关系

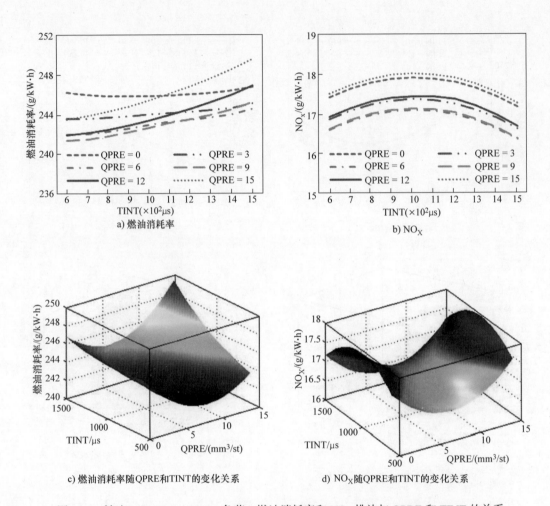

a) 燃油消耗率

b) NO$_X$

c) 燃油消耗率随QPRE和TINT的变化关系

d) NO$_X$随QPRE和TINT的变化关系

图 6-35　转速 1337r/min、25.4% 负荷，燃油消耗率和 NO$_X$ 排放与 QPRE 和 TINT 的关系

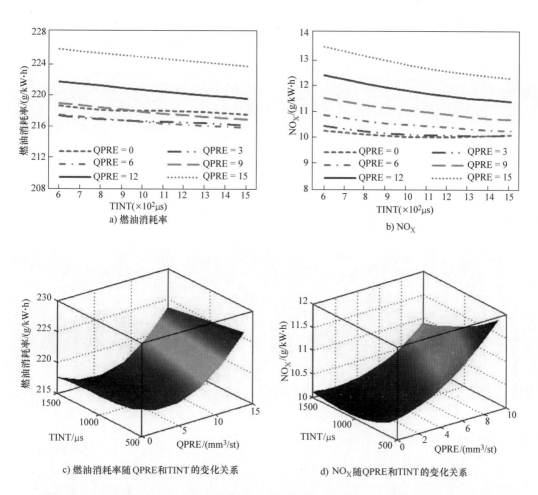

a) 燃油消耗率

b) NO$_X$

c) 燃油消耗率随QPRE和TINT的变化关系

d) NO$_X$随QPRE和TINT的变化关系

图 6-36　转速 1657r/min、45.5% 负荷，燃油消耗率和 NO$_X$ 排放与 QPRE 和 TINT 的关系

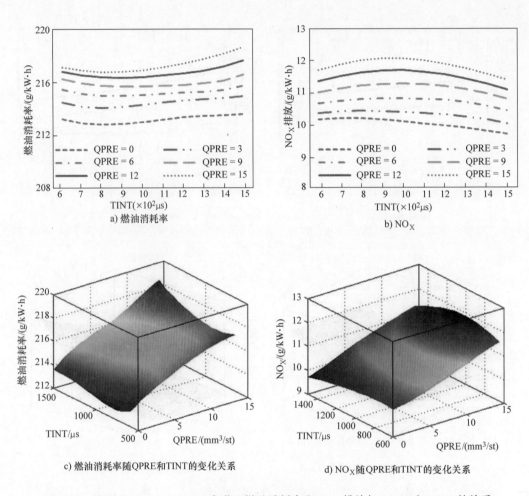

a) 燃油消耗率

b) NO_X

c) 燃油消耗率随QPRE和TINT的变化关系

d) NO_X随QPRE和TINT的变化关系

图 6-37 转速 1976r/min、50.6% 负荷，燃油消耗率和 NO_X 排放与 QPRE 和 TINT 的关系

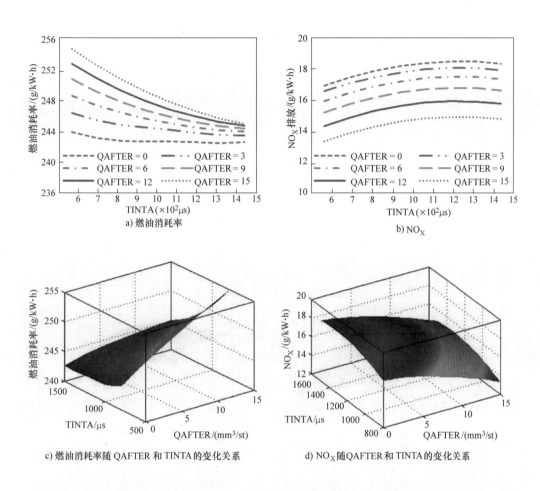

a) 燃油消耗率

b) NOₓ

c) 燃油消耗率随 QAFTER 和 TINTA 的变化关系

d) NOₓ随QAFTER 和 TINTA 的变化关系

图 6-38　转速 1337r/min、25.4% 负荷，燃油消耗率和 NO_x 排放与 QAFTER 和 TINTA 的关系

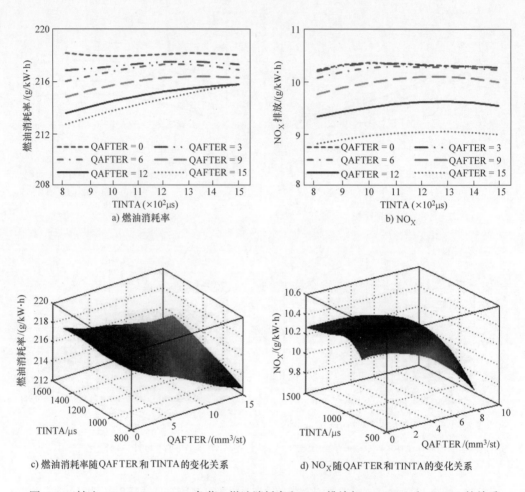

a) 燃油消耗率

b) NO_X

c) 燃油消耗率随QAFTER和TINTA的变化关系

d) NO_X随QAFTER和TINTA的变化关系

图 6-39　转速 1657r/min、45.5% 负荷，燃油消耗率和 NO_X 排放与 QAFTER 和 TINTA 的关系

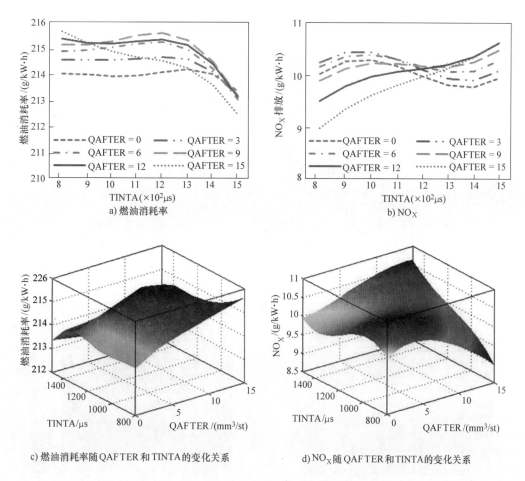

a) 燃油消耗率

b) NO_X

c) 燃油消耗率随QAFTER和TINTA的变化关系

d) NO_X随QAFTER和TINTA的变化关系

图 6-40　转速 1976r/min、50.6% 负荷，燃油消耗率和 NO_X 排放与 QAFTER 和 TINTA 的关系

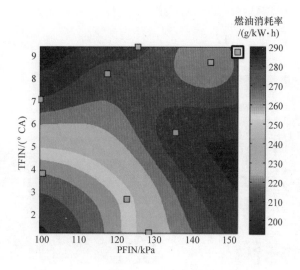

图 6-41　9 个工况下轨压和主喷定时的初步最优解

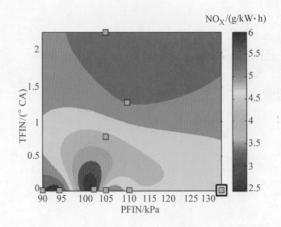

图 6-43　9 个工况点轨压和主喷定时的单目标全局最优解

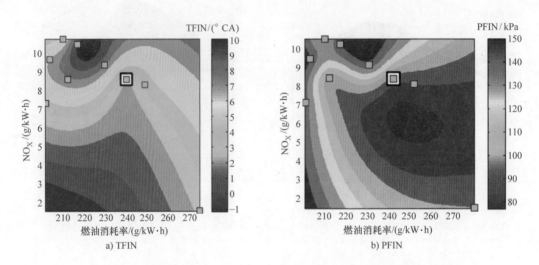

a) TFIN

b) PFIN

图 6-45　最小燃油消耗率和 NO_X 排放双目标的 NBI 全局最优解分布情况

图 8-1　示范应用公交车

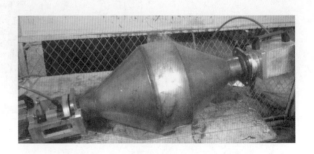

图 9-2　DOC 后处理装置气密性检测

a) 电磁线圈

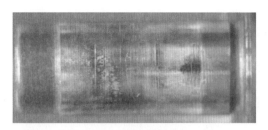

b) 控制阀导向部

c) 球阀座

d) 球阀密封面

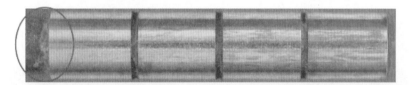

e) 控制柱塞导向部

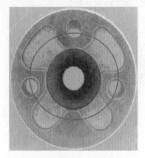

f) 连接体上表面

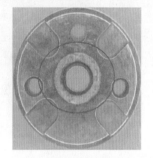

g) 连接体下表面

h) 针阀导向部

i) 针阀顶端

图 9-21　3 号喷油器各部位的拆解检测结果

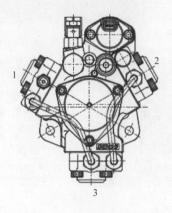

图 9-23　高压油泵总成侧视图

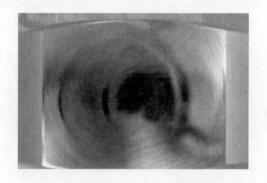

图 9-25　凸轮环与泵油柱塞接触面

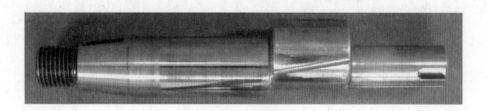

图 9-26　凸轮轴

a) 耐久试验后活塞侧面

b) 耐久试验后活塞顶部

图 9-27 耐久试验后活塞外观

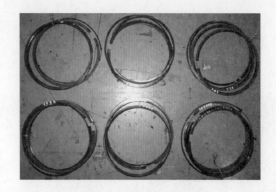

图 9-31　耐久试验后六组活塞环外观

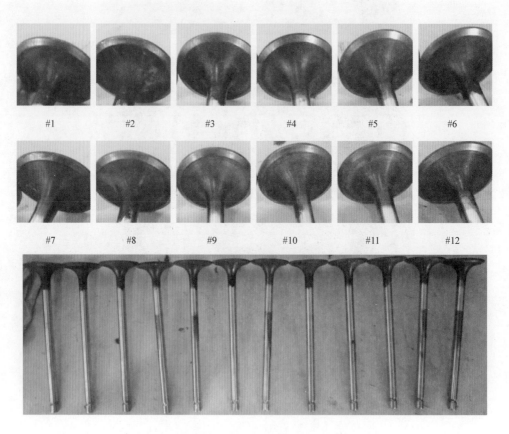

| #1 | #2 | #3 | #4 | #5 | #6 |

| #7 | #8 | #9 | #10 | #11 | #12 |

图 9-33　耐久试验后柴油机进气门外观

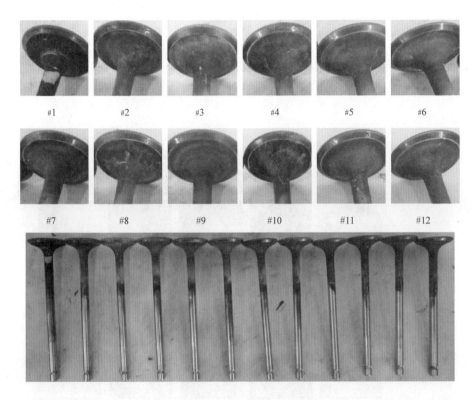

图 9-34　耐久试验后排气门外观

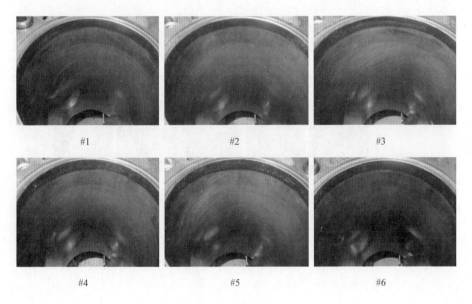

图 9-41　耐久试验后柴油机缸套内壁外观

0.1万km

1.0万km

3.0万km

5.0万km

7.0万km

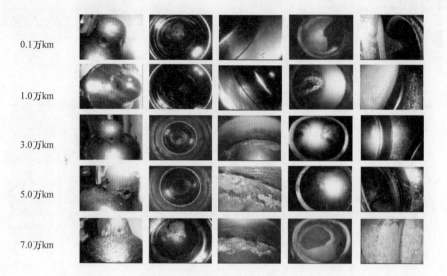

图 9-62　燃用 B5 公交车内窥镜检测结果

0.1万km

7.0万km

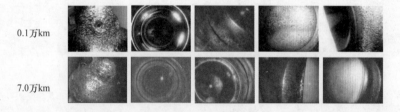

图 9-63　燃用 B10 公交车内窥镜检测结果